Spring Cloud Alibaba 与 Kubernetes

微服务容器化实践

曹　宇　王宇翔　胡书敏　编著

清华大学出版社

北京

内 容 简 介

本书围绕分布式微服务的项目需求，全面讲述了 Spring Cloud Alibaba 组件实现服务治理、负载均衡、安全管理、分布式事务、消息发送和服务监控的技术要点，以及基于 Docker 与 Kubernetes 容器化项目管理的相关技术。主要内容包括：Spring Cloud Alibaba 体系架构概述，用 Nacos 和 Nacos 集群搭建基于服务治理架构的实践要点，用 Ribbon 实现负载均衡的做法，基于 Sentinel 组件实现熔断和限流等安全需求的实践要点，用 Gateway 组件搭建网关的实践要点，用 OpenFeign 和 Dubbo 搭建远程调用体系的实践要点，基于 Spring Cloud Stream 搭建消息通信体系的实践要点，用 JPA 与 Redis 与 MyCat 搭建微服务数据服务层的实践要点，用 Seata 组件构建分布式事务架构的实践要点和用 Skywaiking 组件搭建微服务监控体系的实践要点，基于 Docker 与 Kubernetes 容器组件搭建微服务体系，用 Jenkins 组件实践集成化项目部署流程的相关技术等内容。

本书技术先进，注重实践，适合有一定 Java 基础的开发人员和学生阅读，也可以供培训机构和大专院校作为教学用书。

图书在版编目（CIP）数据

Spring Cloud Alibaba 与 Kubernetes 微服务容器化实践/曹宇，王宇翔，胡书敏编著. —北京：清华大学出版社，2022.10

ISBN 978-7-302-61949-9

Ⅰ. ①S… Ⅱ. ①曹… ②王… ③胡… Ⅲ. ①互联网络—网络服务器 Ⅳ. ①TP368.5

中国版本图书馆 CIP 数据核字（2022）第 180887 号

责任编辑：王金柱
封面设计：王　翔
责任校对：闫秀华
责任印制：宋　林

出版发行：清华大学出版社
网　　　址：http://www.tup.com.cn，http://www.wqbook.com
地　　　址：北京清华大学学研大厦 A 座　　　　邮　　编：100084
社 总 机：010-83470000　　　　　　　　　　邮　　购：010-62786544
投稿与读者服务：010-62776969，c-service@tup.tsinghua.edu.cn
质量反馈：010-62772015，zhiliang@tup.tsinghua.edu.cn
印 装 者：三河市铭诚印务有限公司
经　　销：全国新华书店
开　　本：190mm×260mm　　　　印　　张：16.25　　　　字　　数：439 千字
版　　次：2022 年 12 月第 1 版　　　　　　　　印　　次：2022 年 12 月第 1 次印刷
定　　价：89.00 元

产品编号：094772-01

前　　言

本书能帮助广大 Java 程序员在快速掌握 Spring Cloud Alibaba 相关微服务组件的基础上，掌握高效搭建微服务体系的技能。

具体来说，当读者按本书给出的脉络学完 Spring Cloud Alibaba 的相关组件后，至少能达到一般程序员的技术水准，如果还能通过案例进一步掌握 Spring Cloud Alibaba 组件整合 Docker 和 Kubernetes 搭建微服务体系的技术后，则能进一步具备基于高并发项目开发的相关技能。

本书首先围绕微服务项目开发的普遍需求，讲述了 Spring Cloud Alibaba 组件的实践技巧，如果读者掌握了这些技术，就能在微服务项目里熟练地实现服务治理、负载均衡、安全管理、分布式事务、消息发送和服务监控等需求。

在此基础上，本书围绕分布式高并发项目需求，讲述了用 Docker 和 Kubernetes 容器化管理微服务项目的实践要点，同时介绍了基于 Jenkins 的集成部署技术，读者就能从项目架构和部署层面，进一步掌握微服务项目的容器化开发技巧。

考虑到很多读者可能是第一次接触 Spring Cloud Alibaba 与 Docker 和 Kubernetes 容器化管理等技术，本书从基础概念讲起，为便于读者理解，提供了丰富的实例，给出了实现步骤，读者能在观察运行效果的基础上，有效地通过代码实践，顺利地学习并掌握本书介绍的相关技术。

在实际工作中，笔者发现即使有过 3 年开发经验的 Java 程序员，也未必能系统全面地掌握 Spring Cloud Alibaba 微服务开发相关技能，而对基于 Docker 和 Kubernetes 的容器化项目管理技术了解可能也不多，所以本书可帮助广大 Java 程序员系统地整理微服务和容器化开发等相关技术，有效地积累微服务项目的实战经验。

本书所讲述的知识可以说都是当前开发中的热点，但对于接触相关技术不多的读者来说，可能会有一定难度，但本书从搭建开发环境入手，并提供了全部调试过的代码示例，其中每一行代码都有说明，这种基于实操的特点，可确保读者能高效地掌握本书里的组件和容器等内容。

最后，希望读者通过阅读本书，能够掌握 Spring Cloud Alibaba 相关组件的开发技能，并能运用 Spring Cloud Alibaba 组件整合 Docker 和 Kubernetes 搭建微服务体系。

为方便读者学习，本书提供了所有实例的源码，可以扫描以下二维码下载：

如果下载有问题，请发送电子邮件到 booksaga@126.com，邮件主题为"Spring Cloud Alibaba 与 Kubernetes 微服务容器化实践"。

虽然笔者尽心尽力，但限于水平，疏漏之处在所难免，恳请相关技术专家和读者不吝指正。

编者

2022 年 7 月 20 日

目　　录

第1章

Spring Cloud Alibaba 与微服务架构

Spring Cloud Alibaba 是新一代的分布式微服务的解决方案。通过使用 Spring Boot 框架，程序员能开发单体版的业务模块，而通过 Spring Cloud Alibaba，程序员能高效地把诸多用 Spring Boot 开发出来的业务模块整合到一起，构建成微服务体系。

在本书的第一章里，会围绕微服务体系带领读者认识 Spring Cloud Alibaba 解决方案以及开发环境的搭建，同时还会结合范例讲述 Spring Cloud Alibaba 的基础——Spring Boot 框架的开发流程，读者在学好本章以后，能对 Spring Cloud Alibaba 有一个初步的认识，并为之后的学习打好基础。

1.1 微服务架构与 Alibaba 解决方案

微服务是一种软件开发架构，或者说是一种项目开发和部署的方式。在项目中引入微服务架构之后，每个业务模块应当尽可能地只包含一种业务功能，模块间可以通过消息队列或远程调用等方式交互。这样开发项目的程序员就能用比较小的代价实现"业务升级"或"组件扩容"。

当前有多种微服务的解决方案，比如基于 Spring Cloud Netflix 和 Spring Cloud Alibaba 等，本书将会全面讲述基于 Spring Cloud Alibaba 的微服务解决方案。

1.1.1 单体架构与微服务架构

为了更好地理解微服务架构，读者可以先看一下旧版的单体架构。在单体架构中，业务功能往往会集成在一起，比如项目组会把包含所有业务功能的项目打成 war 包部署到服务器上，如图 1.1 所示。

在单体架构中，一方面，部署在一台服务器中的项目可能无法应对并发量比较高的请求；另一方面，诸多业务模块之间的耦合度会很高，非常不利于项目的维护和扩展。

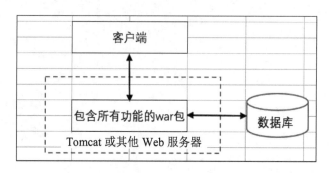

图 1.1　单体架构的示意图

　　在一些项目中，程序员会把单体版的 war 包部署到多台服务器上，再用负载均衡组件实现分流，通过这种修修补补的做法来提升项目应对高并发挑战的能力，但这种做法未必能从架构的角度根本上解决问题，况且这种做法无法解决单体架构中"模块间耦合度过高"的问题。

　　一般来讲，采用这种单体架构的系统往往会有如下的问题：

　　（1）待部署的项目文件过大，每次启动都会耗费很长时间。

　　（2）模块间调用关系过于复杂，项目每次修改以后，回归测试的周期会很长。

　　（3）应用的容错性较低，一个小问题可能会引发故障蔓延，导致整个系统都宕机。

　　为了从根本上解决上述问题，当前越来越多的软件公司会把项目架构从单体版改造成微服务版，或者从一开始就把项目设计成微服务架构。基于微服务的项目的大致架构如图 1.2 所示。

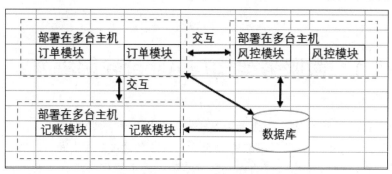

图 1.2　微服务架构的效果图

　　从图中可以看到，微服务架构的项目一般具有如下的特点：

　　（1）每个业务模块一般只包含一种业务功能，比如只包含订单服务或记账服务。

　　（2）相同的业务模块，可以部署在多台主机上，以负载均衡的方式应对高并发的请求。

　　（3）模块间可以通过 RESTFul 请求或远程调用的方式交互。

　　（4）不同的业务模块可以共享缓存或数据库等基础设施服务，当然如果为了应对高并发的请求，还可以为某些业务模块单独定制基础设施服务。

1.1.2　微服务架构的优势与挑战

　　相比于单体或其他架构，基于微服务架构的项目一般具有如下的优势：

（1）易于维护。如果要修改或升级某个业务功能，只需修改或测试该微服务模块，无须变更其他模块。

（2）便于团队协作。业务团队之间可以在确定交互接口的基础上，并行地开发各自的业务模块，在开发过程中，不大会出现相互依赖等情况。

（3）能以"部署微服务模块"的方式，方便地实现项目功能或规模的扩展。

不过在开发基于微服务的项目时，一般还会遇到如下的技术挑战。

（1）如何为微服务项目设置统一的网关？

（2）如何在微服务项目实现负载均衡和服务降级？

（3）当有新的微服务模块上线后，系统如何发现这个模块并把它加入到调用链路中？

（4）如何统一地实现模块间的调用？如何统一地实现服务调度？

（5）如何监控微服务的运行状态？

上述技术挑战有不同的解决方案，而本书将会讲述基于 Spring Cloud Alibaba 的解决方案。

1.1.3　Spring Cloud Alibaba 微服务解决方案

微服务是软件开发的架构，而 Spring Cloud Alibaba 是实现微服务架构的解决方案。在这套解决方案中，Spring Cloud Alibaba 提供了如表 1.1 所示的组件，解决了微服务架构中所面对的技术问题。

表 1.1　Spring Cloud Alibaba 组件一览表

组　件　名	所解决的技术问题
Nacos	服务注册与发现、分布式配置
Sentinel	熔断过多的请求，防止故障蔓延
Seata	分布式事务
RocketMQ	分布式消息通信
Spring Cloud Gateway	路由服务
Dubbo	远程调用+负载均衡
OpenFeign	服务调用
Spring Security	安全服务

从表 1.1 中能看到，上述组件有效地封装了微服务框架中的相关功能，通过使用这些组件，程序员能方便地实现微服务框架中的"服务发现""服务远程调用""负载均衡""路由服务"等功能，从而能高效地搭建微服务体系架构。

1.1.4　Spring Boot 和 Spring Cloud Alibaba 的关系

在实际项目中，程序员可以用 Spring Boot 框架来开发单体版的业务模块，在开发完成业务模块的基础上，程序员更可以通过 Spring Cloud Alibaba 组件，把诸多业务模块以微服务架构的方式整合到一起，一方面能让系统应对高并发的请求，另一方面还可以用较小的代价来应对业务变更和功能升级等的挑战。

可以这样说,微服务架构=Spring Boot + Spring Cloud Alibaba。在搭建微服务架构的过程中,除了开发业务模块之外,程序员不仅需要掌握 Spring Cloud Alibaba 诸多组件的使用方式,还需要掌握通过 Spring Cloud Alibaba 组件把基于 Spring Boot 的业务模块整合成微服务架构的方式。

和 Spring Cloud Alibaba 一样,Spring Cloud Netflix 也是一套微服务的解决方案,其中也包含了能面向微服务的诸多组件,事实上,在 Spring Cloud Alibaba 发布前,有不少微服务项目采用的是 Spring Cloud Netflix 的解决方案。

值得注意的是,从 2018 年年底开始,Spring Cloud Netflix 项目进入维护模式,即该项目仅对现有的功能进行维护,不再开发新的功能。所以可以说,Spring Cloud Alibaba 替代 Spring Cloud Netflix 已经成为一种行业趋势。

此处,由于 Spring Cloud Alibaba 背靠阿里系公司强大的技术力量,所以在业内得到了广泛的认可,当前已经有不少公司采用 Spring Cloud Alibaba 来构建项目架构,相信在不久的将来,会有更多公司来选该微服务解决方案。

1.2　搭建开发环境

在本节中,将讲述在 Windows 操作系统上搭建 Spring Cloud Alibaba 开发环境的步骤,具体地,将安装 JDK 11 版本和 IDEA 集成开发环境,以及用以提供容器服务的 Docker 组件。

1.2.1　安装 JDK

JDK 是 Java Development Kit 的缩写,其中文含义是 Java 开发环境,本书所有的代码是在 JDK 11 版本下编译并运行。在 Windows 操作系统上,可以通过如下步骤安装 JDK 11 开发环境。

（1）到官方网站 https://www.oracle.com/java/technologies/javase-jdk11-downloads.html 下载 JDK 11 的安装包。

（2）完成下载安装包以后,双击安装包,按提示即可一步步地完成 JDK11 的安装。

完成安装后,可在 PATH 的环境变量里加入 java.exe 所在的路径,随后可进入到 cmd 命令窗口,在其中输入 java -version 命令,如果能看到如图 1.3 所示的版本提示信息,就能确认成功安装 JDK 开发环境。

```
C:\WINDOWS\system32>java -version
java version "1.8.0_202"
Java(TM) SE Runtime Environment (build 1.8.0_202-b08)
Java HotSpot(TM) 64-Bit Server VM (build 25.202-b08, mixed mode)
```

图 1.3　确认 JDK 成功安装的效果

1.2.2　安装 IntelliJ IDEA

IDEA 是一个 Java 集成开发环境,在其中可以高效地创建并开发 Java 项目,也可以有效地整合诸多 Spring Cloud Alibaba 组件。

可以到官方网站 https://intellij-idea.en.softonic.com/ 下载 IDEA 的安装包，下载完成后，双击安装包，即可按照提示完成相关的安装动作。安装完成后双击 IDEA 图标，如果看到如图 1.4 所示的初始化界面，则说明 IDEA 安装成功。

图 1.4　IDEA 初始化界面

1.2.3　安装 Docker 环境

Docker 是一个开源的应用容器引擎，在实际项目中，一般会把项目代码和各种组件打包到 Docker 容器中，并通过 Docker 容器，把项目和组件部署到对应的服务器上。

在本机安装好 Docker 后，本地操作系统、Docker 以及容器的相互关系如图 1.5 所示。其中最底层的是本机操作系统，比如 Windows 操作系统，在之上是能运行容器的 Docker，而在 Docker 容器中，可以部署项目或 Redis 等应用程序。

可到官方网站 www.docker.com 下载 Docker 安装程序，完成下载后，可按步骤完成安装。安装完成后，可在命令行里输入 docker version 命令，此时如果能正确地看到输出的版本信息，就能说明 Docker 已经安装成功。

图 1.5　操作系统、Docker 和容器的关系

1.3　搭建 Spring Boot 单体服务

由于 Spring Boot 是 Spring Cloud Alibaba 微服务框架的基础，所以在本节中，将通过一个范例项目，来带领读者熟悉 Spring Boot 框架的开发过程及其中的重要文件，从中理解基于 Spring Boot 框架项目的一般开发流程和运行方式。

1.3.1　在 IDEA 中创建 Spring Boot 项目

打开 IDEA 集成开发环境，单击 Create New Project 按钮，即可看到如图 1.6 所示的界面，在其中可以确认 JDK 的版本，这里是 JDK 11。在这个窗口里，还可以确认创建项目的方式，这里选用 Maven 的方式来创建项目。

Maven 是一种 Java 项目管理工具，通过 Maven 工具程序员可以高效地创建、编译和部署 Java 项目。而且，通过 Maven 工具中的项目对象模型，程序员可以用较为简洁的方式引入 jar 依赖包。

由于 IDEA 项目自带 Maven 工具，所以在创建项目时可以在图 1.6 选择以 Maven 的方式创建项目，选择完成后单击 Next 按钮，能看到如图 1.7 所示的界面，在其中可以填写项目名为 FirstSpringBoot，也可以选择创建项目的路径。

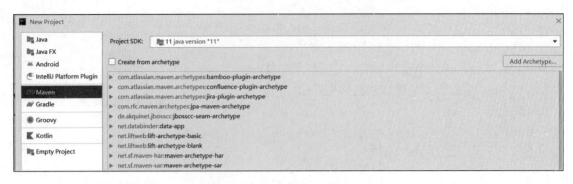

图 1.6 以 Maven 的方式创建项目

图 1.7 设置 Maven 参数的示意图

在这个窗口里，会包含诸多 Maven 相关参数，包括 groupId、artifactId 和 version，这些参数都可以采用默认值。填写完成后单击 Finish 按钮，即可完成项目的创建工作。

创建完项目后，就能在其中编写基于 Spring Boot 框架的项目代码。完成开发后，本项目的目录结构如图 1.8 所示，从中能看到 Spring Boot 项目的重要文件。其中 pom.xml 是创建项目时自动生成的，其他的文件均需要程序员自己编写。

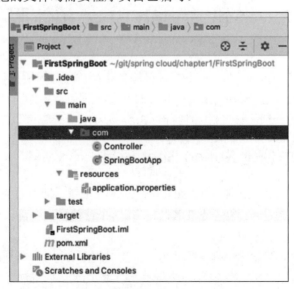

图 1.8 Spring Boot 项目的目录结构图

通过表 1.2 能看到 Spring Boot 项目里重要文件的作用。

表 1.2　Spring Boot 项目重要文件一览表

文　件　名	作　　　用
pom.xml	配置 Maven 参数，引入项目的依赖包
application.properties	该文件一般放置在 resources 目录中，在其中可以编写项目的配置参数
SpringBootApp.java	Spring Boot 项目的启动类
Controller.java	控制器类，在其中封装对外服务的接口

1.3.2　编写 pom.xml

在 Maven 项目中，是通过 pom.xml 文件定义项目所需要的依赖包等参数。FirstSpringBoot 项目的 pom.xml 代码如下所示，因为这是本书第一次分析 pom.xml 文件，所以将分析完整的代码。

```
01   <?xml version="1.0" encoding="UTF-8"?>
02   <project xmlns="http://maven.apache.org/POM/4.0.0"
     xmlns:xsi="http://www.w3.org/2001/XMLSchema-instance"
     xsi:schemaLocation="http://maven.apache.org/POM/4.0.0
     http://maven.apache.org/xsd/maven-4.0.0.xsd">
03       <modelVersion>4.0.0</modelVersion>
04       <groupId>org.example</groupId>
05       <artifactId>FirstSpringBoot</artifactId>
06       <version>1.0-SNAPSHOT</version>
07
08       <parent>
09          <groupId>org.springframework.boot</groupId>
10          <artifactId>spring-boot-starter-parent</artifactId>
11          <version>2.2.6.RELEASE</version>
12          <relativePath/>
13       </parent>
14       <dependencies>
15          <dependency>
16              <groupId>org.springframework.boot</groupId>
17              <artifactId>spring-boot-starter-web</artifactId>
18          </dependency>
19       </dependencies>
20   </project>
```

在该文件的第 4 行到第 6 行中，定义了本项目的 groupId、artifactId 和 version 等信息，如果把本项目打包编译并上传到 Maven 仓库，其他项目可以通过这些信息引入本项目，并使用本项目提供的服务。

此 pom.xml 文件是通过第 8 行到第 13 行的<parent>标签和第 14 行到第 19 行的<dependencies>标签，定义了本项目所需要的依赖包。其中通过<parent>标签定义了父级依赖包，即通过<dependencies>标签引入的依赖包均需要依赖<parent>标签的定义。由于本项目采用的是 Spring Boot 框架，所以需要用第 15 行到第 18 行的代码，引入 Spring Boot 相关的依赖包。

1.3.3　编写启动类

如下的 SpringBootApp.java 是 Spring Boot 项目的启动类，具体代码如下。

```
01  package com;
02  import org.springframework.boot.SpringApplication;
03  import org.springframework.boot.autoconfigure.SpringBootApplication;
04  @SpringBootApplication
05  public class SpringBootApp {
06  public static void main(String[] args){
07  SpringApplication.run(SpringBootApp.class,args);
08  }
09  }
```

在本类中，会通过第 4 行的@SpringBootApplication 注解，说明本类将起到 Spring Boot 启动类的作用。在本类第 6 行的 main 函数中，是通过第 7 行的 run 方法，启动了 Spring Boot 项目。

由于本类包含了 main 函数，所以可以直接运行。事实上，在大多数 Spring Boot 项目中，无须再把项目部署到 Tomcat 等 Web 服务器上，而是通过运行启动类来直接启动 Spring Boot。Spring Boot 项目启动后，会在默认的 8080 端口监听请求，并对外提供服务。

1.3.4　编写控制器类

在大多数 Spring Boot 项目中，会通过控制器类对外提供服务，本项目的控制器类 Controller.java 代码如下所示。

```
01  package com;
02  import org.springframework.web.bind.annotation.RequestMapping;
03  import org.springframework.web.bind.annotation.RestController;
04  @RestController
05  public class Controller {
06      @RequestMapping("/hello")
07      public String sayHello(){
08          return "Say Hello World.";
09      }
10  }
```

在上述代码里，是通过第 4 行的@RestController 注解说明本类将启动"控制器类"的作用，事实上，Spring Boot 控制器类的类名可以随便起，但需要通过该注解来标识本类是控制器。

在第 6 行到第 9 行的代码中，定义对外提供服务的 sayHello 方法，该方法只是通过 return 语句返回一句字符串，但该方法需要用第 6 行的@RequestMapping 注解修饰，说明该方法对应的 url 请求是/hello。

从本范例中能看到，在 Spring Boot 项目的控制器类中，一般会定义 url 请求和业务动作的映射关系，这样外部程序就可以通过对应的 url 请求来调用对应的业务方法。

1.3.5　编写配置文件

在 Spring Boot 项目中，一般会在 resouses 目录中，创建一个名为 application.properties 的配置文件，在其中放置 Spring Boot 项目本身或其他组件的配置参数。本项目的配置文件代码如下所示，在其中指定了本 Spring Boot 项目的启动端口为 8080。

```
server.port=8080
```

1.3.6　启动 Spring Boot，观察运行效果

完成开发上述程序后，可以通过运行 SpringBootApp.java 来启动该 Spring Boot 项目。该项目启动后，如果能在控制台看到如图 1.9 所示的界面，则说明启动成功。

```
2021-08-02 10:18:55.453  INFO 2191 --- [           main] com.SpringBootApp                        : No active profile set, falling back to default profiles: default
2021-08-02 10:18:56.853  INFO 2191 --- [           main] o.s.b.w.embedded.tomcat.TomcatWebServer  : Tomcat initialized with port(s): 8090 (http)
2021-08-02 10:18:56.867  INFO 2191 --- [           main] o.apache.catalina.core.StandardService   : Starting service [Tomcat]
2021-08-02 10:18:56.867  INFO 2191 --- [           main] org.apache.catalina.core.StandardEngine  : Starting Servlet engine: [Apache Tomcat/9.0.33]
2021-08-02 10:18:56.965  INFO 2191 --- [           main] o.a.c.c.C.[Tomcat].[localhost].[/]       : Initializing Spring embedded WebApplicationContext
2021-08-02 10:18:56.965  INFO 2191 --- [           main] o.s.web.context.ContextLoader            : Root WebApplicationContext: initialization completed in 1472 ms
2021-08-02 10:18:57.185  INFO 2191 --- [           main] o.s.s.concurrent.ThreadPoolTaskExecutor  : Initializing ExecutorService 'applicationTaskExecutor'
2021-08-02 10:18:57.415  INFO 2191 --- [           main] o.s.b.w.embedded.tomcat.TomcatWebServer  : Tomcat started on port(s): 8090 (http) with context path ''
2021-08-02 10:18:57.422  INFO 2191 --- [           main] com.SpringBootApp                        : Started SpringBootApp in 3.388 seconds (JVM running for 4.183)
```

图 1.9　Spring Boot 项目成功启动后的效果图

此时，该项目会在 8080 端口监听请求。如果在浏览器里输入 http://localhost:8080/hello 请求，控制器类会匹配该 url 并调用 sayHello 方法，最终在浏览器中返回 Say Hello World.字样。

在本项目的 application.properties 文件里，定义了用于监听请求的端口是 8080。如果要更改监听请求的端口，可以在该配置文件中通过如下的代码来实现。

```
server.port=8090
```

更改完成后，重启该项目，在浏览器里再次输入 http://localhost:8090/hello，同样能在浏览器里看到 Say Hello World.字样。

1.4　动　手　练　习

练习 1　根据 1.2 节的提示，在电脑上下载安装并配置 Java 开发环境。

提示步骤：
（1）下载并安装 JDK 11 安装包。
（2）配置环境变量。
（3）下载并安装 IDEA 组件。

练习 2　编写第一个 Spring Boot 项目，当通过浏览器发出 localhost:8080/demo 请求时，能在浏览器输出"Hello Spring Boot"的字样。

提示步骤：

（1）创建项目并编写 pom.xml 文件并导入依赖包。

（2）编写启动类和控制器类。

（3）启动 Spring Boot 项目并在浏览器中验证效果。

练习 3 在练习题 2 的基础上，通过更改 application.properties 配置文件，把 Spring Boot 项目的工作端口改为 8085，随后重启 Spring Boot 项目，在浏览器里输入 localhost:8085/demo 请求来验证修改后的效果。

第 2 章

Spring Boot 整合 Nacos

在基于 Spring Cloud Alibaba 的微服务框架中，Nacos 组件一般会起到注册中心和配置中心的作用。在实际项目中，微服务系统一方面可以通过 Nacos 动态地感知并管理诸多业务模块，另一方面还可以通过 Nacos 管理全局性的配置参数。

在实际项目中，Nacos 组件往往会以高可用集群的形式对外提供服务，这样即使单个 Nacos 失效，其他 Nacos 也能继续对外提供服务。

在本章里，将围绕"注册中心"和"配置中心"这两大功能，讲述 Spring Boot 整合 Nacos 组件的做法，此外还会结合源码讲述 Nacos 的底层工作细节。

2.1 认识和安装 Nacos

Nacos 是一个能提供服务发现、服务管理和配置管理的 Spring Cloud Alibaba 组件，在实际项目中，该组件能以"单机版"和"集群"的形式对外提供服务。本节首先详细介绍 Nacos 组件的作用，随后讲述安装该组件的步骤。

2.1.1 Nacos 与注册中心

在微服务项目中，一般包含"服务提供者"和"服务调用者"这两种角色的业务模块，其中服务调用者会调用封装在服务提供者模块中的业务方法。

为了正确地调到服务，服务调用者需要知道所调用方法的 IP 地址、端口号和方法名等关键信息。对此，比较直观的解决方法时，用静态文件的方式来管理服务列表，比如在配置文件中记录所有服务方法的 IP 地址、端口号和方法名等信息，但这样做会有如下的问题。

一方面，如果微服务系统中服务方法的数量很多，那么这类配置文件就会很长，从而就很难维护；另一方面，服务方法很有可能是动态变更的，比如某些提供服务的模块因故障而下线，同时会有新的服务模块加入到系统中，这样，配置文件中的服务列表信息也需对应地变更。

也就是说，用静态文件的方式来管理微服务项目中的服务方法，不是一种好的解决方法。对此，可以在系统中引入 Nacos 组件，以动态的方式来管理诸多服务方法。

作为注册中心，Nacos 组件能很好地解决"管理诸多服务方法"的问题。首先，服务提供者可以向 Nacos 注册中心注册注册对应的服务方法；其次，服务调用者能从 Nacos 注册中心查找所调用方法的 IP 地址、端口号和服务名等信息，并在此基础上调用对应的方法。

而且，Nacos 注册中心还会根据实际情况，动态地加入新的服务方法，或剔除已失效的服务方法。所以，通过引入 Nacos 注册中心，程序员在开发项目的过程中，能更关注于"提供服务"和"调用服务"等业务功能，而无须过多地关注"如何管理服务"和"如何调用服务"之类的细节，这样一方面能降低开发项目的难度，另一方面还能有效提升项目的可维护性。

2.1.2 Nacos 与配置中心

系统在运行时，往往会读取一些配置参数，比如连接数据库的 url、用户名和密码等。在 Spring Cloud Alibaba 微服务体系架构中，一般会通过 Nacos 等组件来搭建配置中心，用统一的方式来管理各种配置参数。

引入 Nacos 配置中心后，在发布和管理项目时，运维人员能在配置中心里，统一地管理诸多业务模块中的参数，这样能有效避免配置参数遗漏和管理混乱等问题。而且在项目开发的过程中，程序员还能用统一的风格来读取诸多配置参数，从而能提升项目的可读性和可维护性。

2.1.3 搭建 Nacos 环境，启动 Nacos 组件

可以从 Nacos 的 github 官方网站 https://github.com/alibaba/nacos/tags 下载 Nacos 组件的安装包，本书下载的是 2.0.3 版本。该版本安装包的文件是 nacos-server-2.0.3.zip，在 Windows 或 Mac 等操作系统上，均可以使用该安装包来搭建 Nacos 环境。

在电脑上解压该安装包后，如果操作系统是 Mac，那么可以在终端命令窗口（terminal）中进入到 Nacos 路径中的 bin 子目录，在其中运行 sh startup.sh -m standalone 命令，即可启动 Nacos 组件。如果操作系统是 Windows，那么可以在命令行窗口进入到 Nacos 组件的 bin 目录，在该路径下运行 cmd startup.cmd -m standalone 命令，也可启动 Nacos 组件。

> **注意** Nacos 组件能以单机版和集群的方式启动，上述启动命令均带有 standalone 参数，所以都是以单机版的形式启动。

2.1.4 观察可视化管理界面

启动 Nacos 组件后，可以在浏览器里输入 http://127.0.0.1:8848/nacos/index.html 以进入 Nacos 的可视化管理界面，在随后弹出的登录窗口里，可以用默认的用户名 nacos 和密码 nacos 登录。登录后，能进入到如图 2.1 所示的可视化管理界面。

在图 2.1 的左侧，可以看到若干管理菜单项，可以在"配置管理"项中，以统一的方式管理项目的诸多配置参数，可以在"服务管理"项中查看并管理注册到 Nacos 组件中的服务。

图 2.1　Nacos 可视化管理窗口

2.2　Spring Boot 整合 Nacos 注册中心

在本节的范例中，不仅将演示编写服务提供者和服务调用者的做法，还将演示服务提供者注册到 Nacos 注册中心和服务调用者通过 Nacos 注册中心调用服务的做法，由此读者能从代码层面掌握 Nacos 注册中心的实际用法。

2.2.1　引入注册中心后的框架图

在基于 Spring Cloud Alibaba 的微服务体系架构中，可以用 Spring Boot 框架开发提供业务服务的功能模块，并把其中的业务方法注册到 Nacos 注册中心，而需要调用业务服务的模块可以从 Nacos 注册中心订阅和调用对应的方法，这三者之间的对应关系如图 2.2 所示。

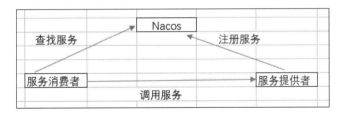

图 2.2　Nacos 和服务提供者和服务消费者之间的关系

事实上，作为服务提供者的 Spring Boot 项目在启动时，会根据配置主动向 Nacos 注册中心注册服务，而作为服务消费者的 Spring Boot 项目在调用服务时，会先从 Nacos 注册中心查找服务对应的 IP 地址和端口号等细节，在此基础上完成服务的调用动作。

2.2.2　创建服务提供者项目

这里将通过如下步骤创建基于 Nacos 的服务提供者项目。

步骤 01 创建名为 NacosProvider 的 Maven 项目，并在其中的 pom.xml 里配置该项目的相关信息以及所需要用到的依赖包。

```
01  <?xml version="1.0" encoding="UTF-8"?>
02  <project xmlns="http://maven.apache.org/POM/4.0.0"
    xmlns:xsi="http://www.w3.org/2001/XMLSchema-instance"
    xsi:schemaLocation="http://maven.apache.org/POM/4.0.0
    http://maven.apache.org/xsd/maven-4.0.0.xsd">
03      <modelVersion>4.0.0</modelVersion>
04      <parent>
05          <groupId>org.springframework.boot</groupId>
06          <artifactId>spring-boot-starter-parent</artifactId>
07          <version>2.2.8.RELEASE</version>
08          <relativePath/>
09      </parent>
10      <groupId>org.example</groupId>
11      <artifactId>NacosProvider</artifactId>
12      <version>1.0-SNAPSHOT</version>
13      <dependencyManagement>
14          <dependencies>
15              <dependency>
16                  <groupId>com.alibaba.cloud</groupId>
17  <artifactId>spring-cloud-alibaba-dependencies</artifactId>
18                  <version>2.2.1.RELEASE</version>
19                  <type>pom</type>
20                  <scope>import</scope>
21              </dependency>
22          </dependencies>
23      </dependencyManagement>
24      <dependencies>
25          <dependency>
26              <groupId>org.springframework.boot</groupId>
27              <artifactId>spring-boot-starter-web</artifactId>
28          </dependency>
29          <dependency>
30              <groupId>com.alibaba.cloud</groupId>
31  <artifactId>spring-cloud-starter-alibaba-nacos-discovery</artifactId>
32          </dependency>
33      </dependencies>
34  </project>
```

在上述代码的第 10 行到第 12 行里，定义了该项目的基本信息。本项目是通过第 4 行到第 9 行的\<parent\>元素、第 13 行到第 23 行的\<dependencyManagement\>元素和第 24 行到第 33 行的\<dependencies\>元素来引入所需要的 Spring Boot 和 Spring Cloud Alibaba 依赖包。

具体地，是通过第 25 行到第 28 行的代码，引入了 Spring Boot 的依赖包；通过第 15 行到第 21 行的代码，引入了 Spring Cloud Alibaba 相关的依赖包；通过第 29 行到第 32 行的代码，引入了 Nacos 组件的依赖包。

步骤 02 编写 Spring Boot 项目的启动类 SpringBootApp.java，具体代码如下。

```
01  package prj;
02  import org.springframework.boot.SpringApplication;
03  import org.springframework.boot.autoconfigure.SpringBootApplication;
04  import org.springframework.cloud.client.discovery.EnableDiscoveryClient;
05  @EnableDiscoveryClient
06  @SpringBootApplication
07  public class SpringBootApp {
08      public static void main(String[] args) {
09          SpringApplication.run(SpringBootApp.class, args);
10      }
11  }
```

在该类的第 6 行里，通过@SpringBootApplication 注解说明本类是 Spring Boot 的启动类；在该类的第 5 行里，通过@EnableDiscoveryClient 注解，说明本类将向在配置文件里定义的 Nacos 注册中心注册服务。同时在该类第 8 行到第 10 行的 main 函数里，定义了 Spring Boot 项目的启动动作。

步骤 03　编写名为 Controller.java 的控制器类，具体代码如下。

```
01  package prj;
02  import org.springframework.web.bind.annotation.RequestMapping;
03  import org.springframework.web.bind.annotation.RestController;
04  @RestController
05  public class Controller {
06      @RequestMapping("/sayHello")
07      public String sayHello(){
08          return "Say Hello by Nacos.";
09      }
10  }
```

该类是通过第 4 行的@RestController 注解，说明本类将承担控制器的角色，而通过第 6 行到第 9 行的代码能看到，格式为/sayHello 的 url 请求，将会触发本类的 sayHello 方法。

事实上，本类中的 sayHello 方法将会被注册到 Nacos 注册中心里，并通过 Nacos 注册中心对外提供服务。

步骤 04　在 resources 目录里编写名为 application.properties 的配置文件，具体代码如下。

```
01  spring.application.name=nacosProvider
02  nacos.discovery.server-addr=127.0.0.1:8848
```

其中通过第 1 行的代码，定义了项目名 nacosProvider；通过第 2 行的代码，指定了本项目将会向工作在 127.0.0.1:8848 的 Nacos 注册服务。

2.2.3　创建服务消费者项目

在创建好基于 Nacos 的服务提供者项目后，可以通过如下步骤创建服务消费者项目。

步骤 01　创建名为 NacosConsumer 的 Maven 项目，并在其中 pom.xml 里，编写该项目的配置信息及所用到的依赖包。该文件和 NacosProvider 项目的 pom.xml 很相似，区别点在于如下的定义项目信息的代码，这里是通过第 2 行的代码，定义了本项目的名字是 NacosConsumer。

```
01  <groupId>org.example</groupId>
02  <artifactId>NacosConsumer</artifactId>
03  <version>1.0-SNAPSHOT</version>
```

步骤 02 编写本项目的 Spring Boot 启动类 SpringBootApp.java，具体代码如下。

```
01  package prj;
02  import org.springframework.boot.SpringApplication;
03  import org.springframework.boot.autoconfigure.SpringBootApplication;
04  import org.springframework.cloud.client.discovery.EnableDiscoveryClient;
05  import org.springframework.cloud.client.loadbalancer.LoadBalanced;
06  import org.springframework.context.annotation.Bean;
07  import org.springframework.web.client.RestTemplate;
08  @EnableDiscoveryClient
09  @SpringBootApplication
10  public class SpringBootApp {
11      public static void main(String[] args) {
12          SpringApplication.run(SpringBootApp.class, args);
13      }
14      @LoadBalanced
15      @Bean
16      public RestTemplate restTemplate() {
17          return new RestTemplate();
18      }
19  }
```

在该类中，依然是通过第 9 行的@SpringBootApplication 注解说明本类将承担启动类的作用，通过第 11 行到第 13 行的 main 函数定义 Spring Boot 的启动动作。

同时，该类依然是被第 8 行的@EnableDiscoverClient 注解修饰，再结合本项目配置文件中的 Nacos 相关配置参数以及控制器类里的方法，可以看到，本项目也会和 Nacos 注册中心交互，从而能调用注册在 Nacos 的服务方法。

而且在本类的第 14 行到第 18 行里，还定义了用@LoadBalanced 修饰的能返回 RestTemplate 类型对象的方法，而且该方法是被@Bean 注解修饰，所以会在 Spring Boot 项目启动时被加载到 Spring 容器。这样在控制器类里，就能通过该方法得到 RestTemplate 类型的对象，通过该对象，控制器类里的方法就能调用注册到 Nacos 里的方法。

步骤 03 编写名为 Controller.java 的控制器类，具体代码如下。

```
01  package prj;
02  import org.springframework.web.bind.annotation.RequestMapping;
03  import org.springframework.web.bind.annotation.RestController;
04  import org.springframework.web.client.RestTemplate;
05  import javax.annotation.Resource;
06  @RestController
07  public class Controller {
08      @Resource
09      private RestTemplate restTemplate;
10      @RequestMapping("/callNacos")
11      public String callNacos(){
12          return restTemplate.getForObject("http://nacosProvider/sayHello",
    String.class);
13      }
14  }
```

在该类第 10 行到第 13 行的 callNacos 方法里，是调用了 RestTemplate 类型对象的 getForObject 方法，发出了格式为 http://nacosProvider/sayHello 的 url 请求，请注意该请求中的 nacosProvider，是服务提供者项目中设置的服务项目名。

由于在本项目的启动类中，通过了@EnableDiscoveryClient 注解指定了本项目会和 Nacos 注册中心交互，所以在 callNacos 方法里通过 restTemplate 对象发出的 url 请求事实上会从 Nacos 注册中心里，找到提供该请求服务主机的 IP 地址和端口，并据此调用 sayHello 这个服务方法。

步骤 04 在 application.properties 配置文件里，编写相关配置信息，具体代码如下。

```
01   server.port=8090
02   spring.cloud.nacos.discovery.server-addr=127.0.0.1:8848
03   spring.application.name=nacosConsumer
```

由于 8080 端口已经被服务提供者项目占用，所以在本项目里，需要通过第 1 行的代码指定工作端口是 8090。

随后该配置文件通过第 2 行的代码，指定待交互的 Nacos 注册中心的 IP 地址和端口号，通过第 3 行代码，指定本项目的名字是 nacosConsumer。

2.2.4　启动 Spring Boot 类，观察注册中心的效果

在编写好服务提供者和服务调用者的项目后，可以通过如下的步骤观察到基于注册中心的服务调用流程。

步骤 01 通过 2.1.3 节给出的步骤，启动 Nacos 注册中心，同时可以在浏览器里输入 http://127.0.0.1:8848/nacos/index.html 打开 Nacos 的可视化管理界面，以确认 Nacos 成功启动。

步骤 02 通过运行启动类，依次启动 NacosProvider 和 NacosConsumer 项目，启动以后，能在 Nacos 可视化管理界面的"服务列表"里，看到 NacosProvider 和 NacosConsumer 这两个项目，具体效果如图 2.3 所示，由此说明，这两个项目被成功地注册到 Nacos 注册中心。

图 2.3　Nacos 可视化界面里服务列表的效果图

步骤 03 在浏览器里输入 http://localhost:8090/callNacos，通过调用服务消费者项目中的控制器方法，来调用服务提供者项目中的 sayHello 方法，此时能在浏览器里看到有 "Say Hello by Nacos." 字符串，该字符串是由服务提供者的 sayHello 方法返回的。

在调用过程中，服务消费者的 callNacos 方法会先从 Nacos 注册中心里找到服务提供者的 IP 地址和端口号，并据此调用 sayHello 方法，具体的效果如图 2.4 所示。

图 2.4　Spring Boot 项目整合 Nacos 注册中心的效果图

2.3　用 Nacos 配置中心管理配置参数

在微服务项目中，不同的业务模块可能会配置和使用各自的配置参数，如果这些配置参数被不同的业务模块分散管理，那么就会增大项目的维护难度，所以这些参数一般会被统一化管理。

在 Spring Cloud Alibaba 微服务体系中，Nacos 组件除了能承担注册中心的作用外，还能以配置中心的身份来统一管理项目中的诸多配置参数。

2.3.1　在配置中心设置参数

启动 Nacos 组件后，再到浏览器中输入 http://127.0.0.1:8848/nacos/index.html，进入 Nacos 的可视化管理界面。在该管理界面中，可以单击左侧的"配置列表"菜单，进入到"配置管理"页面，如图 2.5 所示。

图 2.5　Nacos 配置中心界面

单击图 2.5 中右侧的"+"按钮，可以进入到如图 2.6 所示的"新增配置"界面。

在图 2.6 的 Data ID 文本框中，可以填写新增配置参数的 ID，比如这里是 retryTimes。在 Group 文本框中，可以填写本配置参数所属的模块，比如这里是 RiskModule，代表是风控模块。在"描述"文本框中，可以填写该配置参数的描述信息。

图 2.6　Nacos 配置中心里新增配置的页面

随后，可以在"配置格式"选项中，选择参数的格式，比如这里选择的是 TEXT，此外还可以选择 JSON 等格式。在"配置内容"选项中，可以详细地设置配置参数的名字和对应的值，比如这里填写的是如下的参数信息。

```
readRetryTimes=0
writeRetryTimes=3
```

填写完成后，可以单击下方的"发布"按钮，向 Nacos 配置中心发布刚才所设置的配置参数。

> **注意** 在 Nacos 配置中心里，Data ID 和 Group 这两者是参数的"唯一标识符"。也就是说，通过指定的 Data ID 和 Group，能定位到唯一的一组配置参数。

2.3.2　在项目中使用参数

在 Nacos 配置中心里完成参数的配置动作后，可以在 Spring Boot 的项目里读取 Nacos 配置中心里的参数值，具体步骤如下。

步骤 01 创建名为 NacosConfigDemo 的 Maven 项目，并在其中的 pom.xml 里，通过如下的关键代码引入 Spring Boot 和 Nacos 配置中心的依赖包。

```
01    <dependencyManagement>
02        <dependencies>
03            <dependency>
04                <groupId>com.alibaba.cloud</groupId>
05    <artifactId>spring-cloud-alibaba-dependencies</artifactId>
06                <version>2.2.1.RELEASE</version>
07                <type>pom</type>
08                <scope>import</scope>
09            </dependency>
10        </dependencies>
```

```
11        </dependencyManagement>
12        <dependencies>
13          <dependency>
14            <groupId>org.springframework.boot</groupId>
15            <artifactId>spring-boot-starter-web</artifactId>
16          </dependency>
17          <dependency>
18            <groupId>com.alibaba.boot</groupId>
19  <artifactId>nacos-config-spring-boot-starter</artifactId>
20            <version>0.2.1</version>
21          </dependency>
22        </dependencies>
```

在第 1 行到第 11 行的代码里，通过<dependencyManagement>元素引入了 Spring Cloud Alibaba 组件的依赖包；通过第 13 行到第 16 行的代码，引入了 Spring Boot 的依赖包；通过第 17 行到第 21 行的代码，引入了 Nacos 配置中心的依赖包。

步骤 02 编写名为 SpringBootApp.java 的 Spring Boot 启动类，代码如下所示。

```
01  package prj;
02  import com.alibaba.nacos.spring.context.annotation.config.
    NacosPropertySource;
03  import org.springframework.boot.SpringApplication;
04  import org.springframework.boot.autoconfigure.SpringBootApplication;
05  @NacosPropertySource(dataId = "retryTimes", groupId = "RiskModule",
    autoRefreshed = true)
06  @SpringBootApplication
07  public class SpringBootApp {
08      public static void main(String[] args) {
09          SpringApplication.run(SpringBootApp.class, args);
10      }
11  }
```

在该启动类的第 5 行里，通过@NacosPropertySource 注解，说明了该 Spring Boot 项目将会从 Nacos 配置中心里，读取 groupId 为 RiskModule、dataId 为 retryTimes 的配置参数。

步骤 03 在 resources 目录里，编写名为 application.properties 的配置文件，具体代码如下。

```
01  nacos.config.server-addr=127.0.0.1:8848
02  spring.application.name=nacosConfigDemo
```

在该配置文件里，通过第 1 行代码，指定从工作在 127.0.0.1:8848 的 Nacos 配置中心里读取参数。

步骤 04 在名为 Controller.java 的控制器类里，读取 Nacos 配置中心里的参数，具体代码如下。

```
01  package prj;
02  import com.alibaba.nacos.api.config.annotation.NacosValue;
03  import org.springframework.web.bind.annotation.RequestMapping;
04  import org.springframework.web.bind.annotation.RestController;
05  @RestController
06  public class Controller {
```

```
07        @NacosValue(value = "${readRetryTimes}", autoRefreshed = true)
08        private String readRetryTimes;
09        @NacosValue(value = "${writeRetryTimes}", autoRefreshed = true)
10        private String writeRetryTimes;
11        @RequestMapping("/getConfig")
12        public String getConfig(){
13            String val = "readRetryTimes is:" + readRetryTimes;
14            val = val + ",writeRetryTimes is:" + writeRetryTimes;
15            return val;
16        }
17    }
```

由于在本项目的 application.properties 配置文件里,已经指定了 Nacos 配置中心的 IP 地址和端口号,同时在本项目的启动类里,也指定了从该 Nacos 配置中心里,读取 groupId 为 RiskModule、dataId 为 retryTimes 的配置参数。所以在本控制类里,可以通过第 7 行和第 9 行的@NacosValue 注解,读取参数名为 readRetryTimes 和 writeRetryTimes 的参数,并把读到的参数,赋予的第 8 行和第 10 行所对应的变量。

而在本控制器类的第 11 行到第 16 行的 getConfig 方法里,通过 return 语句对外返回了 readRetryTimes 和 writeRetryTimes 这两个参数的值。

完成上述 NacosConfigDemo 项目的开发工作后,可以通过运行 SpringBootApp 启动类来启动该项目。随后,如果在浏览器里输入 http://localhost:8080/getConfig,就可以看到如下的输出字样:

```
readRetryTimes is:3,writeRetryTimes is:0
```

在上述的输出里,可以看到 readRetryTimes 和 writeRetryTimes 参数所对应的值,分别是 3 和 0,这两个值是和在 Nacos 配置中心里所设置的对应参数值完全一致。

2.4 搭建高可用的 Nacos 集群

如果 Nacos 组件是以单机版的形式对外提供注册中心和配置中心的服务,那么当这台 Nacos 服务器出现故障时,就会出现“服务不可用”和“无法取到配置参数”等严重问题。

为了提升系统的可用性,在一些项目里往往会以集群的方式搭建 Nacos 集群,这样一旦集群中有 Nacos 服务器出现故障,那么其他服务器依然能对外提供服务,这样就能提升系统的可用性。

2.4.1 配置 Nacos 的持久化效果

配置 Nacos 组件的持久化效果,是搭建 Nacos 集群的前提条件。Nacos 持久化的含义是,会把服务列表和配置参数等信息保存到数据库里,这样当 Nacos 服务器重启时,就能从数据库里读取到之前保存的信息,从而能保证数据不丢失。

可以通过如下的步骤来配置 Nacos 组件的持久化效果。

步骤01 打开本地 MySQL 数据库，并在其中创建一个名为 nacos 的数据库，即 schema。

步骤02 进入到 Nacos 安装路径中的 conf 子路径，找到其中的 nacos-mysql.sql 文件，在其中包含了配置 Nacos 持久化的必需数据库脚本。

步骤03 通过 MySQL WorkBench 等客户端工具连到本地 MySQL 数据库，并进入到之前所创建的 nacos 数据库，并在其中运行 nacos-mysql.sql 文件里的数据库脚本。运行完成后，能在 nacos 数据库里创建若干个数据表，具体效果如图 2.7 所示。

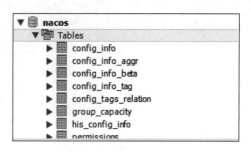

图 2.7 在 MySQL 里创建持久化表的效果图

步骤04 打开 conf 路径里的 application.properties 配置文件，添加如下的配置参数。

```
01   db.num=1
02   db.url=jdbc:mysql://127.0.0.1:3306/nacos?characterEncoding=utf8&connectTi
     meout=1000&socketTimeout=3000&autoReconnect=true&useUnicode=true&useSSL=f
     alse&serverTimezone=UTC
03   db.user=root
04   db.password=123456
```

在上述代码里，通过第 1 行的代码，指定了本 Nacos 服务器将使用 1 个 MySQL 数据库来进行持久化管理；通过第 2 行到第 4 行的代码，指定了持久化所需数据库的连接 url、连接用户名和密码等信息。

其中连接 url 里的数据库名是 nacos，这需要和之前所创建的数据库名保持一致，连接用户名和密码需要和 MySQL 里的设置保持一致。这样 Nacos 服务器就能通过上述配置，连接到 MySQL 数据库里的诸多数据表，并进行持久化操作。

2.4.2 搭建集群

在完成持久化配置以后，可以搭建 Nacos 集群。在本节搭建的集群中，Nacos 节点的数量是两个，这样当其中一个节点失效时，另一个节点能继续提供服务，具体步骤如下。

步骤01 把包含 Nacos 组件的目录复制两份，分别命名为 nacos cluster node1 和 nacos cluster node2。

步骤02 进入到 nacos cluster node1 路径的 conf 子路径中，打开 application.properties 配置文件，在该配置文件中，除了需要加上如 2.4.1 节所给出的持久化配置参数之外，还需要通过如下的代码指定该 Nacos 的工作端口为 8858。

```
server.port=8858
```

步骤03 在 nacos cluster node1 路径中，进入 conf 子路径，并创建一个名为 cluster.conf 的配置文件，在其中通过如下的代码配置集群中的节点信息。

```
192.168.1.4:8858
192.168.1.4:8868
```

从中能看出，本集群中包含的两个节点，分别工作在本机的 8858 和 8868 端口。这里请注意，192.168.1.4 是本机的 IP 地址，在配置 Nacos 集群时，这部分的 IP 地址建议用真实的 IP 地址，而不要用 localhost 或 127.0.0.1，以免出错。

步骤 04 进入到 nacos cluster node1 路径的 bin 子路径中，打开 startup.cmd 文件，通过如下的代码设置 Nacos 的启动模式为"集群"。

```
set MODE="cluster"
```

至此完成了集群中 nacos cluster node1 节点的配置工作，随后再进入到另一个 Nacos 的 nacos cluster node2 路径，在其中的 application.properties 配置文件里，依然需要加上 2.4.1 节所给出的持久化配置参数，同时通过如下的代码设置该节点的工作端口是 8868。

```
server.port=8868
```

在 nacos cluster node2 节点的 conf 里，同样需要创建 cluster.conf 配置文件，其中的代码和 nacos cluster node1 节点里的完全一致。同时，打开该节点 bin 路径中的 startup.cmd 文件，依然需要通过如下的代码设置该节点的启动模式为"集群"。

```
set MODE="cluster"
```

至此完成了 Nacos 集群的搭建工作。需要注意的是，为了方便演示，本集群中的两个节点都工作在本机，只是用端口号来区分。在实际项目中，一个 Nacos 集群可以包含三个或更多的节点，不同的节点一般会部署在不同的主机上，而不会都部署在一台主机上。

不过实际项目中搭建集群的方式和本部分给出的非常相似，也就是说，读者可以按照本部分给出的方法，搭建实际项目中的 Nacos 集群。

2.4.3　观察集群效果

按上述步骤搭建好包含 2 个 Nacos 节点的集群后，可分别进到 nacos cluster node1 和 nacos cluster node2 节点对应的 bin 路径，在该路径中可通过运行 startup 命令启动这两个 Nacos 服务。

启动后可以在浏览器里输入 http://localhost:8858/nacos/index.html，进入到 Nacos 集群的可视化管理界面，请注意这里的端口号已经改成了 Nacos 节点 1 的工作端口，此时当然也可以通过 http://localhost:8868/nacos/index.html 请求，用节点 2 的 8868 端口进入到可视化管理界面。

进入可视化管理界面后，可以在"集群管理"→"节点列表"的子菜单项里，看到该集群包含的 2 个 Nacos 节点详细信息，如图 2.8 所示。

图 2.8　在可视化界面里观察到的 Nacos 效果图

从图 2.8 中能看到，该集群所包含的两个 Nacos 均处于 UP 状态。此外，还可以通过单击右侧的"下线"按钮删除集群中的指定节点。

2.4.4 以集群的方式管理配置

在 http://localhost:8858/nacos/index.html 对应的集群可视化管理界面里，依照 2.3.1 节所述的步骤，在其中的配置列表里创建 Group 是 RiskModule、Data ID 是 retryTimes 的配置项，并在其中同样用 TEXT 的格式添加如下的参数。

```
01  readRetryTimes=0
02  writeRetryTimes=3
```

随后进入到 2.3.2 节创建的 NacosConfigDemo 项目，在 application.properties 配置文件中，用如下代码替换掉原来的代码，而该项目的其他代码保持不变。

```
01  spring.application.name=nacosConfigDemo #该项不做修改
02  #原代码是指向单机版的 Nacos 节点
03  #nacos.config.server-addr=127.0.0.1:8848
04  #新代码是指向 Nacos 集群
05  nacos.config.server-addr=127.0.0.1:8858,127.0.0.1:8868
```

在替换后的代码里，是通过第 5 行的配置，让 Spring Boot 项目指向 Nacos 集群中的两个节点。

随后可启动该项目，启动后如果在浏览器里输入 http://localhost:8080/getConfig，就能看到如下的输出字样，由此能说明，该 Spring Boot 项目能成功地从 Nacos 集群中读取到所需的配置参数。

```
readRetryTimes is:3,writeRetryTimes is:0
```

此时可在如图 2.8 所示的界面里，单击其中一个节点的"下线"按钮，以此来模拟集群中单个节点失效的情况。随后可在浏览器里再次输入 http://localhost:8080/getConfig，以此来读取 readRetryTimes 和 writeRetryTimes 这两个配置参数。

此时，虽然集群中有节点失效，但依然可以在浏览器里正确地看到这两个配置项所对应的值，从中可知，Nacos 集群能以高可用的方式对外提供服务。

2.4.5 以集群的方式管理服务

在本节中，将演示 Nacos 以集群的方式，对外提供注册中心服务的做法，具体来说，读者可以通过如下的步骤，改写 2.2 节给出的 NacosProvider 和 NacosConsumer 项目，来实现 Spring Boot 整合 Nacos 注册中心集群的效果。

修改点 1，修改 NacosProvider 项目里的 application.properties 文件，修改后的代码如下：

```
01  #nacos.discovery.server-addr=127.0.0.1:8848
02  spring.cloud.nacos.discovery.server-addr=127.0.0.1:8858,127.0.0.1:8868
03  spring.application.name=nacosProvider
```

这里是用第 2 行的代码替换掉第 1 行的，这样该 Spring Boot 项目就能向集群中的两个 Nacos 节点注册服务。

修改点 2，修改 NacosConsumter 项目里的 application.properties 文件，修改后的代码如下：

```
01   #spring.cloud.nacos.discovery.server-addr=127.0.0.1:8848
02   spring.cloud.nacos.discovery.server-addr=127.0.0.1:8858,127.0.0.1:8868
03   server.port=8090
04   spring.application.name=nacosConsumer
```

这里是用第 3 行的代码替换掉第 2 行的，这样该 Spring Boot 项目就能从 Nacos 注册中心集群中读取并调用到服务。

完成修改后，在确保 Nacos 集群正常运行的前提下，依次启动 NacosProvider 和 NacosConsumer 项目，启动后能在 Nacos 集群的可视化管理界面里看到类似图 2.3 所示的效果，由此能确认这两个项目成功地加入到了 Nacos 注册中心集群。

随后，如果在浏览器里输入 http://localhost:8090/callNacos，通过该 url 请求，服务消费者项目可通过 Nacos 集群，向服务提供者项目发起服务调用的请求，此时在浏览器里可看到如下的输出结果。由此能确认 Nacos 集群、Nacos 服务提供者项目和 Nacos 服务调用者项目均工作正常。

```
Say Hello by Nacos.
```

2.5　动　手　练　习

练习 1　根据 2.1.3 节的提示，在电脑上下载安装并搭建 Nacos 开发环境。

提示步骤：
（1）下载 Nacos 组件。
（2）修改配置参数。
（3）先以单机版的形式启动 Nacos 服务。
（4）到可视化管理界面里，确认 Nacos 服务成功启动。

练习 2　根据 2.2 节的提示，编写基于 Nacos 的服务提供者和服务消费者项目，并在服务消费者项目里，通过 Nacos 注册中心调用服务提供者项目里的方法。

提示步骤：
（1）创建服务提供者项目，在其中的控制器方法里，通过 sayHello 方法，对外提供输出 "hello nacos" 字样的服务。
（2）创建服务消费者项目，在其中的控制器方法里，调用服务提供者里的 sayHello 方法。
（3）合理编写服务提供者和服务消费者项目里的 application.properties 配置文件，在其中正确地编写 Nacos 等信息。

（4）启动 Nacos 注册中心、服务提供者和服务消费者项目，发起调用请求，观察调用结果。

练习 3 根据 2.3 节的提示，实现 Spring Boot 项目从 Nacos 配置中心里读取参数的效果。

提示步骤：

（1）在 Nacos 配置中心里添加参数。

（2）创建用于读取参数的 Spring Boot 项目，合理编写其中的 application.properties 文件。

（3）正确地实现读取参数的功能。

（4）通过运行，观察结果。

练习 4 按 2.4 节部分给出的提示，搭建一个包含 2 个 Nacos 节点的集群。

提示步骤：

（1）复制两份 Nacos 文件。

（2）修改各自的配置项参数。

（3）启动 Nacos 组件，验证集群效果。

练习 5 在练习题 2 的基础上，通过更改服务提供者和服务消费者项目的 application.properties 配置文件，实现 Spring Boot 整合 Nacos 注册中心集群的效果。

第 3 章

负载均衡组件 Ribbon

在基于微服务架构的系统中，一般会把具有相同业务功能的模块同时部署到多台服务器上，在此基础上会用 Ribbon 组件把访问业务功能的请求均摊到这些服务器上。这种把请求均摊到相同模块上的做法叫负载均衡，通过负载均衡，能让系统提升应对高并发的能力。

本章不仅会讲述通过 Ribbon 组件实现负载均衡的做法，还会讲述 Ribbon 整合 Nacos 集群，从而搭建高可用负载均衡架构的实战技巧。通过本章的学习，读者不仅能掌握 Ribbon 组件的一般用法，还能掌握在微服务项目里实施负载均衡方案的通用性技巧。

3.1　负载均衡与 Ribbon 组件

Ribbon 是 Spring Cloud Alibaba 体系架构中实现负载均衡的组件，通过该组件，程序员能在无须过多关注底层细节的基础上，较为方便地实现各种负载均衡方面的需求。

3.1.1　微服务架构中的负载均衡需求

大多数基于微服务的系统会应对高并发的挑战，比如在日常情况下，平均一秒要处理 5000个甚至更多的请求。对此，固然可以通过优化代码的方式来提升系统的性能，但是更可以通过负载均衡的方式来减轻单个业务模块的压力。

负载均衡（Load Balance）的含义是，把请求均摊到多个操作单元上执行。具体地，在高并发微服务架构中，可以如图 3.1 所示，先把实现相同功能的业务模块部署到不同主机上，再引入 Ribbon等负载均衡组件，把请求分流到这些业务模块上，以此来提升系统处理请求的能力。

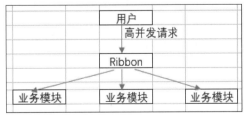

图 3.1　引入负载均衡组件后的示意图

3.1.2　Ribbon 组件介绍

Ribbon 是 Spring Cloud Alibaba 体系中负责负载均衡的组件，它是一组类库的集合，具体地，Ribbon 组件能提供如下两大负载均衡相关的功能。

第一，可以根据指定负载均衡算法，从多个服务节点中选取一个节点来发送请求，从而得到对应的服务。

第二，可以保留服务节点访问的相关统计信息，这样可以避免向高延迟或高故障的节点发送请求。

从代码层面来看，在基于 Spring Cloud Alibaba 微服务体系架构中，程序员能通过编写注解和配置文件等方式，简便地引入 Ribbon 组件，从而实现负载均衡的效果。

这种实现负载均衡的做法不会影响到具体的业务功能代码，也就是说，如果程序员要在项目中引入 Ribbon 实现负载均衡的效果，或者是更改 Ribbon 配置更新负载均衡的实现细节，不会对现有业务代码造成很大的影响。

3.1.3　Ribbon 和 Nacos 的整合方式

在大多数 Spring Cloud Alibaba 微服务项目中，在用 Ribbon 组件实现负载均衡的同时，也会把相关节点注册到 Nacas 注册中心里，如图 3.2 所示。

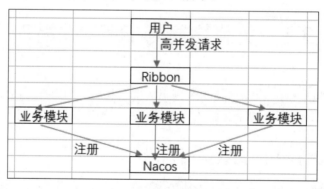

图 3.2　Ribbon 整合 Nacos 的示意图

Ribbon 和 Nacos 整合以后，基于 Spring Cloud Alibaba 的项目一方面能通过 Nacos 注册中心动态地添加、剔除或维护诸多功能方法，从而实现服务治理的效果；另一方面还能通过 Ribbon 组件把请求分摊到不同的业务节点上，从而实现负载均衡的效果。

3.2　Ribbon 实现负载均衡的范例

在本节中，将给出通过 Ribbon 组件实现负载均衡效果的范例，事实上，该范例中以负载均衡的方式对外提供的服务方法，同时也会被注册到 Nacos 注册中心里。

3.2.1　项目框架图

在本范例项目中，Ribbon 组件将会和 Nacos 组件整合使用，如图 3.3 所示。

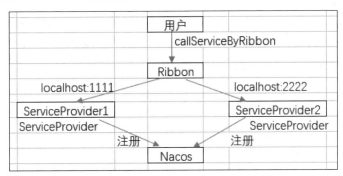

图 3.3　范例项目框架图

第一，用户发出了 callServiceByRibbon 请求，会通过 Ribbon 组件均摊到 ServiceProvider1 和 ServiceProvider2 这两个项目上。

第二，ServiceProvider1 和 ServiceProvider2 这两个项目的工作端口分别是 localhost:1111 和 localhost:2222，在其中均包含了处理 callServiceByRibbon 请求的服务方法。

第三，ServiceProvider1 和 ServiceProvider2 项目对外提供服务的服务名均为 ServiceProvider，而且这两个项目均是以服务提供者的身份，注册到 Nacos 注册中心。

3.2.2　编写服务提供者项目

首先创建名为 ServiceProvider1 的服务提供者项目，随后可以通过如下的步骤，实现服务相关的功能代码。

步骤 01　由于该项目是以 Spring Boot 的方式对外提供服务，并且还会把服务注册到 Nacos 组件上，所以需要在该项目的 pom.xml 文件里，通过如下的关键代码引入相关依赖包。

```
01  <dependencyManagement>
02      <dependencies>
03          <dependency>
04              <groupId>com.alibaba.cloud</groupId>
05  <artifactId>spring-cloud-alibaba-dependencies</artifactId>
06              <version>2.2.1.RELEASE</version>
07              <type>pom</type>
08              <scope>import</scope>
09          </dependency>
10      </dependencies>
11  </dependencyManagement>
12  <dependencies>
13      <dependency>
14          <groupId>org.springframework.boot</groupId>
15          <artifactId>spring-boot-starter-web</artifactId>
16      </dependency>
```

```
17      <dependency>
18          <groupId>com.alibaba.cloud</groupId>
19  <artifactId>spring-cloud-starter-alibaba-nacos-discovery</artifactId>
20      </dependency>
21  </dependencies>
```

在上述 pom.xml 文件里，首先通过第 1 行到第 11 行的 dependencyManagement 元素，引入了 Spring Cloud Alibaba 依赖包，并在此基础上，通过第 12 行到第 21 行的 dependencies 元素，引入了 Spring Boot 和 Nacos 相关的依赖包。

步骤 02 在 resources 目录里编写 application.properties 配置文件，具体代码如下。

```
01  nacos.discovery.server-addr=127.0.0.1:8848
02  spring.application.name=ServiceProvider
03  server.port=1111
```

其中通过第 1 行代码指定本项目将会把服务方法注册到工作在 127.0.0.1:8848 的 Nacos 注册中心；通过第 2 行代码指定本项目对外的服务名是 ServiceProvider；通过第 3 行代码指定本项目的工作端口是 1111。

步骤 03 编写启动类，在其中通过第 5 行的@EnableDiscoveryClient 注解，说明本项目所包含的服务方法需要注册到 Nacos 注册中心。

```
01  package prj;
02  import org.springframework.boot.SpringApplication;
03  import org.springframework.boot.autoconfigure.SpringBootApplication;
04  import org.springframework.cloud.client.discovery.EnableDiscoveryClient;
05  @EnableDiscoveryClient
06  @SpringBootApplication
07  public class SpringBootApp {
08      public static void main(String[] args) {
09          SpringApplication.run(SpringBootApp.class, args);
10      }
11  }
```

步骤 04 在 Controller.java 控制器类里，编写对外提供服务的方法，代码如下所示。

```
01  package prj;
02  import org.springframework.web.bind.annotation.RequestMapping;
03  import org.springframework.web.bind.annotation.RestController;
04  @RestController
05  public class Controller {
06      @RequestMapping("/callServiceByRibbon")
07      public String callServiceByRibbon(){
08          return "return in Service1.";
09      }
10  }
```

通过第 6 行到第 9 行的代码读者能看到，本项目在接收到/callServiceByRibbon 格式的 url 请求后，能通过 callServiceByRibbon 方法，对外输出 return in Service1 的字样。

而同为服务提供者的 ServiceProvider2 项目和 ServiceProvider1 很相似，在 ServiceProvider1 项目的基础上，读者可以通过如下的修改，来实现 ServiceProvider2 项目的功能。

修改点 1，在 ServiceProvider2 项目的 pom.xml 文件里，通过如下代码来区分项目名，其他关于依赖包相关的设置无须改动。

```
01    <groupId>org.example</groupId>
02    <artifactId>ServiceProvider2</artifactId>
03    <version>1.0-SNAPSHOT</version>
```

修改点 2，在 resources 目录里的 application.properties 配置文件里，修改本项目的工作端口为 2222，修改后的代码如下所示。

```
01    nacos.discovery.server-addr=127.0.0.1:8848
02    spring.application.name=ServiceProvider
03    server.port=2222
```

修改点 3，修改控制器 Controller 类里的 callServiceByRibbon 方法，通过第 3 行代码中的输出字符串，表现出该请求是由 ServiceProvider2 项目响应的。

```
01    @RequestMapping("/callServiceByRibbon")
02    public String callServiceByRibbon(){
03        return "return in Service2.";
04    }
```

3.2.3　在服务调用者项目里引入 Ribbon

在完成开发两个项目提供者项目之后，可以通过如下步骤开发服务调用者项目。

步骤 01 创建名为 ServiceWithRibbon 的 Maven 项目，并在其中的 pom.xml 里，添加如下的关键代码。

```
01    <dependencyManagement>
02        <dependencies>
03            <dependency>
04                <groupId>com.alibaba.cloud</groupId>
05                    <artifactId>spring-cloud-alibaba-dependencies</artifactId>
06                <version>2.2.1.RELEASE</version>
07                <type>pom</type>
08                <scope>import</scope>
09            </dependency>
10            <dependency>
11                <groupId>org.springframework.cloud</groupId>
12    <artifactId>spring-cloud-dependencies</artifactId>
13                <version>Hoxton.SR7</version>
14                <type>pom</type>
15                <scope>import</scope>
16            </dependency>
17        </dependencies>
18    </dependencyManagement>
19    <dependencies>
20        <dependency>
21            <groupId>org.springframework.boot</groupId>
22            <artifactId>spring-boot-starter-web</artifactId>
23        </dependency>
```

```
24        <dependency>
25            <groupId>com.alibaba.cloud</groupId>
26  <artifactId>spring-cloud-starter-alibaba-nacos-discovery</artifactId>
27        </dependency>
28        <dependency>
29            <groupId>org.springframework.cloud</groupId>
30  <artifactId>spring-cloud-starter-netflix-ribbon</artifactId>
31        </dependency>
32  </dependencies>
```

通过第 20 行到第 23 行的代码引入了 Spring Boot 依赖包，通过第 24 行到第 27 行的代码引入了 Nacos 依赖包，通过第 28 行到第 31 行的代码引入了 Ribbon 依赖包。

步骤 02 编写如下启动类代码，由于本项目需要从 Nacos 注册中心里拉取服务方法并调用，所以同样需要像第 8 行那样，加入@EnableDiscoveryClient 注解。

```
01  package prj;
02  import org.springframework.boot.SpringApplication;
03  import org.springframework.boot.autoconfigure.SpringBootApplication;
04  import org.springframework.cloud.client.discovery.EnableDiscoveryClient;
05  import org.springframework.cloud.client.loadbalancer.LoadBalanced;
06  import org.springframework.context.annotation.Bean;
07  import org.springframework.web.client.RestTemplate;
08  @EnableDiscoveryClient
09  @SpringBootApplication
10  public class SpringBootApp {
11      public static void main(String[] args) {
12          SpringApplication.run(SpringBootApp.class, args);
13      }
14      @LoadBalanced
15      @Bean
16      public RestTemplate restTemplate() {
17          return new RestTemplate();
18      }
19  }
```

在本启动类的第 14 行到第 18 行，通过 restTemplate 方法生成了 RestTemplate 类型的对象。该方法被第 14 行的@LoadBalaced 注解所修饰，这说明通过该 RestTemplate 对象发起的请求，会以负载均衡的方式，均摊到能提供相同服务的不同服务节点上。

步骤 03 在 resources 目录里，编写如下的 application.properties 配置文件。

```
01  spring.cloud.nacos.discovery.server-addr=127.0.0.1:8848
02  server.port=8080
03  spring.application.name=ServiceWithRibbon
04  ServiceProvider.ribbon.NFLoadBalacerRuleClassName= com.netflix.
    loadbalancer.RoundRibbonRule
```

其中通过第 1 行代码指定本项目拉取服务方法的 Nacos 地址，通过第 2 行代码指定本项目的工作端口，通过第 3 行代码指定本项目对外的服务名，通过第 4 行代码指定本项目用到的 Ribbon 负载均衡策略。

具体在第 4 行设置负载均衡方式时，是通过 com.netflix.loadbalancer.RoundRibbonRule 参

数值,指定本项目在访问服务提供者方法时,将采用轮询的方式。并且,还通过"ServiceProvider."
前缀的方式,指定了在访问名为 ServiceProvider 服务的方式时,将采用该负载均衡策略。

步骤 04 编写 Controller.java 的控制器类,在其中通过第 10 行到第 13 行的 callFuncByRibbon
方法,以负载均衡的方式调用 ServiceProvider 服务。

```
01    package prj;
02    import org.springframework.web.bind.annotation.RequestMapping;
03    import org.springframework.web.bind.annotation.RestController;
04    import org.springframework.web.client.RestTemplate;
05    import javax.annotation.Resource;
06    @RestController
07    public class Controller {
08        @Resource
09        private RestTemplate restTemplate;
10        @RequestMapping("/callFuncByRibbon")
11        public String callFuncByRibbon(){
12            return
      restTemplate.getForObject("http://ServiceProvider/callServiceByRibbon",
      String.class);
13        }
14    }
```

在 callFuncByRibbon 方法里的第 12 行里,是通过 restTemplate 对象发出了调用服务方法
的请求。根据前文的定义,该对象被@LoadBalaced 注解所修饰,所以通过该对象发送请求时,
会以负载均衡的方式把请求均摊到不同的服务器上;再根据配置文件里的定义,该 restTemplate
对象会以"轮询"的方式发送负载均衡的请求。

3.2.4　观察负载均衡效果

完成上述开发工作后,可以通过如下的步骤观察负载均衡的效果。

步骤 01 启动 Nacos 组件,并确保该组件成功地工作在本地 8848 端口。

步骤 02 依次启动 ServiceProvider1、ServiceProvider2 和 ServiceWithRibbon 这三个项目。

步骤 03 在浏览器里多次输入 http://localhost:8080/callFuncByRibbon,此时能在浏览器里看到
"return in Service1." 和 "return in Service2." 的结果,由此可确认,该请求确实发送到了不同的节
点,从中可以看到负载均衡的效果。

注意,为了方便演示,本书是把 Nacos 组件、服务提供者和服务调用者都部署在本机。
事实上,在真实项目中使用 Ribbon 组件实现负载均衡的场景,和本范例会有如下的不同。

第一,在实际项目中,会把同一个项目同时部署在不同的服务器上,比如会把提供服务的
ServiceProvider 项目部署在三台不同的主机上。并且,在这三台主机上,提供服务的项目名是相
同的。

第二,部署在不同主机上的相同项目,会用统一的端口对外提供服务,比如都用 1111 端
口对外提供服务。

第三，部署在不同主机上的项目，对外提供服务的方法代码完全一致，不会像本范例中那样，用不同的输出语句来区分具体是哪个服务节点对外提供服务。

3.3　Ribbon 实战要点分析

上文给出了通过 Ribbon 组件实现负载均衡效果的基本方式，在实际项目中，一般还会用到如下的实战要点。

3.3.1　设置不同的负载均衡策略

在上文给出的 ServiceWithRibbon 项目里，是在 application.properties 配置文件设置了 Ribbon 组件的负载均衡策略。具体地，是通过如下的代码设置了负载策略为"轮询"。

```
ServiceProvider.ribbon.NFLoadBalancerRuleClassName=
com.netflix.loadbalancer.RoundRibbonRule
```

除了轮询策略外，Ribbon 组件还可以引入如表 3.1 所示的其他负载均衡策略。

表 3.1　Ribbon 负载均衡策略一览表

负载均衡策略的实现类	负载均衡的规则
com.netflix.loadbalancer.RandomRule	随机策略
com.netflix.loadbalancer.RetryRule	按轮询的方式请求服务，如果请求失败会重试
com.netflix.loadbalancer.AvailabilityFilterRule	引用该策略时，会过滤一些多次连接失败和请求并发数过高的服务器
com.netflix.loadbalancer.WeightedResponseTimeRule	引用该策略时，会根据平均响应时间为每个服务器设置一个权重，根据该权重值优先选择平均响应时间较小的服务器

在上述范例中，如果要在调用 ServiceProvider 服务时采用随机负载均衡策略，则可以按如下的方式改写配置文件。

```
ServiceProvider.ribbon.NFLoadBalancerRuleClassName= com.netflix.loadbalancer.
RandomRule
```

如果要使用其他策略，那么就可以在 ServiceProvider.ribbon.NFLoadBalancerRuleClassName 参数里指定具体的负载均衡实现类即可。

3.3.2　配置全局性的 Ribbon 参数

在上文里，是通过如下的代码，以指定前缀的方式，设置 Ribbon 配置参数仅对 ServiceProvider 服务有效。

```
ServiceProvider.ribbon.NFLoadBalancerRuleClassName= com.netflix.loadbalancer.
RoundRibbonRule
```

如果要配置全局性的 Ribbon 参数，那么可以去掉对应的前缀，比如可以通过如下代码设置 Ribbon 的负载均衡策略是针对所有服务的，而不是单纯只针对特定的服务。

```
ribbon.NFLoadBalancerRuleClassName= com.netflix.loadbalancer.RoundRibbonRule
```

也就是说，通过配置文件定义 Ribbon 参数时，可以通过加前缀的方式，指定该参数只适用于由前缀指定的服务。反之如果不加前缀，那么该参数则是全局性的，适用于所有的服务。

3.3.3　实现 Ribbon 饥饿加载模式

如果引入 Ribbon 饥饿加载模式，那么包含 Ribbon 组件的项目在启动时，就会加载 Ribbon 对应的配置，这样该项目在第一次以负载均衡方式调用服务时，就能用到 Ribbon 特性。

反之，包含 Ribbon 组件的项目会在第一次以负载均衡方式调用服务时才会加载 Ribbon 配置，这样第一次调用时，就有可能出现服务超时等异常情况。

在包含 Ribbon 组件的服务调用者项目里，可以通过如下的代码设置饥饿加载的相关参数。

```
ribbon.eager-load.enabled=true
ribbon.eager-load.clients=服务名，比如 ServiceProvider
```

其中是通过第 1 行的代码，指定该项目启动饥饿加载模式；通过第 2 行的代码，设置对应的服务名。这样当服务调用者项目在启动时，就会针对 ServiceProvider 服务启动饥饿加载模式。

3.3.4　Ribbon 常用参数分析

除了上文给出的 Ribbon 参数外，在实际项目里，还可以通过定义如下的 Ribbon 参数，来指定 Ribbon 的工作方式。

```
01   ribbon.ConnectionTimeout=100              #连接的超时时间
02   ribbon.MaxAutoRetries=3                   #对当前请求实例的重试次数
03   #对每个主机每次最多的 HTTP 请求数
04   ribbon.MaxHttpConnectionsPerHost=5
05   ribbon.EnableConnectionPool=true          #是否启用连接池来管理连接
06   #只有启动连接池，如下相关池的属性才能生效
07   ribbon.PoolMaxThreads=10                  #池中最大线程数
08   ribbon.PoolMinThreads=3                   #池中最小线程数
09   ribbon.PoolKeepAliveTime=20               #线程的等待时间
10   ribbon.PoolKeepAliveTimeUnits=SECONDS #等待时间的单位
```

上述这些参数都是全局性的，事实上，还可以在这些参数前加上前缀，以指定参数的适用范围。比如可以通过如下的代码来指定 Ribbon 的连接超时时间参数只对 ServiceProvider 服务生效。

```
ServiceProvider.ribbon.ConnectionTimeout=100 #连接的超时时间
```

3.4　Ribbon 整合 Nacos 注册中心集群

在上文引入 Ribbon 组件的框架中，服务提供者项目和服务调用者项目均是注册到 Nacos 注册中心上。如果 Nacos 注册中心节点失效，那么整个框架也会因调不到服务而出现故障。

所以在实际项目中，一般会引入 Nacos 注册中心集群，在此基础上把 Ribbon 相关的项目注册到 Nacos 集群里，这种 Ribbon 整合 Nacos 注册中心集群的做法，能提升系统的可用性。

3.4.1　整合后的系统架构

整合后的系统架构如图 3.4 所示，其中，提供服务的两个项目和调用服务的项目均是注册到 Nacos 集群，而不是单机版的 Nacos 注册中心。

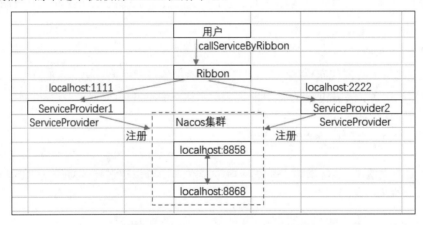

图 3.4　Ribbon 整合 Nacos 注册中心集群的框架图

而在调用服务的 callServiceByRibbon 项目里，依然是通过 Ribbon 组件，以负载均衡的方式把请求平均地发送到 ServiceProvider1 和 ServiceProvider2 这两个项目里。

3.4.2　Ribbon 整合 Nacos 集群的实现步骤

首先需要按第 2 章里 2.4 节给出的步骤，搭建包含两个节点的 Nacos 集群，搭建完成后启动该集群中的两个 Nacos。

在 3.3 节给出的 Ribbon 范例中，ServiceProvider1、ServiceProvider2 和 callServiceByRibbon 项目，均是注册到单机版的 Nacos 注册中心里，在此基础上，可以通过修改这些项目里的配置文件来实现 Ribbon 整合 Nacos 注册中心的效果。

修改点 1，在 ServiceProvider1 和 ServiceProvider2 项目里，需要在 application.properties 配置文件里做如下的修改。

```
01   #修改前
02   #nacos.discovery.server-addr=127.0.0.1:8848
```

```
03    #修改后
04    spring.cloud.nacos.discovery.server-addr=127.0.0.1:8858,127.0.0.1:8868
```

修改点 2，在 callServiceByRibbon 项目里，需要在 application.properties 配置文件里做如下的修改。

```
01    #修改前
02    #spring.cloud.nacos.discovery.server-addr=127.0.0.1:8848
03    #修改后
04    spring.cloud.nacos.discovery.server-addr=127.0.0.1:8858,127.0.0.1:8868
```

也就是说，通过修改这三个项目的配置文件，一方面可以让两个提供服务的项目把服务方法注册到 Nacos 集群；另一方面可以让 callServiceByRibbon 项目先从 Nacos 集群中获取到服务信息，随后再以 Ribbon 负载均衡的方式调用服务。

完成上述修改后，依次启动这三个项目，并到浏览器里多次输入 http://localhost:8080/callFuncByRibbon 请求，此时同样能在浏览器里看到"return in Service1."和"return in Service2."的输出结果，由此能确认 Ribbon 组件整合 Nacos 注册中心集群的效果。

3.5　动　手　练　习

根据 3.4 节的提示，实现 Ribbon 组件整合 Nacos 注册中心集群的效果。具体要求如下：

要求一：按第 2 章给出的步骤，搭建包含两个节点的 Nacos 注册中心集群。

要求二：编写名为 SayHello1 的项目，该项目需要注册到 Nacos 注册中心集群，该项目工作在 3333 端口。在该项目的控制器类里，提供一个 sayHello 方法，该方法以/sayHello 的 url 格式对外提供服务，在 sayHello 方法里，对外输出 say Hello1 的字样。

要求三：编写名为 SayHello2 的项目，该项目同样需要注册到 Nacos 注册中心集群，该项目工作在 4444 端口。在该项目的控制器类里，同样提供一个 sayHello 方法，该方法同样以/sayHello 的 url 格式对外提供服务，在该方法里，对外输出 say Hello2 的字样。

要求四：编写名为 CallHello 的项目，该项目需要注册到 Nacos 注册中心集群，该项目工作在 8080 端口。在该项目的控制器类里定义 callHello 方法，该方法以/callHello 的 url 格式对外提供服务。在该方法里，以 Ribbon 负载均衡的方式，调用定义在 SayHello1 和 SayHello2 项目里的 sayHello 方法。

要求五：完成开发后启动 SayHello1、SayHello2 和 CallHello 这三个项目，随后可以在浏览器里多次输入 localhost:8080/callHello 请求，以此来确认 Ribbon 整合 Nacos 注册中心集群的效果。

第 4 章

限流与防护组件 Sentinel

在微服务项目中，如果把诸多业务直接暴露在高并发环境中，那么这些业务模块很有可能因为负载过大而出现故障，从而导致严重的产线问题。所以在项目实践中，一般会在微服务体系架构中引入能实现限流和防护作用的 Sentinel 组件。

本章不仅会讲述通过 Sentinel 组件实现限流和安全防护等功能的做法，更会结合业务实践，讲述通过 Sentinel 组件实现服务熔断和服务降级的做法。通过本章的学习，读者不仅能掌握 Sentinel 组件的常见用法，还能掌握基于 Sentinel 组件的安全防护措施的实战技巧。

4.1 微服务体系中的限流和防护需求

高并发的请求会给基于 Spring Cloud Alibaba 的微服务项目带来巨大的挑战，比如会让其中的业务模块因流量过大而过载，或者会因业务模块响应时间过长而导致连锁性的故障扩散。

所以在高并发的微服务项目中，除了要实现各种业务功能方面的需求之外，还要实现各种应对高并发挑战方面的需求，否则，系统很有可能出现严重的产线问题。

4.1.1 限流

限流是安全防护方面的基本需求，顾名思义，限流的含义是，限制流向某个系统或业务模块的流量。

比如在某个秒杀场景，待秒杀的商品数量是 10 个，那么就可以在秒杀开始后的 20 秒内，把访问秒杀系统的请求限制在 100 个，随后在从这 100 个请求中挑选 10 个成功者。又如，某业务模块能应对的并发量上限是每秒 5000 次请求，那么也可以通过限流组件来控制流量，以达到保护该模块的效果。

4.1.2 熔断

日常生活中一个和熔断有关的案例就是电流保险丝。当流经保险丝的电流异常升高到一定程度时，保险丝就会被熔断，这样异常升高的电流就不会流向受保险丝保护的电器，从而能避免过高的电流烧坏电器。

在高并发系统里，起到"保险丝"作用的模块叫"断路器"。当请求的并发数过高但处理请求的方法返回时间过长，或者处理请求的方法出现异常数过多，从而有可能导致产线问题时，断路器就会暂时切断流向业务方法的请求，这种暂时切断流量从而起到保护作用的做法，就叫熔断。

所谓两害相逢取其轻，熔断其实是一种不得已的保护措施。如果不对相关业务模块或业务方法设置熔断保护的话，高并发的请求非常有可能会导致系统资源耗尽等比较严重的故障，进而导致整个系统都无法响应客户端的请求。

4.1.3　服务降级

服务降级的含义是，在一些故障场景中，特定的业务模块或方法会根据事先制定的策略，以正常业务逻辑之外的方式向发起调用的客户端返回结果。

比如某电商系统向用户提供了"商品查询"的方法，在正常情况下，该方法能根据查询条件正确地对外提供查询功能。但如果当发起"商品查询"的请求数过多，并且提供商品查询的方法发生故障时，该电商系统会对查询商品的客户端直接返回"请稍后再试"的提示字样。

从服务结果上来看，和正常返回相比，这种在故障场景中的返回方式确实是降低了服务质量的等级。但是在业务模块或方法出现故障时，则不太可能向用户返回正常期望的结果。在这种情况下，一方面不能让用户长时间等待，另一方面还应当向用户返回比较友好的结果，这就是在系统里引入服务降级机制的目的。

反之如果不引入服务降级机制，那么出现故障时，一方面，用户发起的请求有可能被长时间保持，在高并发场景里，大量被保持的请求有可能耗尽系统资源，从而可能会导致产线问题；另一方面，还有可能把 Java 或数据库级别的异常信息直接返回给用户，从而使用户不知所措，进而降低用户的好感。

4.2　Sentinel 组件介绍

Sentinel 是 Spring Cloud Alibaba 体系中的安全防护组件，通过该组件，程序员能以一种"不侵入业务"的方式实现限流、熔断和服务降级等安全防护需求。

而且，Sentinel 组件还包含了一个控制台（即 Dashboard），通过该控制台，程序员不仅能有效地监控事实系统流量等系统运行情况，而且还能便捷地设置 Sentinel 安全防护相关的配置参数。

4.2.1　搭建 Sentinel 环境

为了能在基于 Spring Boot 的微服务项目中使用 Sentinel 组件，程序员需要做如下三件事情。

第一，在项目的 pom.xml 文件里引入 Sentinel 组件的依赖包，这部分的代码后文会详细讲述。

第二，下载支持 Sentinel 控制台的 jar 包，本书是从 https://github.com/alibaba/Sentinel/releases 中，下载名为 sentinel-dashboard-1.8.2.jar 的 1.8.2 版本的 jar 包，下载完成后，可通过后文给出的命令打开 Sentinel 控制台。

第三，通过设置配置参数，把微服务项目连接到 Sentinel 控制台，并在控制台里配置各种安全防护参数。

在此基础上，程序员就能在微服务项目中引入限流、熔断和服务降级等安全防护措施。

4.2.2　启动 Sentinel 控制台

从 Sentinel 的 github 网址 https://github.com/alibaba/Sentinel/releases 上下载到 Sentinel 控制台的支持 jar 包以后，可以打开一个命令行窗口，并在其中里进入到该 jar 所在的目录，随后通过如下的命令启动 Sentinel 控制台。

```
java -Dserver.port=8090 -jar sentinel-dashboard-1.8.2.jar
```

在该命令中，通过 server.port 参数，指定该控制台工作在 8090 端口；通过-jar 参数，指定启动控制台时将用到已下载的 sentinel-dashboard-1.8.2.jar 文件。

启动 Sentinel 控制台后，可以在浏览器里输入 http://localhost:8090/，进入 Sentinel 控制台的登录界面，登录时初始化的用户名和密码都是 sentinel，登录成功后，进入到如图 4.1 所示的欢迎页面。

图 4.1　Sentinel 控制台的初始化欢迎页面

在图 4.1 的欢迎界面中，读者看不到诸如限流和熔断等安全防护的配置菜单，原因是目前尚无项目连到 Sentinel 控制台。

在下文里，将给出通过设置配置参数把项目连接到 Sentinel 控制台的详细做法，在此基础上，程序员不仅能看到配置安全防护的相关菜单，更能通过这些菜单项，设置各种安全防护的参数。

4.3　通过 Sentinel 实现限流

Spring Boot 项目一般是通过 url 的形式对外提供服务，在项目里引入 Sentinel 组件后，可以针对每个 url 定义限流的效果。

而且，限流相关的参数是定义在 Sentinel 控制台里，而不是定义在 Spring Boot 项目中，这样能很好地实现"限流动作"和"业务功能"分离的效果，从而降级维护限流功能的难度。

4.3.1　创建项目，引入依赖包

这里可以创建名为 SentinelDemo 的 Maven 项目，在其中的 pom.xml，需要通过如下的关键代码，引入 Spring Boot 和 Sentinel 等组件的依赖包。

```
01  <dependencyManagement>
02      <dependencies>
03          <dependency>
04              <groupId>com.alibaba.cloud</groupId>
05  <artifactId>spring-cloud-alibaba-dependencies</artifactId>
06              <version>2.2.1.RELEASE</version>
07              <type>pom</type>
08              <scope>import</scope>
09          </dependency>
10      </dependencies>
11  </dependencyManagement>
12  <dependencies>
13      <dependency>
14          <groupId>org.springframework.boot</groupId>
15          <artifactId>spring-boot-starter-web</artifactId>
16      </dependency>
17      <dependency>
18          <groupId>com.alibaba.cloud</groupId>
19  <artifactId>spring-cloud-starter-alibaba-sentinel</artifactId>
20      </dependency>
21  </dependencies>
```

由于 Sentinel 也是 Spring Cloud Alibaba 系列的组件，所以在 pom.xml 文件里，需要用第 1 行到第 11 行的代码引入 Spring Cloud Alibaba 的依赖包。在此基础上，可以用第 13 行到第 16 行的代码引入 Spring Boot 依赖包，用第 17 行到第 20 行的代码引入 Sentinel 组件的依赖包。

4.3.2　编写启动类和配置文件

由于本项目是基于 Spring Boot 的，所以需要编写启动类 SpringBootApp.java，代码如下。

```
01  package prj;
02  import org.springframework.boot.SpringApplication;
03  import org.springframework.boot.autoconfigure.SpringBootApplication;
04  @SpringBootApplication
05  public class SpringBootApp {
06      public static void main(String[] args) {
07          SpringApplication.run(SpringBootApp.class, args);
08      }
09  }
```

该启动类很普通，从中看不出整合 Sentinel 或其他组件的痕迹。为了能让本项目能和 Sentinel 控制台交互，所以需要在 resources 目录下，增加一个名为 application.properties 的配置文件，在其中定义如下的配置参数。

```
01  spring.application.name=SentinelDemo
02  # 本项目与 Sentinel 控制台交互的端口
03  spring.cloud.sentinel.transport.port=9000
04  # sentinel 控制台的工作地址和端口
05  spring.cloud.sentinel.transport.dashboard=localhost:8090
```

在该配置文件里，通过第 1 行代码指定了本项目对外的服务名；通过第 3 行代码配置了本项目和 Sentinel 控制台交互的端口；通过第 5 行代码指定了控制台的 IP 地址和端口。

在配置文件里加入第 3 行和第 5 行的配置参数后，本项目一旦启动，就能在 Sentinel 控制台里看到关于限流和熔断等的配置菜单。

需要说明的是，本章后面在演示用 Sentinel 组件实现熔断和服务降级等功能时，用的也是这个项目；在 pom.xml 里，也是用相同的代码引入相关依赖包；在配置文件里，也是用相同的代码配置和 Sentinel 的交互方式。所以在后文里，对这些相同的代码就不再赘述了。

4.3.3　编写控制器类

在如下的 ControllerForLimit 控制器类里，实现两个对外提供服务的方法，分别名为 sayHello 和 userSentinel。这两个方法均被@SentinelResource 注解修饰，说明这两个方法均要引入限流效果。

```
01  package prj;
02  import com.alibaba.csp.sentinel.annotation.SentinelResource;
03  import org.springframework.web.bind.annotation.RequestMapping;
04  import org.springframework.web.bind.annotation.RestController;
05  @RestController
06  public class ControllerForLimit {
07      @RequestMapping("/sayHello")
08      @SentinelResource(value = "sayHello")
09      public String sayHello() {
10          return "Hello Sentinel";
11      }
12      @RequestMapping("/useSentinel")
13      @SentinelResource(value = "useSentinel")
14      public String useSentinel() {
15          return "Use Sentinel";
16      }
17  }
```

请注意第 7 行到第 11 行的 sayHello 方法，在该方法第 8 行的@SentinelResource 注解里，是通过 value 参数，指定该 sayHello 方法在 Sentinel 组件里的标识符，这样在 Sentinel 控制台里，就能通过该 sayHello 标识符来配置 sayHello 方法的限流参数。

同样地，在第 13 行 useSentinel 方法的@SentinelResource 注解里，通过 value 参数设置该方法在 Sentinel 控制台里的标识符。

在上述定义业务功能的服务方法里，并没有编写诸如"每秒限流 100 次"等的限流参数，事实上这些参数是配置在 Sentinel 控制台里的。也就是说，修改限流参数的同时，不会对业务功能有任何影响，从中读者能感受到这种"业务无关"的好处。

4.3.4　在控制台里设置限流参数

完成上述代码后，可以进入到命令行窗口，到 sentinel-dashboard-1.8.2.jar 包所在的路径运行如下命令，以启动 Sentinel 控制台。从启动命令的参数里能看到，该控制台工作在 8090 端口。

```
java -Dserver.port=8090 -jar sentinel-dashboard-1.8.2.jar
```

随后可以运行 SpringBootApp.java 以启动 Spring Boot 项目。由于 Sentinel 采用的是懒加载机制，所以在启动后，需要到浏览器里输入 http://localhost:8080/sayHello，才能在 Sentinel 控制台里看到 SentinelDemo 项目。

在浏览器里输入 http://localhost:8080/sayHello 请求后，可以通过 http://localhost:8090/请求进入到 Sentinel 控制台管理界面，在其中登录后，能看到 SentinelDemo 项目的配置菜单。如果单击左侧的"流控规则"菜单，能进入到流量配置的相关界面，具体效果如图 4.2 所示。

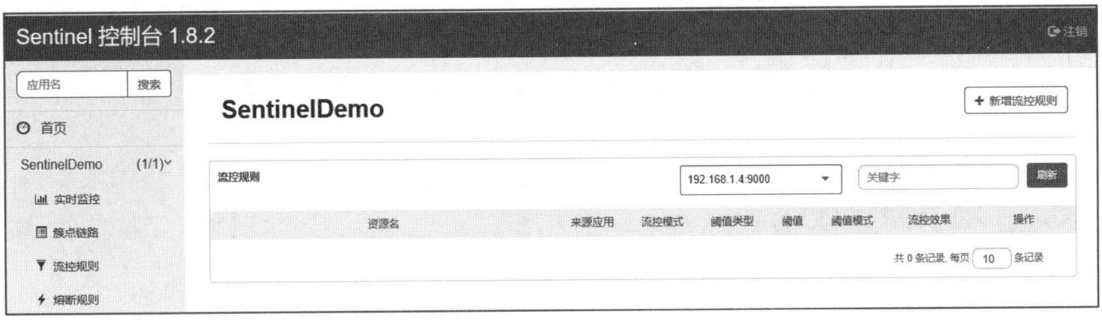

图 4.2 Sentinel 控制台里配置 Sentinel 项目的效果图

单击图 4.2 右上方的"新增流控规则"按钮，能弹出如图 4.3 所示的界面，在其中可以针对某个服务方法，配置限流相关的参数。

图 4.3 sayHello 服务的流量控制规则界面

在图 4.3"资源名"的文本框里，可以填入待限流的服务名。由于在 ControllerForLimit 控制器类里，sayHello 方法是通过@SentinelResource 注解，定义了该方法在 Sentinel 组件里的标识符是 sayHello，所以在为 sayHello 方法定义限流动作时，需要在"资源名"里填入此标识符。

在"阈值类型"单选框里，可以配置是针对每秒访问的请求数 QPS，还是针对并发线程数限流，这里选的是针对 QPS 限流。在单机阈值项里，可以配置限流的个数，这里是 1。上述配置参数的含义是，针对 sayHello 方法，配置了"每秒访问 1 次"的限流效果。配置完成后，可以通过单击"新增"按钮保存配置结果。

而针对 ControllerForLimit 控制器里 useSentinel 方法的限流参数如图 4.4 所示，在其中配置了"每秒访问 2 次"的限流效果。

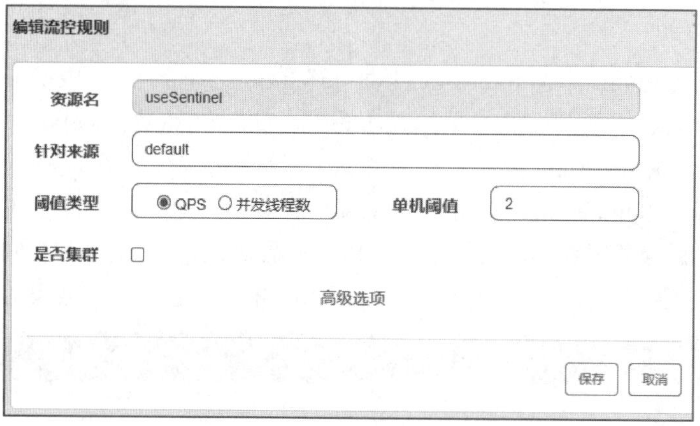

图 4.4 useSentinel 服务的流量控制规则界面

4.3.5 观察限流效果

在 Sentinel 控制台里完成相关限流的配置后，可以通过如下的步骤观察限流的效果。

步骤01 确保 SentinelDemo 项目处于运行状态，如果没有，可以通过运行启动类启动该项目。

步骤02 启动 Sentinel 控制台，并通过图 4.5 确认针对 sayHello 和 useSentinel 两种方法的流量控制规则已经生效。

图 4.5 针对 sayHello 和 useSentinel 两种方法的流量控制规则效果图

步骤03 在浏览器里快速地多次输入 http://localhost:8080/sayHello 请求，由于该请求对应的 sayHello 方法已经配置了"每秒限流 1 次"的规则，所以流量一旦突破这个限制，就能看到如图 4.6 所示的错误界面，由此能确认限流效果。

同时，能在 IDEA 集成开发环境的 Spring Boot 项目的控制台里，看到如下的异常提示语句，由此能进一步确认限流效果。

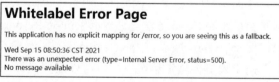

图 4.6 突破限流上限后的错误界面

```
com.alibaba.csp.sentinel.slots.block.flow.FlowException: null
```

通过上述做法，能看到针对 sayHello 方法的限流效果，同样地，如果在浏览器里快速地输入 http://localhost:8080/useSentinel 请求，也能看到针对 useSentinel 方法的限流效果。

4.4　实现热点限流效果

热点限流是一种特殊的限流方式。在 Web 应用系统中，热点是指访问频率很高的请求和数据，而热点限流则是指，针对包含热点参数的 url 请求进行限流。

比如在某电商系统中，热点可以用来提供购买商品的 url 请求以及该请求中包含的热门商品参数，而热点限流则可以针对购买商品的 url 请求及其热门商品参数进行限流操作。也就是说，热点限流不仅能作用在 url 请求上，还能作用在该 url 请求所携带的参数上。

4.4.1　定义热点限流方法

为了演示热点限流的效果，可以在 4.3 节创建的 SentinelDemo 项目里新增一个名为 ControllerForHotSpot.java 的控制器类，在其中可以编写如下的服务方法。

```
01  package prj;
02  import com.alibaba.csp.sentinel.annotation.SentinelResource;
03  import org.springframework.web.bind.annotation.RequestMapping;
04  import org.springframework.web.bind.annotation.RequestParam;
05  import org.springframework.web.bind.annotation.RestController;
06  @RestController
07  public class ControllerForHotSpot {
08      @RequestMapping("/buyItem")
09      @SentinelResource(value = "buyItem")
10      public String buyItem(@RequestParam(value = "item", required = false)
    String item, @RequestParam(value = "price", required = false) String price){
11          return "Hot Spot Demo";
12      }
13  }
```

注意第 8 行到第 12 行定义的 buyItem 方法，该方法对应的 url 请求如第 8 行所定义。该方法的 item 和 price 两个参数是被@RequestParam 注解所修饰，说明这两个参数是来自于 url 请求。

为了能在 Sentinel 控制台里为 buyItem 方法定义热点限流参数，需要为该方法加上如第 9 行所示的@SentinelResource 注解。该注解通过 value 参数定义了 buyItem 方法在 Sentinel 控制台里的标识符。通过该标识符，就能把 Sentinel 控制台里的热点限流规则和 buyItem 方法关联起来。

4.4.2　设置热点限流参数

这里可以用 4.3.4 节给出的步骤，通过命令启动 Sentinel 控制台，并在控制台中观察到 SentinelDemo 项目所对应的配置菜单项。在左侧的菜单项里，单击"热点规则"菜单，就能看到如图 4.7 所示的"热点参数限流规则"窗口。

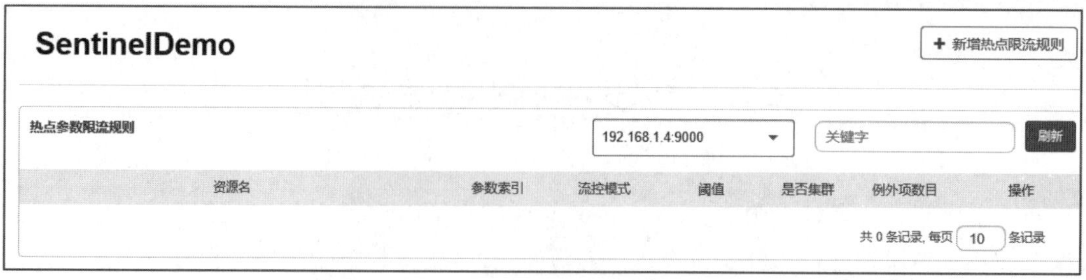

图 4.7　热点参数限流规则窗口

在图 4.7 中，单击右上方的"新增热点限流规则"按钮，能看到如图 4.8 所示的界面，在其中可以针对热点输入限流规则。

图 4.8　输入热点限流参数的效果图

在图 4.8 的"资源名"文本框里，可以输入 buyItem 方法通过@SentinelResource 注解所加入的 buyItem 标识值。buyItem 方法包含两个参数，分别是 item 和 price，这里是输入的参数索引值 0，表示对索引值为 0 的第 1 个参数 item 限流。

随后通过"单机阈值"和"统计窗口时长"这两个参数，设置对 buyItem 方法 item 参数的限流规则，即在 5 秒内只允许访问 1 次。完成设置后，可以通过单击右下方的"新增"按钮保存设置。

需要说明的是，设置上述限流规则是为了方便演示，因为在 5 秒内限流 1 次的设置能方便地观察到限流效果。

在实际项目中，假设热卖商品 Computer 在 1 秒内有 1500 个并发访问量，而对于该"/buyItem?item=Computer"的访问请求，系统处理能力的上限是 1200 次并发量，在这种情况下，就可以在"单机阈值"项里输入 1200，在"统计窗口时长"项里输入 1，以设置"每秒限流 1200 次"的效果。

4.4.3　观察热点限流效果

在 Sentinel 控制台里完成设置热点限流设置后，在启动 SentinelDemo 项目的前提下，可以在浏览器里多次输入 http://localhost:8080/buyItem?item=Book，以观察热点限流效果。

通过该 url,用户可以提交购买 Book 的请求。由于上文设置的热点限流规则是针对 buyItem 方法和 item 参数的,所以如果在 5 秒内多次输入该 url 请求时,第二次以及之后的请求会被限流,从中读者能感受到限流效果。

不过,该热点限流规则只是对 buyItem 方法以及 item 参数生效,所以如果在调用该方法时输入其他的参数,该限流规则不会生效。比如在 5 秒内多次输入 http://localhost:8080/buyItem?price=10 请求,就看不到限流的效果。

但是如果在请求中携带多个参数,同时在多个参数中包含了被限流的热点参数,该热点限流规则同样会生效。比如在 5 秒内多次输入 http://localhost:8080/buyItem?item=Book&price=10 请求,该请求虽然携带了非热点限流参数,但由于包含了热点限流参数 item,所以也会被限流。

4.4.4 配置参数例外项

在设置热点限流规则时,还可以通过单击如图 4.8 所示窗口中的"高级选项"菜单,以配置"参数例外项"。

假设已经对 buyItem 方法及其 item 参数设置了"每秒限流 1200 次"的限流效果,但是在该电商平台上,要针对 Book 商品开展一次秒杀活动,期间需要短暂地允许针对 Book 商品的访问请求达到每秒 2000 次的并发量。

在这种情况下,首先可以通过各种技术手段确保系统在该并发量的前提下能正常工作,如图 4.9 所示,设置热点限流规则的参数例外项。

图 4.9 设置参数例外项的效果图

从图 4.9 中可以看到,针对 buyItem 方法的正常限流规则是每秒访问 1200 次,但在"参数例外项"部分中,针对参数值 Book,设置了每秒限流 2000 次的限流阈值。设置完成后,针对 buyItem 方法的其他参数,Sentinel 组件能实现每秒 1200 次的限流效果;但针对 Book 参数,每秒限流的上限能达到 2000 次请求。

在实际应用中，针对热点限流规则的参数例外项不宜设置过多，否则该热点限流规则会很难维护。一般是在"秒杀"之类的活动中临时性地设置例外项，而不会把针对例外参数的限流规则常态化，否则的话，就非常有可能因例外的并发上限而导致系统问题。

4.5 实现熔断效果

在微服务场景中，发向某个业务模块的请求如果在单位时间内，出现异常的请求数量达到一个上限，那么就会暂时切断对该模块的请求调用，这种做法就叫熔断。

4.5.1 定义含熔断效果的方法

为了演示熔断的效果，可在 SentinelDemo 项目里新增一个名为 ControllerForFusing.java 的控制器类，在其中编写如下的服务方法。

```
01  package prj;
02  import com.alibaba.csp.sentinel.annotation.SentinelResource;
03  import org.springframework.web.bind.annotation.RequestMapping;
04  import org.springframework.web.bind.annotation.RequestParam;
05  import org.springframework.web.bind.annotation.RestController;
06  @RestController
07  public class ControllerForFusing {
08      @RequestMapping("/testFusing")
09      @SentinelResource(value = "testFusing")
10      public String testFusing() {
11          try {
12              Thread.sleep(5000);
13          } catch (InterruptedException e) {
14              e.printStackTrace();
15          }
16          return "Test Fusing";
17      }
18  }
```

第 10 行定义的 testFusing 方法是被第 9 行的@SentinelResource 注解所修饰，该注解为 testFusing 方法定义了名为 testFusing 的标识符，而在 Sentinel 控制台里，是通过这个标识符为 testFusing 方法设置熔断效果。

在 testFusing 方法的第 12 行里，通过了 sleep 语句让该方法延迟 5 秒再返回，以此来模拟"方法调用时间过长"的效果。

4.5.2 设置慢调用比例熔断参数

完成编写服务方法之后，可以在 Sentinel 的控制台里单击"熔断规则"菜单，进入到如图 4.10 所示的界面。

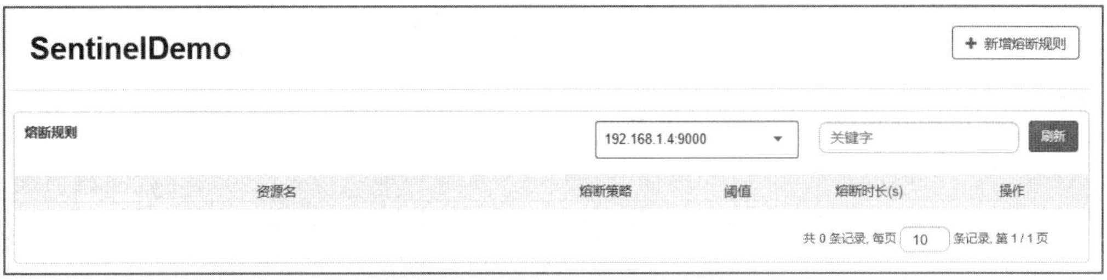

图 4.10　Sentinel 控制台管理熔断规则的界面

单击图 4.10 右上方的 "新增熔断规则" 按钮，进入如图 4.11 所示的界面，在图中可以设置 testFusing 方法的熔断参数。

在图 4.11 的 "资源名" 文本框里，可以填入 testFusing 方法对应的 Sentinel 标识符，在 "熔断策略" 选项里，可以选择 "慢调用比例"，表示当该服务方法返回过慢时，会触发熔断效果。

在 "最大 RT" 文本框里，表示 "该方法返回时间超过 1000 毫秒" 是触发熔断的一个条件；在 "比例阈值" 文本框里填入 0.5；在 "熔断时长" 文本框里填入 5；在 "最小请求数" 文本框里填入 5；在 "统计时长" 文本框里填入 1000。

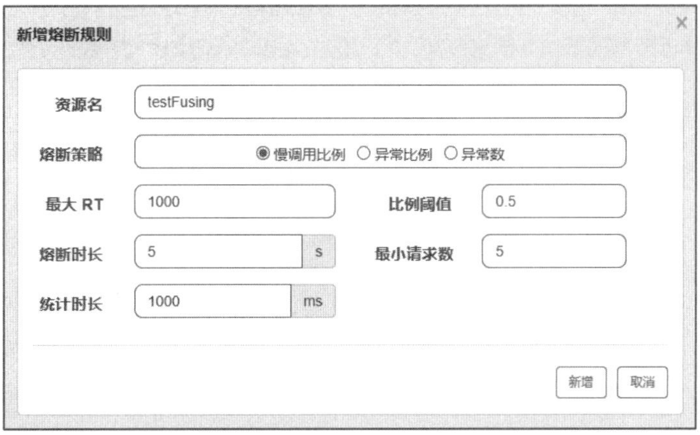

图 4.11　设置 testFusing 方法熔断参数的效果图

通过输入上述参数，可以针对 testFusing 方法设置如下的熔断效果：在由统计时长所定义的 1000 毫秒内，如果请求数超过 5，并且返回时间超过 1000 毫秒的请求比例超过 50%，就会触发熔断效果，此时针对 testFusing 方法的调用请求会快速失效，并且熔断的时长会持续 5 秒。

上述熔断规则有如下两个注意要点。

第一，只有当在统计时长内的请求数超过 "最小请求数" 并且 "超过调用时间的请求比例" 超过比例阈值时，才会触发熔断条件。如果在这两个条件里，只满足其中一个条件，是不会触发熔断效果的。

第二，触发熔断效果后，Sentinel 组件会根据 "熔断时长" 的参数，让熔断持续一段时间，比如是 5 秒。过了这段时间以后，Sentinel 组件会继续监控调用 testFusing 方法的请求，如果在之后的统计时长内，请求数超过 "最小请求数" 并且 "超过调用时间的请求比例" 超过比例阈值时，依然会触发熔断条件，反之就不会再次触发熔断。

在图 4.11 中完成设置上述熔断规则后，可单击右下方的"新增"按钮，保存该条熔断规则。

之所以在熔断规则里加入"超过最大 RT 时间"的条件，是因为如果大量请求返回时间过长，这些请求会占用过多的 CPU 和内存等资源，从而有可能导致资源耗尽。在这种情况下，宁可让调用请求因熔断而快速失效，也要避免因耗尽系统资源而导致的产线问题。

4.5.3　观察熔断效果

在 Sentinel 控制台里完成设置熔断规则后，可编写如下的 TestFusing.java 测试类，以观察熔断效果，该测试类的代码如下所示。

```
01  package prj.client;
02  import org.springframework.http.ResponseEntity;
03  import org.springframework.web.client.RestTemplate;
04  //线程类
05  class RequestThread extends Thread{
06      public void run() {
07          RestTemplate restTemplate = new RestTemplate();
08          ResponseEntity<String> entity = restTemplate.getForEntity
    ("http://localhost:8080/testFusing", String.class);
09          System.out.println(entity.getBody());
10      }
11  }
12  //主类
13  public class TestFusing {
14      public static void main(String[] args){ //主方法
15          for(int i = 0;i<1000;i++) {
16              new RequestThread().start();
17          }
18      }
19  }
```

第 5 行到第 11 行的 RequestThread 类是继承了 Thread 线程类，在第 6 行到第 10 行的 run 方法里，通过 RestTemplate 类型的对象发起了对 testFusing 方法的调用请求。

在第 14 行到第 18 行的 main 函数里，通过 for 循环，创建了 1000 个线程，用这 1000 个线程同时发起对 testFusing 方法的 1000 次调用。

根据针对 testFusing 方法的熔断规则，如果在 1 秒内请求的数量超过 5 个，且调用时长超过 1000 毫秒的调用请求比例数超过 50%，则会触发熔断。所以，本测试方法发出的 1000 次调用请求会触发。

具体地，能在 Sentinel 控制台里的"簇点链路"窗口里，看到如图 4.12 所示的界面，在其中能看到 testFusing 方法的"平均 RT"值是 4900，超过触发熔断所需的值 1000，而表示被熔断请求数量的"分钟拒绝数"是 693，由此能观察到熔断的效果。

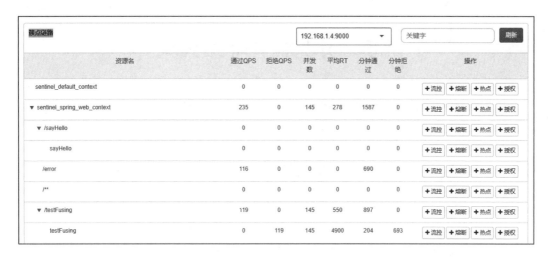

图 4.12　能观察到熔断效果的"簇点链路"界面

4.5.4　设置异常熔断参数

从图 4.11 中能看到，在创建熔断规则时，在"熔断策略"中除了可以选择"慢调用比例"外，还可以选用"异常比例"和"异常数"这两项。

之所以在熔断规则里加入"异常"相关的条件，是因为如果针对某服务方法的异常请求达到一定数量或一定比例时，该服务方法本身就有可能出现故障，或者调用客户端和该服务方法之间的链路有可能不通畅。

此时如果继续调用该服务方法，非常有可能会出现同样的问题，导致系统资源被白白占用，所以在这种情况下，可以引入熔断机制让调用该服务方法的请求快速失效，从而能有效地节省系统资源。

具体地，在 Sentinel 熔断规则中引入"异常比例"参数的方法图 4.13 所示，其设置的熔断规则是，在统计时长 1000 毫秒内，当请求数超过 5，并且请求出现异常的比例超过 50%时，会触发熔断，且熔断时长会持续 10 秒。

而在熔断规则中引入"异常数"的方法如图 4.14 所示，设置的熔断规则是，在统计时长 1000 毫秒内，当请求数超过 5，并且异常请求的数量大于等于 2 时，会触发熔断，且熔断时长会持续 10 秒。

图 4.13　在熔断规则中引入异常比例参数的效果图

图 4.14　在熔断规则中引入异常数的效果图

4.6 实现服务降级效果

当某业务模块或系统被限流或熔断后，发向该模块或系统的请求会快速失效，返回一个非正常但用户能接受的结果，这种做法就叫服务降级。

4.6.1 实现因限流而导致的服务降级

在 4.3 节给出的限流范例中，一旦当请求的并发数超过实现设置好的限流参数，Sentinel 组件会向调用该请求的用户返回 500 错误提示，这种做法对客户未必友好。

在本节中，会在 ControllerForLimit.java 控制器类里，添加名为 limitForHandler 的服务方法，在其中会通过 fallback 参数演示服务降级的做法，具体代码如下所示。

```
01  @RequestMapping("/limitForHandler")
02  @SentinelResource(value = "limitForHandler",fallback ="handleException")
03  public String limitForHandler() {
04      return "limitForHandler";
05  }
06  //实现服务降级的方法
07  public String handleException() {
08      return "handler limit Exception";
09  }
```

第 3 行定义的 limitForHandler 方法是被第 2 行的@SentinelResource 注解所修饰，在该注解里，除了通过 value 参数定义该方法在 Sentinel 控制台里的标识符外，还通过 fallback 参数定义了对应的服务降级方法名为 handleException。而在第 7 行到第 9 行实现服务降级功能的 handleException 方法里，通过 return 语句返回了一串字符串。

针对第 3 行定义的 limitForHandler 方法，可以在 Sentinel 控制台里定义如图 4.15 所示的限流规则。为了方便演示因限流而导致的服务降级效果，设置"单机阈值"的参数为 0。

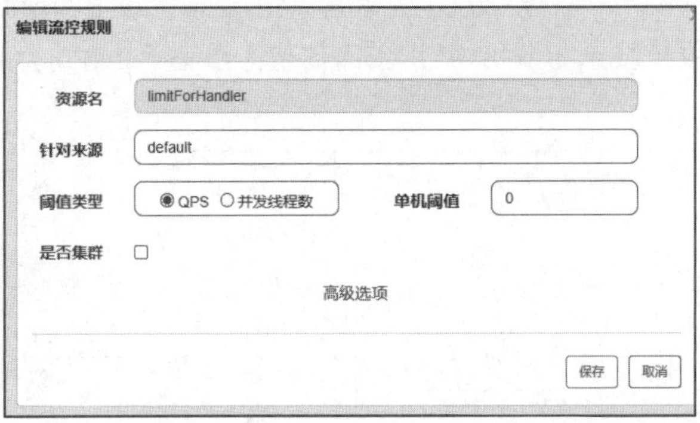

图 4.15　为 limitForHandler 方法所指定的限流规则

也就是说，哪怕在 1 秒内发起一次针对 limitForHandler 方法的调用，也会触发该限流规则，从而导致被限流。

编写完上述代码并设置完上述限流规则后，可以在启动 SentinelDemo 项目的前提下，在浏览器里输入 http://localhost:8080/limitForHandler 请求，此时不会再看到因限流而导致是错误页面，而会看到如下的输出文字。

```
handler limit Exception
```

也就是说，当 limitForHandler 方法被限流后，会自动触发由 fallback 参数而指定的服务降级方法 handleException，从中读者能观察到服务降级的效果。

4.6.2　通过 fallback 参数实现服务降级

在上述服务降级范例中，是在@SentinelResource 注解里，通过 fallback 参数实现了基于限流的服务降级。除了限流之外，在 Sentinel 控制台里还可以通过业务方法用@SentinelResource 注解配置的标识符，为该业务方法配置诸如热点限流和熔断等的安全防护措施。

在用以配置热点限流和熔断等安全防护措施的@SentinelResource 注解里，也可以通过同样方式定义服务降级效果。

步骤 01　用类似如下代码的方式，为服务方法加入@SentinelResource 注解，在其中通过 value 参数加入标识符，通过 fallback 参数指定提供服务降级服务的方法。

```
@SentinelResource(value = "标识符",fallback ="服务降级方法名")
```

步骤 02　在 Sentinel 控制台里根据实际情况，设置热点限流和熔断等效果。

步骤 03　在本控制器类内部，或者其他合适的位置，编写服务降级方法的实现动作，请注意该服务降级的方法名需要和@SentinelResource 注解里的 fallback 参数值保持一致。

4.6.3　服务降级的实践做法

上文给出了通过 Sentinel 组件实现服务降级的一般方法，如表 4.1 所示，可以看到项目里经常用到的服务降级策略以及降级后的对应措施。

表 4.1　常用的服务降级方法归纳表

服务降级的策略	服务降级的目的
非核心模块与核心模块访问相同的数据库,当数据库压力过大时,非核心模块访问数据库的连接会快速失效	在大压力情况下,确保核心模块能使用数据库等关键资源,确保核心模块的高可用性
在系统压力过大的情况下,暂时终止日志分析模块和日志同步模块等非核心模块的运行	在大压力情况下,确保非核心模块不会抢占系统资源,从而确保系统的稳定性
在电商系统等中,业务模块对用户发起的诸如商品查询等请求在长时间内没有响应,此时需要跳转到"请稍后再试"等页面	不让用户长时间等待,或者不向用户返回提示性不强的页面,而向用户返回具有较强提示性的页面,从而确保系统有良好的用户体验
在秒杀等高并发业务场景中,事先对请求进行限流,当单位时间内的请求数超过上限时,直接跳转到"请稍后再试"等页面	在限流等高并发场景中限制峰值并发量,从而保护关键模块或关键资源,从而确保系统的高可以用性

总之,在应用系统中,尤其是面向高并发请求的应用系统中,不仅需要确保业务模块在正常情况下工作正常,更需要确保它们在各种异常或极端情况依然能返回用户能接受的结果。

而在微服务框架中引入 Sentinel 组件后,程序员能通过该组件中的 fallback 等参数,围绕业务需求里的诸多高并发等风险点,高效地实现各种服务降级措施,从而能确保系统在异常情况下的高可用性。

4.7 动手练习

练习 1 按 4.2 节给出的步骤,在本机下载支持 Sentinel 控制台的 jar 包,并通过命令启动 Sentinel 控制台。

练习 2 按 4.3 节给出步骤,通过 Sentinel 组件实现限流的效果,具体要求如下:

要求一:待限流的方法名为 tobeLimited,该方法在正常情况下,返回 "Not Limitted" 字样。

要求二:通过 Sentinel 控制台,为该方法设置 "每秒限流 2 次" 的效果。

练习 3 按 4.5 节给出的步骤,通过 Sentinel 实现服务熔断和服务降级的效果,具体要求如下:

要求一:待加入熔断效果的方法名为 tobeProtected,该方法在正常情况下,返回 "OK" 字样。

要求二:如果在 5 秒内,针对该方法的访问请求超过 1000 次,该方法会熔断 20 秒。

要求三:当该方法被熔断时,会向用户返回 "Too much Visits" 的字样。

第5章

网关组件 Gateway

在微服务体系架构中，网关起到了门户的作用。一方面，网关能接收从客户端发来的请求，并把这些请求转发到具体的业务模块上；另一方面，在网关层面还可以配置限流和熔断等安全防护措施，以达到保护业务模块的效果。

在基于 Spring Cloud Alibaba 的微服务体系中，可以引入 Gateway 组件构建应用系统的网关。在本章中，一方面会讲述用 Gateway 组件实现诸如"转发请求"等网关层常规动作的做法，另一方面还会讲述 Gateway 整合 Nacos 与 Sentinel 组件，在网关层配置各种安全防护措施的做法。

5.1 Gateway 网关组件概述

大多数基于微服务的应用系统是网关组件来接收外部客户的请求，在接收到这些请求后，会根据在网关层配置的转发策略，把这些请求转发到具体的业务模块上，具体效果如图 5.1 所示。

Gateway 是 Spring Cloud Alibaba 体系中提供网关服务功能的组件，在微服务架构中，在引入 Gateway 组件后，能实现如下的网关方面的功能。

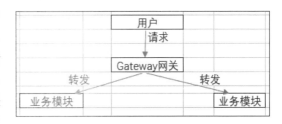

图 5.1　网关效果图

（1）能路由（Route）请求，并把这些请求定位到具体的功能模块上。

（2）能通过配置过滤器（Filter）和断言（Predicate），更精准地把请求定位到功能模块上。

（3）能整合 Nacos 和 Ribbon 组件，实现动态服务治理和负载均衡的效果。

（4）能整合 Sentinel 组件，实现诸如限流和熔断等安全防护的效果。

5.2 在微服务体系中引入 Gateway 组件

在本节中，首先将讲述通过 Gateway 组件实现简单路由的做法，随后会在此基础上，讲解通过 Gateway 组件里的过滤器和断言，实现高级路由的做法。

5.2.1 编写业务方法

在演示 Gateway 网关项目前，先创建一个名为 ServiceForGateway 的 Spring Boot 项目，该项目工作在 8090 端口，在其中的 Controller.java 控制器类中，通过如下的方法对外提供服务。

```
01  @RequestMapping("/getAccount/{id}")
02  public String getAccount(@PathVariable String id){
03      return "Account Info, id is:"+id;
04  }
```

该方法以第 1 行所示的/getAccount/{id}请求格式对外提供服务。随后可启动该项目，并在浏览器里输入 http://localhost:8090/getAccount/1，如果能看到"Account Info, id is:1"的输出，则说明该项目运行正常。

5.2.2 创建网关项目

这里将创建名为 GatewayDemo 的 Maven 项目，在其中将演示 Gateway 网关组件的用法。创建完成后，可以在该项目的 pom.xml 文件里，通过如下的关键代码引入 Gateway 等依赖包。

```
01      <dependencyManagement>
02          <dependencies>
03              <dependency>
04                  <groupId>org.springframework.cloud</groupId>
05  <artifactId>spring-cloud-dependencies</artifactId>
06                  <version>Hoxton.SR8</version>
07                  <type>pom</type>
08                  <scope>import</scope>
09              </dependency>
10          </dependencies>
11      </dependencyManagement>
12      <dependencies>
13          <dependency>
14              <groupId>org.springframework.cloud</groupId>
15  <artifactId>spring-cloud-starter-gateway</artifactId>
16          </dependency>
17      </dependencies>
```

在上述代码里，首先是通过第 1 行到 11 行的 dependencyManagement 组件，引入 Spring Cloud 的通用性的依赖包，随后是通过第 12 行到第 17 行的代码，引入 Gateway 组件的依赖包。

由于本范例仅会用到 Gateway 组件，所以在本项目的 pom.xml 文件中，不需要像之前项目那样通过 dependencyManagement 元素引入 spring-cloud-alibaba-dependencies 依赖包。而在引入 spring-cloud-starter-gateway 依赖包以后，就不需要再引入 spring-boot-starter-web 依赖包了。

本项目的启动类和之前项目的很相似，都是通过@SpringBootApplication 注解来定义启动类，具体代码如下所示。

```
01  package prj;
02  import org.springframework.boot.SpringApplication;
03  import org.springframework.boot.autoconfigure.SpringBootApplication;
04  @SpringBootApplication
05  public class SpringBootApp {
06      public static void main(String[] args) {
07          SpringApplication.run(SpringBootApp.class, args);
08      }
09  }
```

5.2.3　实现简单转发功能

可在 resources 目录里的 application.yml 文件里，配置网关层的请求转发相关参数，具体代码如下所示。

```
01  server:
02    port: 8080
03  spring:
04    cloud:
05      gateway:
06        routes:
07          # 路由 ID，可随便命名，但要确保唯一
08          - id: account_route
09            # 匹配后的地址
10            uri: http://localhost:8090/getAccount/{id}
11            #断言
12            predicates:
13              # 包含/getAccount 即需转发
14              - Path=/getAccount/{id}
```

在上述代码里，首先通过前 2 行的代码定义本项目工作在 8080 端口，随后通过第 3 行到第 14 行的代码，定义了 id 为 account_route 的路由规则。

根据该路由规则第 12 行到第 14 行断言的定义，一旦请求中包含了/getAccount/{id}字样，该请求就会被转发到如第 10 行 uri 参数所指定的路径上。

完成上述配置后，在确保 GatewayDemo 和 ServiceForGateway 两项目都启动的前提下，可以在浏览器里输入 http://localhost:8080/getAccount/1，由于 GatewayDemo 项目是工作在 8080 端口，所以该请求事实上是发送到网关项目上的。但根据网关项目 application.yml 文件中的配置，该请求会被处理成 http://localhost:8080/getAccount/1，也就是说，会被发送到 ServiceForGateway 项目所在的 8090 端口，所以依然可以在浏览器里看到"Account Info, id is:1"的输出。

从上述范例中，可以看到 Gateway 组件转发请求的一般做法。在收到请求时，Gateway

网关组件会用配置文件中的 Path 参数匹配 url 请求，如果能匹配上，那么该请求就会被转发到该路由规则中 uri 参数指定的地址。这样请求就能根据事先指定的路由规则，被 Gateway 组件转发到特定的业务服务方法上。

5.2.4　网关的过滤器

上述范例给出了 Gateway 网关组件"直接转发"url 请求的做法。事实上，如果再引入 Gateway 组件的 Filter（过滤器），还能处理待转发的 url 请求。

Gateway 过滤器可以用来制定更改 url 请求的规则，在实际项目中，用得比较多的是能去除指定数量路径前缀的 StripPrifix 和能在原有路径前添加前缀的 PrefixPath 过滤器。在 GatewayDemo 项目的 application.yml 文件中，可以通过如下的代码添加上述两种过滤器。

```
01  spring:
02   cloud:
03    gateway:
04     routes:
05      - id: StripPrefix_route
06        # 匹配后的地址
07        uri: http://localhost:8090
08        predicates:
09         - Path=/needRemoved/**
10        filters:
11         - StripPrefix=1
12      - id: PrefixPath_route
13        # 匹配后的地址
14        uri: http://localhost:8090
15        predicates:
16         - Method=GET
17        filters:
18         - PrefixPath=/getAccount
```

在上述代码的第 5 行到第 11 行里，定义了 id 是 StripPrefix_route 的过滤器，该过滤器通过其中第 10 行和第 11 行的 filters 参数和第 8 行和第 9 行的 Path 参数，指定了当该过滤器匹配到 url 中出现/needRemoved 字样时，会过滤掉该 url 第一层的前缀。

启动相关项目后，如果在浏览器里输入 http://localhost:8080/needRemoved/getAccount/1，由于该 url 里包含了 needRemoved 字样，所以会被 StripPrefix_route 过滤器匹配到。同时该过滤器会去掉第一层前缀，即/needRemoved，从而把该 url 请求转换成 http://localhost:8080/getAccount/1。所以从结果上来看，输入 http://localhost:8080/needRemoved/getAccount/1 请求后能看到如下的字样。

```
Account Info, id is:1
```

在上述代码第 12 行到第 18 行里，定义了 id 是 PrefixPath_route 过滤器，该过滤器通过其中第 17 行和第 18 行的 filters 参数和第 15 行和第 16 行的 Path 参数，指定了该过滤器一旦匹配到 GET 类型的 url 请求时，会为该请求添加/getAccount 前缀。

　　启动相关项目，在浏览器里输入 http://localhost:8080/2，由于该请求属于 GET 类型，所以会匹配到 PrefixPath_route 过滤器。该过滤器会为这个 url 加入/getAccount 前缀，从而把该 url 变更成 http://localhost:8080/getAccount/2，所以此时能在浏览器里看到如下的输出结果。

```
Account Info, id is:2
```

5.2.5　网关的全局过滤器

　　上文在配置文件中创建的过滤器是有条件的，比如当请求中包含/needRemoved/字样时会触发 id 为 StripPrefix_route 的过滤器。除此之外，还定义任何请求都能触发的全局性过滤器。

　　如果项目里包含 Gateway 全局性的过滤器，任何请求在被业务方法处理前，都将会经过该过滤器，所以在此类过滤器里，一般会定义"检查参数"或"安全验证"等的动作。比如，如下定义的 MyGlobalFilter 全局性过滤器中，就将过滤包含"hacker"字样的 url 请求。

```
01  package prj.filter;
02  import org.springframework.cloud.gateway.filter.GatewayFilterChain;
03  import org.springframework.cloud.gateway.filter.GlobalFilter;
04  import org.springframework.core.Ordered;
05  import org.springframework.core.io.buffer.DataBuffer;
06  import org.springframework.http.HttpStatus;
07  import org.springframework.http.server.reactive.ServerHttpResponse;
08  import org.springframework.web.server.ServerWebExchange;
09  import reactor.core.publisher.Mono;
10  //自定义的全局性过滤器
11  public class MyGlobalFilter implements GlobalFilter, Ordered {
12      //处理请求
13      @Override
14      public Mono<Void> filter(ServerWebExchange exchange, GatewayFilterChain
    chain) {
15          String urlPath = exchange.getRequest().getURI().getPath();
16          System.out.println(urlPath);
17          if(urlPath.indexOf("hacker") == -1){
18              return chain.filter(exchange);
19          }
20          else{
21              ServerHttpResponse res = exchange.getResponse();
22              String msg = "fail for hacker";
23              byte[] bits = msg.getBytes();
24              DataBuffer buf = res.bufferFactory().wrap(bits);
25              res.setStatusCode(HttpStatus.BAD_REQUEST);
26              res.getHeaders().add("Content-Type", "text/plain");
27              return res.writeWith(Mono.just(buf));
28          }
29      }
30      @Override
31      public int getOrder() {
32          //Order 值越小，优先级越高
33          return 0;
34      }
35  }
```

在第 11 行创建该全局性的过滤器时，需要让本类实现 GlobalFilter 和 Ordered 接口。在本类第 14 行的 filter 方法里，定义了该过滤器的具体动作。

在 filter 方法中，首先通过 16 行的语句输出请求 url 的路径，随后会通过第 17 行的 if 语句，判断该 url 请求中是否包含 hacker 字符串，如果不包含，则直接通过第 18 行的语句，把请求交到下一个控制器中，如果此后没有过滤器，则会直接把该 url 请求交到对应的业务处理方法。

如果该 url 请求里包含 hacker 字样，则会走第 20 到第 28 行的 else 流程，在此流程中，会通过第 21 行的语句创建一个 ServerHttpResponse 类型的返回对象，并在该对象中设置"fail for hacker"等字样，随后通过第 27 行的语句，返回包含 BAD_REQUEST 返回码的该返回对象。

在设置全局性的过滤器时，还需要像第 31 行到第 34 行的代码那样，为该过滤器设置一个优先级。如果在项目里包含多个全局性的过滤器，那么优先级数值越小的过滤器会优先执行。

在 MyGlobalFilter 类里设置好全局性过滤器的动作后，还需要用类似 ConfigMyGlobalFilter.java 的代码来配置该过滤器，具体代码如下所示。

```
01    package prj.filter;
02    import org.springframework.cloud.gateway.filter.GlobalFilter;
03    import org.springframework.context.annotation.Bean;
04    import org.springframework.context.annotation.Configuration;
05    @Configuration
06    public class ConfigMyGlobalFilter {
07        @Bean
08        public GlobalFilter configFilter() {
09            return new MyGlobalFilter();
10        }
11    }
```

请注意该类会被第 5 行的@Configuration 注解所修饰，而且该类需要放置在 Spring Boot 启动类的本包或子包里，这里是放置在 SpringBootApp 启动类的子包里。

在该类第 8 行到第 10 行的 configFilter 方法里，返回了 MyGlobalFilter 类型的对象。由于该方法被第 7 行的@Bean 注解所修饰，所以本项目启动时，Spring Boot 启动类会把 MyGlobalFilter 对象放入 Spring 容器，这样定义在 MyGlobalFilter 中的全局性的过滤器就会生效并监听请求。

启动相应的项目后，如果在浏览器里输入 http://localhost:8080/getAccount/1，由于该请求并没有包含 hacker 字样，所以该请求能正确地被处理。但如果输入 http://localhost:8080/hacker，该请求会被全局性的过滤器拦截，所以就会在浏览器里输出"fail for hacker"的字样。

5.2.6　网关的断言

在之前的范例中，读者已经看到了断言的用法。在定义 Gateway 路由规则时，可以通过断言来定义该路由规则的生效条件，比如可以通过如下的断言来定义，该断言所对应的路由规则会在 url 请求中有/needRemoved 字符串时生效。

```
predicates:
  - Path=/needRemoved/**
```

而如下的断言则定义，只要 url 请求是 Get 类型的，该断言所对应的路由规则就会生效。

```
predicates:
  - Method=GET
```

除此之外，在实际项目中还可以在断言中加入 Before 关键字，来定义该断言所对应的路由规则会在指定时间点之前生效。

```
predicates:
  - Before=2021-09-01T18:00:00.000-18:00[Asia/Shanghai]
```

可以在断言中引入 After 关键字，来定义该断言所对应的路由规则在指定时间点之后生效。

```
predicates:
  - After=2021-09-05T18:00:00.000-18:00[Asia/Shanghai]
```

可以在断言中加入 RemoteAddr 关键字，来定义该断言所对应的路由规则只针对从特定 IP 地址发来的请求才生效。

```
predicates:
  - RemoteAddr=192.168.12.100
```

5.3　Gateway 整合 Nacos，实现负载均衡

在一些面临高并发请求的微服务项目中，往往会把实现相同功能的业务模块部署到不同的服务器上，同时把其中的业务方法都注册到 Nacos 组件中，通过 Nacos 组成业务集群。

在此基础上，可以通过 Gateway 组件，把对应的请求以负载均衡的方式转发到业务集群上，以此来应对高并发的挑战。

5.3.1　Gateway 整合 Nacos 的架构图

在 Gateway 整合 Nacos 的架构里，Gateway 依然起到转发请求的作用，而 Nacos 还是起到服务治理组件的作用，相关的架构如图 5.2 所示。

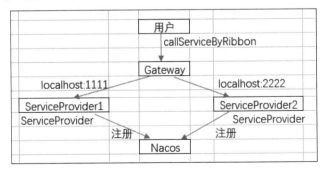

图 5.2　Gateway 整合 Nacos 的架构图

表 5.1 列出了本范例涉及的项目和组件，以及工作端口。

表 5.1　Gateway 整合 Nacos 相关项目和组件一览表

项目名或组件名	工作端口	说　　明
ServiceProvider1	1111	业务集群中的节点
ServiceProvider2	2222	业务集群中的节点
GateWithNacos	8080	网关项目，在该项目里，会把接收到的请求以负载均衡的方式转发到业务集群中
Nacos	8848	Nacos 组件，提供服务治理作用

注意，为了更方便地演示整合效果，本书是在同一台主机上开发并运行业务模块、Gateway 项目和 Nacos。但是在实际项目中，提供服务的业务模块、Gateway 网关组件和 Nacos 组件一般是部署在不同的服务器上，这样就能达到用不同的服务器来分摊高并发请求的效果。

5.3.2　基于 Nacos 的业务集群

这里将采用第 3 章给出的 ServiceProvider1 和 ServiceProvider2 作为业务集群，由于代码已经详细分析过，所以这里不再给出代码，只是列出该业务集群的重要特点。

第一，ServiceProvider1 项目工作在 localhost 的 1111 端口，ServiceProvider2 是在 localhost 的 2222 端口。

第二，这两个项目均是用 ServiceProvider 作为服务名，注册并工作在 localhost:8848 端口上的 Nacos 组件上。事实上 Nacos 组件起到了服务管理的作用。

第三，这两个项目，均通过/callServiceByRibbon 格式的 URL 对外提供相同的服务。

启动 Nacos 组件，同时通过运行上述两项目的 Spring Boot 启动类启动这两个项目，打开 Nacos 的控制台界面，如果能在服务列表里看到如图 5.3 所示的服务信息，就能说明基于 Nacos 的业务集群工作正常。在此基础上，可以通过 Gateway 组件，把请求转发到该集群上。

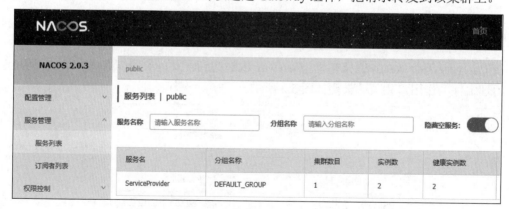

图 5.3　在 Nacos 控制台观察到的业务集群效果图

5.3.3　以负载均衡的方式转发请求

这里将通过如下的步骤，演示 Gateway 以负载均衡方式转发请求的做法。

步骤 **01** 创建名为 GateWithNacos 的 Maven 项目，在其中的 pom.xml 里，通过如下的关键代码，引入 Nacos 和 Gateway 等依赖包。

```
01  <dependencies>
02    <dependency>
03      <groupId>org.springframework.cloud</groupId>
04      <artifactId>spring-cloud-starter-gateway</artifactId>
05    </dependency>
06    <dependency>
07      <groupId>com.alibaba.cloud</groupId>
08  <artifactId>spring-cloud-starter-alibaba-nacos-discovery</artifactId>
09    </dependency>
10  </dependencies>
```

其中通过第 2 行到第 5 行代码引入 Gateway 组件的依赖包；通过第 6 行到第 9 行代码引入 Nacos 的依赖包。

步骤 **02** 在本项目的 Spring Boot 启动类里，如第 5 行所示，加入@EnableDiscoveryClient 注解，说明本项目也会和 Nacos 组件交互，并会调用注册在 Nacos 组件的方法，具体代码如下。

```
01  package prj;
02  import org.springframework.boot.SpringApplication;
03  import org.springframework.boot.autoconfigure.SpringBootApplication;
04  import org.springframework.cloud.client.discovery.EnableDiscoveryClient;
05  @EnableDiscoveryClient
06  @SpringBootApplication
07  public class SpringBootApp {
08      public static void main(String[] args) {
09          SpringApplication.run(SpringBootApp.class, args);
10      }
11  }
```

步骤 **03** 在 resources 目录里，创建名为 application.yml 的配置文件，在其中实现 Gateway 整合 Nacos 的效果，代码如下所示。

```
01  server:
02    port: 8080
03  spring:
04    cloud:
05      nacos:
06        discovery:
07          server-addr: 127.0.0.1:8848
08      gateway:
09        routes:
10          - id: loadbalance_route
11            uri: lb://ServiceProvider/
12            predicates:
13              - Path=/callServiceByRibbon
```

其中通过第 1 行和第 2 行代码指定本项目是工作在 8080 端口；通过第 3 行到第 7 行代码说明本项目将会从工作在本地 8848 端口的 Nacos 组件中拉取并调用服务。

通过第 8 行到第 13 行代码定义了 Gateway 和 Nacos 的整合效果。具体地，是通过第 13 行和第 11 行的代码指定了转发规则。当该 Gateway 网关接收到/callServiceByRibbon 请求后，会被转发到 lb://ServiceProvider/之上。其中 lb 是 loadbalace 负载均衡的简写，而 ServiceProvider 是以负载均衡方式提供业务服务的服务名。

所以可以运行 Spring Boot 启动类启动 GateWithNacos 项目，在确保 5.3.2 节给出的业务集群工作正常的前提下，在浏览器里多次输入 http://localhost:8080/callServiceByRibbon。此时能交替地看到如下的输出结果。

```
return in Service1.
return in Service2.
```

由此能确认，Gateway 网关在接收到请求后，确实是通过在 application.yml 文件里配置的转发规则，以负载均衡的方式把请求转发到业务集群上。

5.4 Gateway 整合 Sentinel 和 Nacos

在微服务项目的网关层里，除了可以让 Gateway 整合 Nacos 以实现负载均衡的效果外，还可以让 Gateway 整合 Sentinel，从而在网关层里引入限流和熔断等效果。

5.4.1 整合后的架构图

本小节中将在 5.3 节给出的 Gateway 整合 Nacos 服务治理组件的基础上，再引入 Sentinel 安全防护组件。

整合后的效果如图 5.4 所示。Gateway 整合 Nacos 的目的是，把经由网关转发的请求以负载均衡的方式均摊到业务集群上，而 Gateway 整合 Sentinel 的目的是，在网关层统一地实现各种安全防护的效果。

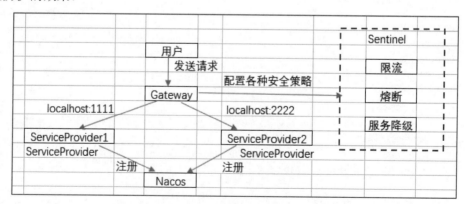

图 5.4　Gateway 整合 Sentinel 和 Nacos 的效果图

由于 Gateway 整合 Sentinel 和 Nacos 组件范例涉及的项目和组件比较多，而且不同的项目和组件会工作在不同的端口上，如表 5.2 所示列出了本范例涉及的项目和组件，以及工作端口。

表 5.2 Gateway 整合 Nacos 相关项目和组件一览表

项目名或组件名	端　口	说　明
ServiceProvider1	1111	业务集群中的节点
ServiceProvider2	2222	业务集群中的节点
Nacos	8848	Nacos 组件，提供服务治理作用
Sentinel 控制台	工作端口：8099 项目交互端口：8085	Sentinel 能提供限流和熔断等安全防护等服务
GatewayWithSentinel	9090	网关项目，该项目会把接收到的请求以负载均衡的方式转发到业务集群中，同时会引入安全防护效果

在之前给出的 Sentinel 范例中，是在对应的业务方法前，用@SentinelResource 注解定义标识符，并通过该标识符在 Sentinel 控制台定义该方法需要采用的安全防护策略。

也就是说，之前范例中定义的限流等策略是方法级的，而在网关层主要是通过制定路由规则来转发请求，所以在网关层，不仅可以通过 Sentinel 定义方法级的安全防护策略，更可以定义路由级的安全防护策略。

5.4.2 搭建网关层项目

在本范例中，可以通过如下的步骤搭建整合 Nacos 和 Sentinel 组建的网关层项目。

步骤 01 创建名为 GatewayWithSentinel 的 Maven 项目，在其中的 pom.xml 文件里，通过如下的关键代码引入 Gateway、Nacos 和 Sentinel 组件的依赖包。

```
01    <dependencies>
02      <dependency>
03          <groupId>org.springframework.cloud</groupId>
04  <artifactId>spring-cloud-starter-gateway</artifactId>
05      </dependency>
06      <dependency>
07          <groupId>com.alibaba.cloud</groupId>
08  <artifactId>spring-cloud-starter-alibaba-sentinel</artifactId>
09      </dependency>
10      <dependency>
11          <groupId>com.alibaba.cloud</groupId>
12  <artifactId>spring-cloud-alibaba-sentinel-gateway</artifactId>
13      </dependency>
14      <dependency>
15          <groupId>com.alibaba.cloud</groupId>
16  <artifactId>spring-cloud-starter-alibaba-nacos-discovery</artifactId>
17      </dependency>
18    </dependencies>
```

在上述代码里，通过第 2 行到第 5 行代码引入 Gateway 组件的依赖包，通过第 6 行到第 9 行代码引入 Sentinel 的依赖包；通过第 10 行到第 13 行代码引入 Gateway 整合 Sentinel 的依赖包；通过第 14 行到第 17 行代码引入 Nacos 组件的依赖包。

步骤 02 编写 Spring Boot 启动类里，在其中通过如下第 5 行的@EnableDiscoveryClient 注解，说明本项目会和 Nacos 组件交互，并会调用注册在 Nacos 组件的方法。

```
01  package prj;
02  import org.springframework.boot.SpringApplication;
03  import org.springframework.boot.autoconfigure.SpringBootApplication;
04  import org.springframework.cloud.client.discovery.EnableDiscoveryClient;
05  @EnableDiscoveryClient
06  @SpringBootApplication
07  public class SpringBootApp {
08      public static void main(String[] args) {
09          SpringApplication.run(SpringBootApp.class, args);
10      }
11  }
```

步骤 03 在 resources 目录下新建名为 application.yml 的配置文件，在其中通过如下代码配置 Gateway、Sentinel 和 Nacos 等参数。

```
01  server:
02    port: 9090
03  spring:
04    applcation:
05      name: GateWithSentinel
06    cloud:
07      nacos:
08        discovery:
09          server-addr: 127.0.0.1:8848
10      gateway:
11        routes:
12        - id: loadbalance_route
13          uri: lb://ServiceProvider/
14          predicates:
15            - Path=/callServiceByRibbon
16      sentinel:
17        transport:
18          port: 8085
19          dashboard: localhost:8099
```

在上述代码里，通过第 1 行和第 2 行代码指定本项目的工作端口是 9090；通过第 3 行到第 5 行代码指定本项目的名字。

随后，该配置文件通过第 6 行到第 9 行代码指定本项目将和工作在 localhost:8848 的 Nacos 组件交互；通过第 10 行到第 15 行代码指定 Gateway 的路由规则；通过第 16 行到第 19 行代码指定本项目和 Sentinel 控制台交互的端口。

5.4.3 启动项目和组件

完成开发网关层项目后，需要通过如下步骤启动相关项目和组件，在此基础上，才可以进入 Sentinel 控制台，并在其中配置基于网关层的限流和熔断等安全防护参数。

步骤01 启动 Nacos 组件，启动后可以在浏览器里输入 http://localhost:8848/nacos/index.html，以确认 Nacos 成功启动。

步骤02 通过运行 Spring Boot 启动类，依次启动 ServiceProvider1 和 ServiceProvider2 项目。

步骤03 按第 4 章给出的说明，在命令行窗口里进入到 sentinel-dashboard-1.8.2.jar 文件所在的路径，随后通过 java -Dserver.port=8099 -jar sentinel-dashboard-1.8.2.jar 命令启动 Sentinel 控制台。启动后，可以在浏览器里输入 http://localhost:8099/，以确认 Sentinel 控制台成功启动。

步骤04 运行 GatewayWithSentinel 项目里的启动类，启动该项目。启动后在浏览器里输入 http://localhost:9090/callServiceByRibbon，此时，GatewayWithSentinel 项目里的网关组件会把该请求转发到 ServiceProvider1 和 ServiceProvider2 项目上。

完成上述步骤后，可以在 Sentinel 控制台的"请求链路"菜单里，看到如图 5.5 所示的效果。在其中就可以通过单击"流控"和"降级"按钮，配置相关的安全防护措施。

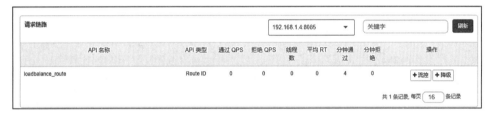

图 5.5 Sentinel 控制台看到了请求链路

5.4.4 根据路由规则限流

单击图 5.5 右侧的"流控"按钮，打开如图 5.6 所示的"新增网关流控规则"对话框。

图 5.6 "新增网关流控规则"对话框

在"API 类型"的单选框里，可以选择 Route ID 和 API 分组。由于这里是根据 Route 路由规则限流，所以选择 Route ID，在"API 名称"文本框里，可以输入在网关项目里配置的路由规则的 ID，即 loadbalance_route，表示该限流规则是针对该路由规则生效。

在"针对请求属性"栏里，可以选择限流的方式，比如这里选的是"根据客户端的 IP 限流"。随后可以在阈值类型和 GPS 阈值等输入框里，填入限流相关的参数，比如这里设置的限流规则是，针对每个客户端 IP，每秒只能有 1 个请求，且请求间隔是 1 秒。设置完成后，可单击右下方的"新增"按钮，保存该限流规则。

配置完成后，凡是被该 loadbalance_route 路由规则转发的请求，都会被该限流规则所检查，一旦触发限流上线，则会被禁止访问对应的服务。

5.4.5　根据 API 分组限流

在网关层，除了可以根据路由规则限流外，还可以根据 API 分组来限流。在设置 API 分组限流规则前，需要单击左侧的"API 管理"菜单，并在其中单击"新增 API 分组"按钮，新增 API 分组，具体如图 5.7 所示。

图 5.7　新增自定义 API 的示意图

比如风险控制模块对外服务的 API 是以 risk 开头，那么就可以如图 5.7 所示创建一个名为 risk_api 的 API 分组，并为该分组定义"前缀为 risk"的匹配规则。

完成创建该 API 分组后，可以回到如图 5.6 所示的新增网关流控规则的对话框，在其中的 API 类型单选框里，可以选择 API 分组，并在其中的 API 名称里选择刚创建的"risk_api"，同时填入其他的限流参数，具体如图 5.8 所示。

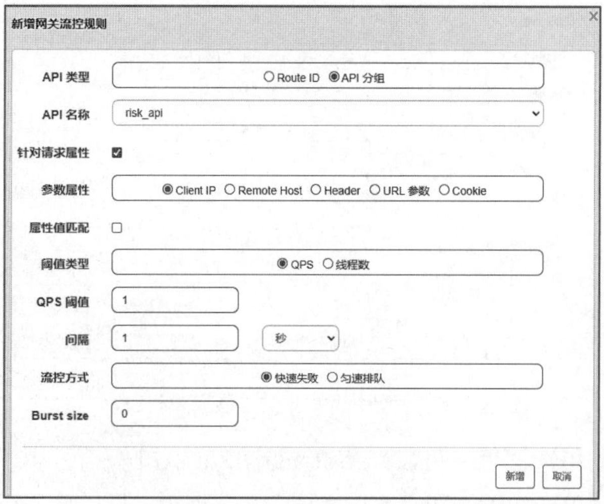

图 5.8　设置根据 API 分组的限流效果图

填写完成后，同样可以通过单击右下方的"新增"按钮新增该限流规则。这样，凡是调用风险控制模块以 risk 开头的 API，都会在网关层被限流，从而起到了保护模块的作用。

5.4.6　配置服务熔断效果

在网关层还可以根据路由规则，配置服务熔断的安全防护措施。在图 5.5 所示的界面中，单击右侧的"降级"按钮，能打开如图 5.9 所示的对话框。

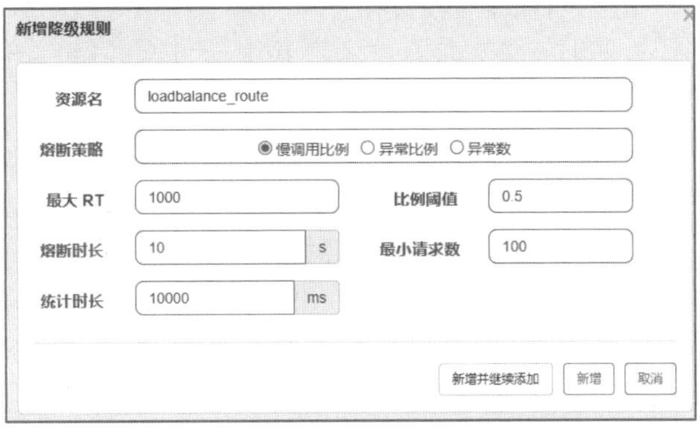

图 5.9　配置基于路由规则的熔断规则示意图

在图 5.9 中的"资源名"文本框，可以输入在网关项目里配置的路由规则的 ID，即 loadbalance_route，表示该熔断规则是针对该路由规则生效。随后可以配置熔断策略等参数，这些参数的含义在第 4 章讲 Sentinel 组件时都已经分析过，所以这里就不再重复说明了。配置完成后，可以通过单击右下方的"新增"按钮保存该规则。

保存该熔断规则后，经过 loadbalance_route 路由规则转发的请求，都会被该规则所检查。根据该规则，一旦在 10 秒内有 100 个流量，并且请求中慢调用比例达到 50%，经由 loadbalance_route 路由规则转发的请求就会被熔断 10 秒。

5.5　通过 Gateway 实现灰度发布

在发布版本的过程中，比较简单的做法是在上传新代码到服务器后，终止老代码的运行，随后再启动新代码。如果通过这种方式发布版本，在老代码终止后新代码启动前，系统其实是无法对外提供服务的。而且这种全量切换的发布方式会引入一定的风险，因为新代码一旦有问题，整个系统就会出故障。为了更好地提升发布质量，同时降低风险，可以在发布版本时引入"灰度发布"的做法。

5.5.1　灰度发布的做法

灰度发布的做法是，在发布过程中，在老代码继续提供服务的基础上，在一台新的服务器上部署新代码，同时把一部分的流量切到部署新代码的服务器上，具体如图 5.10 所示。

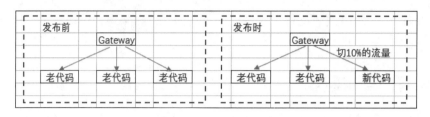

图 5.10　灰度发布示意图

比如某风险控制模块的代码部署在三台服务器上，在发布前，流量是通过 Gateway 网关被均摊到这三台主机上，而在灰度发布时，会在其中一台服务器上部署新代码，随后通过 Gateway 网关，把 10%的流量切到新代码之上，剩余的 90%流量依然是由老代码处理。

把少量流量切到新代码之后，程序员能通过日志等方式监控新代码的工作状态，此时哪怕出现问题，不仅影响面有限，而且还能很快地把流量切回到老代码之上。

从中可以看到，灰度发布除了能确保服务连续性之外，还能控制发布时的风险。当程序员通过少量流量确认新代码工作正常之后，可以继续把新代码部署到其他服务器上，并通过 Gateway 网关，把流量全都切到新代码之上，确保版本升级时的平稳性和低风险性。

5.5.2　准备灰度发布的环境

这里将准备 OldPrj 和 NewPrj 这两个 Spring Boot 项目，其中前者包含了老代码，而后者包含了待发布的新代码。

这两个项目的代码都比较简单，而且和 Gateway 网关无关，所以就只是通过如下的文字给出针对这两个项目的描述，具体的代码就请读者自行阅读。

第一，OldPrj 项目工作在 3333 端口，而 NewPrj 项目工作在 5555 端口。

第二，在这两个项目的控制器类中，均是用/getAccount/{id}格式的 url 请求对外提供服务，该请求对应的业务方法名均叫 getAccount。

第三，在 OldPrj 项目中，getAccount 方法会输出 "In Old Version…" 的字样，而 NewPrj 项目的 getAccount 方法会初输出 "In New Version…" 的字样，以此来区分新老代码。

5.5.3　用 Gateway 实现灰度发布

在 GrayRelease 的 Maven 项目里，将演示通过 Gateway 网关组件实现灰度发布的做法，该项目的开发步骤如下所示。

步骤 01 在 pom.xml 里，通过如下的关键代码引入 Gateway 组件的依赖包。

```
01    <dependencyManagement>
02        <dependencies>
03            <dependency>
04                <groupId>org.springframework.cloud</groupId>
05    <artifactId>spring-cloud-dependencies</artifactId>
06                <version>Hoxton.SR8</version>
07                <type>pom</type>
08                <scope>import</scope>
```

```
09              </dependency>
10          </dependencies>
11      </dependencyManagement>
12      <dependencies>
13          <dependency>
14              <groupId>org.springframework.cloud</groupId>
15  <artifactId>spring-cloud-starter-gateway</artifactId>
16          </dependency>
17      </dependencies>
```

步骤 **02** 编写 Spring Boot 的启动类，由于该类和其他 Spring Boot 启动类没什么差别，所以这里就不再重复分析，请读者自行阅读相关代码。

步骤 **03** 在 resources 目录里新建名为 application.yml 的配置文件，在其中通过配置 Gateway 网关的参数，实现灰度发布的效果，具体代码如下所示。

```
01  server:
02    port: 8080
03  spring:
04    cloud:
05      gateway:
06        routes:
07          - id: oldVersion_Route
08            uri: http://localhost:3333/getAccount/{id}
09            predicates:
10              - Path=/getAccount/{id}
11              - Weight=accountGroup, 9
12          - id: newVersion_Route
13            uri: http://localhost:5555/getAccount/{id}
14            predicates:
15              - Path=/getAccount/{id}
16              - Weight=accountGroup, 1
```

在上述配置文件的第 7 行到第 11 行，以及第 12 行到第 16 行里，定义了两个路由规则。这两个路由规则的 Path 均是/getAccount/{id}，而 uri 则分别指向了 localhost:3333 和 localhost:5555 这两个服务端口的/getAccount/{id}路径。也就是说，通过这两个路由规则，可以把包含相同 Path 的 url 请求转发到由 OldPrj 和 NewPrj 这两个业务模块提供的服务上。

根据上文的描述可以知道，OldPrj 项目包含了老的业务代码，而 NewPrj 项目则包含了待发布的新的业务代码。这里请注意在第 11 行和第 16 行配置的这两个路由规则的 Weight 参数，它们的分组名均是 accountGroup，但针对 OldPrj 项目路由规则的 Weight 参数值是 9，而针对 NewPrj 项目路由规则的 Weight 参数是 1。

这样配置的含义是，对于相同的/getAccount/{id}请求，把其中 90%的流量发送到 OldPrj 模块，把 10%的流量切换到 NewPrj。事实上，在发布过程中，包含新业务代码的 NewPrj 业务模块一旦成功启动，就可以通过上述配置切换流量，从而达到灰度发布的效果。

5.5.4　观察灰度发布的效果

步骤 **01** 启动 OldPrj 项目，启动后可通过 http://localhost:3333/getAccount/1 请求来确认启动结果。该项目启动后，能模拟发布前"老业务模块处于工作状态"的场景。

步骤 02 启动 NewPrj 项目，启动后可通过 http://localhost:5555/getAccount/1 请求来确认启动结果。在灰度发布时，会通过类似的动作，在一台或多台服务器上启动新业务模块。

步骤 03 启动 GrayRelease 项目，以此来模拟用 Gateway 网关把少量流量切换到新业务模块的动作。启动后多次在浏览器里输入 http://localhost:8080/getAccount/1，此时大多数的请求会返回"In Old Version, account Info, id is:1"的结果，而少量的请求会返回"In New Version, account Info, id is:1"的结果，从中可以观察到灰度发布以及对应的"切流量到新业务模块"的效果。

通过灰度发布，有少量的流量已经被切换到新的业务模块，此时程序员可以通过运行测试案例或观察日志等方式验证新业务模块的工作情况。

在确认新业务模块工作正常后，可以逐步增大新业务模块对应的路由规则中的 Weight 参数，同时在多台主机上逐步用新的业务模块替换到老的业务模块，由此能平稳地完成发布动作。

5.6 动 手 练 习

练习 1 通过使用 Gateway 组件，在网关层实现如下的请求转发效果，具体要求如下：

要求一：修改 5.2.1 节给出的 ServiceForGateway 项目，让它工作在 9999 端口，其他代码不变。

要求二：创建一个名为 MyGateway 的项目，该项目工作在 8888 端口，通过编写配置文件，把 localhost:8888/getAccount/2 请求转发成 localhost:9999/getAccount/2。

要求三：启动 ServiceForGateway 和 MyGateway 项目，验证转发效果。

练习 2 整合 Gateway 和 Nacos 组件，在网关层以负载均衡的方式转发请求，具体要求如下：

要求一：修改 5.3.2 节给出的 ServiceProvider1 和 ServiceProvider2 两个项目，让 ServiceProvider1 项目工作在 6666 端口，让 ServiceProvider2 项目工作在 6677 端口，其他代码不变。

要求二：创建一个名为 MyGatewayWithNacos 的项目，让该项目工作在 7777 端口，通过编写配置文件，把 http://localhost:7777/callServiceByRibbon 格式的请求均衡地转发到 ServiceProvider1 和 ServiceProvider2 业务模块上。

要求三：启动 Nacos、ServiceProvider1、ServiceProvider2 和 MyGatewayWithNacos，验证转发效果。

练习 3 按如下步骤，使用 Gateway 组件实现灰度发布的效果。

（1）改写 5.5.2 节的 OldPrj 和 NewPrj 项目，让它们分别工作在 1122 和 1133 端口，其他代码不变。

（2）创建一个名为 MyGrayRelease 的项目，让该项目工作在 3333 端口。在其中通过编写配置文件，把 5% 的流量转发到 NewPrj 项目上，把 95% 的项目转发到 OldPrj 项目上。

（3）启动相关项目，验证灰度发布的效果。

第6章

声明式服务调用框架 OpenFeign

OpenFeign 是 Sprign Cloud Alibaba 组件体系中的声明式服务调用框架，通过该框架，程序员在编写客户端调用逻辑时，可以不用过多地关注底层调用细节。

本章首先讲述 OpenFeign 框架的基本使用方式，随后给出 OpenFeign 整合 Nacos 和 Sentinel，在客户端调用时引入负载均衡和服务降级机制等的实践要点。

6.1 OpenFeign 框架概述

在微服务项目中，部署在不同服务器上的业务模块不免会以远程调用的方式，相互调用各自的业务方法。在编写调用代码时，如果让程序员过多地关注诸如 Http 协议和重试方式等调用细节，这无疑会降低代码的开发效率，而且还会提升业务模块间的耦合度。

对此，在微服务项目的调用场景中，可以引入 Sprign Cloud Alibaba 组件体系中的 OpenFeign 框架。从代码表现形式上来看，OpenFeign 是一种声明式的 HTTP 调用客户端框架，从使用效果上来看，在引入 OpenFeign 框架后，程序员在调用部署在远端服务器上的业务方法时，就像调用本地方法一样简便。

在使用 OpenFeign 的过程中，程序员一般是通过使用@FeignClient 注解来开发客户端远程调用的代码。在使用该注解调用远端方式时，不仅可以设置调用参数、超时时间和重试次数等基本信息，还可以通过整合其他组件，实现负载均衡和服务降级等架构层面的功能。

6.2 使用 OpenFeign 框架调用服务

这里将在给出基于 Nacos 的服务提供者项目的基础上，演示通过 OpenFeign 框架编写客户端调用的步骤。通过本范例可以发现，由于 OpenFeign 框架很好地封装了客户端的远程调用细节，所以通过使用该框架，程序员能用一种简单高效的方式实现远程调用的功能。

而且，OpenFeign 框架能有效地分离远端调用的业务动作和底层细节，所以在微服务项目里引入 OpenFeign 框架后，程序员能用一种"底层无关"的方式开发涉及远端调用的业务代码。

6.2.1 基于 Nacos 的服务提供者

这里将创建名为 ServiceForOpenFeign 的 Maven 项目，在其中编写供 OpenFeign 框架调用的业务服务方法，而且该服务方法会向 Nacos 组件注册。

由于该项目不涉及 OpenFeign，而且在之前章节里已经详细讲述了整合 Nacos 组件提供服务的相关技能，所以这里就不再分析该项目的所有代码，而是仅仅列出该项目的实现要点。

（1）本项目工作在 8090 端口，对外提供的服务名叫 ServiceForOpenFeign。

（2）在本项目的控制器里，以/getAccount/{id}格式的 url 对外提供服务，该服务方法注册到了工作在 8848 端口的 Nacos 组件上，相关服务方法的代码如下所示。

```
01  @RequestMapping("/getAccount/{id}")
02  public String getAccount(@PathVariable String id){
03      return "Account Info, id is:"+id;
04  }
```

6.2.2 OpenFeign 调用服务实现代码

在名为 SimpleOpenFeign 的 Maven 项目里，给出了通过 OpenFeign 框架调用上述服务方法的实践要点，该项目的实现步骤如下所示。

步骤 01 在 pom.xml 文件中，通过如下的关键代码引入 Spring Boot、OpenFeign 和 Nacos 的依赖包。

```
01      <dependencies>
02        <dependency>
03          <groupId>org.springframework.boot</groupId>
04          <artifactId>spring-boot-starter-web</artifactId>
05        </dependency>
06        <dependency>
07          <groupId>org.springframework.cloud</groupId>
08  <artifactId>spring-cloud-starter-openfeign</artifactId>
09        </dependency>
10        <dependency>
11          <groupId>com.alibaba.cloud</groupId>
12  <artifactId>spring-cloud-starter-alibaba-nacos-discovery</artifactId>
13        </dependency>
14      </dependencies>
```

在上述代码里，通过第 2 行到第 5 行代码引入 Spring Boot 的依赖包，通过第 6 行到第 9 行代码引入 OpenFeign 的依赖包，通过第 10 行到第 13 行代码引入 Nacos 的依赖包。

步骤 02 在 Spring Boot 的启动类里，通过如下第 7 行的代码引入@EnableFeignClients 注解。

```
01  package prj;
02  import org.springframework.boot.SpringApplication;
```

```
03  import org.springframework.boot.autoconfigure.SpringBootApplication;
04  import org.springframework.cloud.client.discovery.EnableDiscoveryClient;
05  import org.springframework.cloud.openfeign.EnableFeignClients;
06
07  @EnableFeignClients
08  @EnableDiscoveryClient
09  @SpringBootApplication
10  public class SpringBootApp {
11      public static void main(String[] args) {
12          SpringApplication.run(SpringBootApp.class, args);
13      }
14  }
```

由于本项目会从 Nacos 组件中拉取服务方法并调用，所以还要通过如上第 8 行的代码引入 @EnableDiscoveryClient 注解。

步骤 03 在 resources 目录下，创建名为 application.properties 的配置文件，并在其中编写如下的代码。

```
01  server.port=8080
02  spring.cloud.nacos.discovery.server-addr=127.0.0.1:8848
```

在该配置文件里，通过第 1 行代码指定本项目工作在 8080 端口，通过第 2 行代码指定本项目将和工作在 127.0.0.1:8848 的 Nacos 组件交互。

步骤 04 最关键的一步，在 Controller.java 控制器类里，通过 OpenFeign 框架调用远端服务，具体代码如下所示。

```
01  package prj.controller;
02  import org.springframework.beans.factory.annotation.Autowired;
03  import org.springframework.cloud.openfeign.FeignClient;
04  import org.springframework.stereotype.Component;
05  import org.springframework.web.bind.annotation.GetMapping;
06  import org.springframework.web.bind.annotation.PathVariable;
07  import org.springframework.web.bind.annotation.RestController;
08  //OpenFeign 接口
09  @Component
10  @FeignClient(name = "ServiceForOpenFeign")
11  interface Openfeignclient {
12      @GetMapping("/getAccount/{id}")
13      String getAccount(@PathVariable String id);
14  }
15  //在控制器类中使用 OpenFeign 接口
16  @RestController
17  public class Controller {
18      @Autowired
19      private Openfeignclient tool;
20      @GetMapping("/demoOpenFeign/{id}")
21      public String demoOpenFeign(@PathVariable String id) {
22          return tool.getAccount(id);
23      }
24  }
```

上述代码的第 9 行到第 14 行，定义了使用 OpenFeign 框架的接口 Openfeignclient，该接口是被第 10 行的@FeignClient 注解所修饰。通过该注解的 name 参数，指定了该 OpenFeignclient 接口将会调用服务名为 ServiceForOpenFeign，即 ServiceForOpenFeign 项目里的方法。

在该接口第 12 行和第 13 行定义的 getAccount 方法，是以/getAccount/{id}格式的 url 对外提供服务。请注意，这里 getAccount 方法名需要和 ServiceForOpenFeign 项目里对外提供的服务 url 保持一致，即 ServiceForOpenFeign 项目里存在以/getAccount 格式的 url 提供服务的方法。

通过 Openfeignclient 接口，可以看到使用 OpenFeign 框架调用远端服务的一般做法：

- 通过@FeignClient 注解及其中的 name 参数，指定该 OpenFeign 接口将调用的服务名。
- 在 OpenFeign 接口里，调用远端服务的方法名必须和远端提供服务的 url 保持一致。

在基于 OpenFeign 的 Openfeignclient 接口里封装好远程调用的动作后，随后可以在控制器类第 20 行到第 23 行的 demoOpenFeign 方法中，用到了该 Openfeignclient 接口，进行远端调用的动作，具体代码如第 11 行所示。

6.2.3　观察 OpenFeign 的效果

如果不使用 OpenFeign 框架，一般会在控制器类里用如下的代码调用远端服务，从中可以看到 restTemplate 对象和远端服务名等调用细节。

```
01      @RequestMapping("/callFuncByRibbon")
02      public String callFuncByRibbon(){
03          return restTemplate.getForObject("http://ServiceProvider/
    callServiceByRibbon", String.class);
04      }
```

从代码功能角度来分析，在控制器和业务实现等类里，应当编写业务相关的动作，比如调用远端方式以实现某个业务功能，而调用远端方法的细节代码不应该出现。

相比之下，在引入 OpenFeign 框架后，调用的细节会被封装在类似于 Openfeignclient 等接口里，而控制器和业务实现等类是调用 OpenFeign 接口来调用远端方法。在控制器等类中，是看不到远端服务名的细节，这样就能有效地解耦合业务方法和业务实现细节。

完成开发上述项目后，读者可以在启动 Nacos 组件的基础上依次启动 ServiceForOpenFeign 和 SimpleOpenFeign 项目，随后在浏览器里输入 http://localhost:8080/demoOpenFeign/2，此时会触发 SimpleOpenFeign 项目里的 demoOpenFeign 方法，而在该方法里，会通过基于 OpenFeign 框架的 Openfeignclient 接口调用 ServiceForOpenFeign 项目的 getAccount 方法，最终会显示如下的结果：

```
Account Info, id is:2
```

6.2.4　设置超时时间

超时时间的含义是，当通过 OpenFeign 框架调用远端服务方法时，如果因网络等原因导致收不到服务方法的返回时，会在设置的超时时间之后抛出"超时异常"。比如设置的超时时间是 5 秒，那么 OpenFeign 框架会在发出请求 5 秒后，在没收到远端服务返回时，抛出"超时异常"。

合理设置超时时间在项目开发中有着非常重要的意义。比如某微服务项目设置的超时时间过长，是 120 秒，那么在出现网络异常的情况下，该项目会在 120 秒之后才会向用户返回错误信息，这就会让客户等待时间过长，从而导致不好的客户体验。

在使用 OpenFeign 框架访问远端服务时，可以在配置文件里，通过如下的代码来设置超时时间。具体地，是通过第 2 行的代码设置连接的超时时间为 2 秒。

```
#单位是毫秒
feign.client.config.default.connectTimeout=2000
```

在引入上述配置参数后，在使用 OpenFeign 框架调用远端方法时，如果远端方法在 2000 毫秒，即 2 秒内没有返回，就会抛出超时异常。

6.2.5 设置 OpenFeign 的日志级别

在开发和测试环境中，程序员在使用 OpenFeign 框架调用远端服务方法，往往希望通过日志来观察调用的过程，以此来排查问题。

这里将在之前开发的 SimpleOpenFeign 项目里做如下的修改，以此来演示设置 OpenFeign 框架日志级别的做法。

修改点 1，在 application.properties 配置文件里添加如下代码，设置 OpenFeign 框架将输出 DEBUG 级别的日志。

```
logging.level.prj.controller=DEBUG
```

其中 prj.controller 是 Openfeignclient 接口所在的包。日志一般由低到高分为 DEBUG、INFO、WARN 和 ERROR 四个级别，在上文里设置的日志级别为 DEBUG，所以 OpenFeign 框架将输出 DEBUG 及以上（INFO、WARN 和 ERROR）级别的日志。

修改点 2，在 Spring Boot 的启动类里添加如下的配置代码，以设置 OpenFeign 框架输出日志的范围。这里是通过第 5 行的代码，设置输出的日志范围是 FULL。

```
01    @Configuration
02    public class FeignConfig   {
03      @Bean
04      Logger.Level feignLoggerLevel()
05      {   return Logger.Level.FULL;      }
06    }
```

请注意这里是设置输出日志的范围，而在修改点 1 里，设置的是日志的输出级别。在设置输出日志范围的参数时，除了可以设置 FULL 外，还可以设置 NONE、BASIC 和 HEADERS 这三种取值，这些取值的详细说明如表 6.1 所示。

表 6.1 OpenFeign 日志参数一览表

表示日志范围的参数	含　义
NONE	不输出任何日志
BASIC	只输出请求的方法、URL 和状态码，以及执行时间

（续表）

表示日志范围的参数	含　义
HEADERS	除了输出 BASIC 级别的日志外，还会输出请求和响应的头信息
FULL	输出所有的与请求和响应相关的日志信息

完成上述修改后，重启 SimpleOpenFeign 项目，随后在浏览器里再次输入如下请求：http://localhost:8080/demoOpenFeign/2，此时能输出 DEBUG 及以上级别的日志信息，具体效果如图 6.1 所示。

```
INFO 6624 --- [          main] c.n.c.sources.URLConfigurationSource
WARN 6624 --- [          main] c.n.c.sources.URLConfigurationSource
INFO 6624 --- [          main] c.n.c.sources.URLConfigurationSource
INFO 6624 --- [          main] o.s.s.concurrent.ThreadPoolTaskExecutor
INFO 6624 --- [          main] o.s.s.c.ThreadPoolTaskScheduler
INFO 6624 --- [          main] o.s.b.w.embedded.tomcat.TomcatWebServer
INFO 6624 --- [          main] c.a.c.n.registry.NacosServiceRegistry
INFO 6624 --- [          main] prj.SpringBootApp
INFO 6624 --- [nio-8090-exec-2] o.a.c.c.C.[Tomcat].[localhost].[/]
INFO 6624 --- [nio-8090-exec-2] o.s.web.servlet.DispatcherServlet
INFO 6624 --- [nio-8090-exec-2] o.s.web.servlet.DispatcherServlet
```

图 6.1　OpenFeign 框架输出的日志效果图

6.2.6　压缩请求和返回

在使用 OpenFeign 框架进行远端调用场景中，如果能降低传输流量，那么就能有效地提升处理请求的效率。具体地，可以通过在配置文件里编写如下的代码，来压缩请求参数和返回结果。

```
feign.compression.request.enabled=true
feign.compression.response.enabled=true
```

此外，还可以通过如下的代码，指定待压缩请求的最小值，比如这里设置的 4096。也就是说，只有超过这个值的请求才会被压缩，否则该请求不会被压缩。

```
feign.compression.request.min-request-size=4096
```

6.3　实现负载均衡和服务降级

在这部分里，将给出 OpenFegin 整合 Ribbon、Nacos、Sentinel 和 Gateway 组件，以负载均衡的方式调用远端服务的做法，同时引入服务降级的效果。

6.3.1　搭建业务集群

这里将演示用 OpenFeign 框架调用在前文 5.2 节搭建的业务集群的效果，该集群的架构如图 6.2 所示，从中读者能看到，该集群用 Nacos 组件来注册服务，用 Gateway 组件来构建网关。

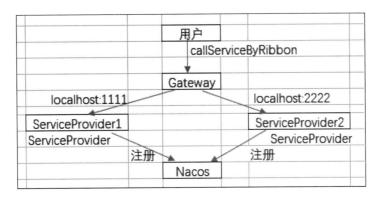

图 6.2　供 OpenFeign 框架调用的业务集群效果图

由于在 5.2 节已经详细描述过该集群，所以这里就不再给出相关代码。通过表 6.2 可以看到该集群中相关项目的说明。

表 6.2　供 OpenFeign 框架调用的业务集群项目说明表

项 目 名	端 口	说 明
ServiceProvider1	1111	业务集群中的节点，以/callServiceByRibbon 格式的 url 提供服务
ServiceProvider2	2222	以/callServiceByRibbon 格式的 url 对外服务
GateWithNacos	8080	网关项目，对外的服务名是 GateWayPrj。该项目以/callServiceByRibbon 格式的 url 提供服务，Gateway 组件会把该请求转发到 ServiceProvider1 和 ServiceProvider2 这两个业务模块

6.3.2　以负载均衡方式调用服务

在 OpenFeignWithRibbon 项目里，给出了通过 OpenFeign 框架以负载均衡的方式调用业务方法的做法。

该项目的 pom.xml 和 Spring Boot 启动类同 6.2 节给出的 SimpleOpenFeign 项目很相似，就不再重复说明了。由于该项目要调用的业务集群项目已经占用了 8080 端口，所以需要在该项目的 application.properties 配置文件里，通过如下的代码设置工作端口为 9090。

```
server.port=9090
```

而在该项目的 Controller.java 控制器类里，通过如下的代码，引入了 OpenFeign 框架，实现了以负载均衡调用远端服务的做法。

```
01  package prj.controller;
02  import org.springframework.beans.factory.annotation.Autowired;
03  import org.springframework.cloud.openfeign.FeignClient;
04  import org.springframework.stereotype.Component;
05  import org.springframework.web.bind.annotation.GetMapping;
06  import org.springframework.web.bind.annotation.RestController;
07  @Component
08  @FeignClient(name = "GateWayPrj")
09  interface Openfeignclient {
10      @GetMapping("/callServiceByRibbon")
```

```
11          String callServiceByRibbon();
12   }
13   @RestController
14   public class Controller {
15       @Autowired
16       private Openfeignclient tool;
17       @GetMapping("/demoOpenFeignWithRibbon")
18       public String demoOpenFeignWithRibbon()  {
19           return tool.callServiceByRibbon();
20       }
21   }
```

在第 7 行到第 12 行定义的 Openfeignclient 接口里，封装了基于 OpenFeign 框架的远端调用代码，通过第 8 行的@FeignClient 注解可以看到该接口会调用服务名为 GateWayPrj 的远端服务，而该服务是由业务集群中 GateWithNacos 项目提供的。

在第 18 行的 demoOpenFeignWithRibbon 方法里，通过调用 Openfeignclient 接口的方法实现了远端调用动作。

6.3.3　观察负载均衡效果

在上述代码里，看不到任何负载均衡的代码，甚至也看不到远端调用的痕迹，这是因为，OpenFeign 框架能有效地封装远端调用乃至负载均衡的实现细节。

但是，OpenFeign 框架通过底层实现代码，事实上确实是以负载均衡的方式发出了远端调用请求，通过如下的步骤，可以观察到相关的效果。

步骤01 启动 Nacos 组件，在此基础上依次启动 ServiceProvider1、ServiceProvider2 和 GateWithNacos 项目，以此来启动业务集群。

步骤02 启动 OpenFeignWithRibbon 项目，启动后在浏览器里多次输入如下请求。

```
http://localhost:9090/demoOpenFeignWithRibbon
```

此时，能在浏览器里交替地看到如下的输出内容，由此能确认，上述请求被 OpenFeign 框架以负载均衡的方式，交替地发送到了业务集群中的不同服务模块上。

```
return in Service1.
return in Service2.
```

在上述范例中，OpenFeign 是用一种透明的方式实现了负载均衡，这也是大多数项目的做法。此外，还可以在 OpenFeignWithRibbon 项目的 application.properties 配置文件里，通过如下的代码指定负载均衡的细节。

```
01   ribbon.NFLoadBalancerRuleClassName=com.netflix.loadbalancer.RoundRibbonRule
02   ribbon.ConnectionTimeout=100
03   ribbon.MaxAutoRetries=3
```

以上通过第 1 行代码指定 Ribbon 组件负载均衡的实现策略，通过第 2 和第 3 行代码指定在负载均衡情况下的连接超时时间和重试次数。

6.3.4 引入服务降级效果

在远端调用的场景中，不能确保远端服务方法一定能正确返回结果。对此，除了要在调用远端方法的客户端合理地设置超时时间之外，还需要制定相应的服务降级策略。这样一旦远端服务出现异常,客户端就能在较短的时间内按预定的降级策略,返回一个用户能接受的结果。

在 OpenFeignWithRibbon 项目里，可以通过如下步骤整合 Sentinel 组件，引入服务降级的效果。

步骤 01 在 pom.xml 文件里，添加如下代码，以引入 Sentinel 的依赖包。

```
01   <dependency>
02      <groupId>com.alibaba.cloud</groupId>
03   <artifactId>spring-cloud-starter-alibaba-sentinel</artifactId>
04   </dependency>
```

步骤 02 application.properties 配置文件里，通过如下代码启用 Sentinel 组件。

```
feign.sentinel.enabled=true
```

步骤 03 在 OpenFeign 框架接口的@FeignClient 注解里，通过引入 fallback 参数，指定服务降级的实现类为 FallbackHandler，相关代码如下所示。

```
01   @Component
02   @FeignClient(name = "GateWayPrj",fallback = FallbackHandler.class)
03   interface Openfeignclient {
04      @GetMapping("/callServiceByRibbon")
05      String callServiceByRibbon();
06   }
```

步骤 04 编写服务降级实现类 FallbackHandler，具体代码如下所示。

```
01   package prj.controller;
02   import org.springframework.stereotype.Component;
03   @Component
04   public class FallbackHandler implements Openfeignclient{
05      public String callServiceByRibbon() {
06         return "In Fallback Function.";
07      }
08   }
```

请注意第4行代码,该类需要实现Openfeignclient这个OpenFeign 提供服务的接口,同时,该类服务降级的实现方法也要叫 callServiceByRibbon，这需要和 OpenFeign 框架里调用远端服务的方法同名。

在第 5 行到第 7 行实现服务降级动作的方法里简单地输出了一句话，在实际项目中，须在其中根据需求，编写"跳转到指定页"或"输出指定信息"等动作。

完成上述修改后，可以在启动 OpenFeignWithRibbon 项目的前提下，停止 GateWithNacos 项目，以此来模拟远端服务不可用的情况。

随后可以在浏览器里输入 http://localhost:9090/demoOpenFeignWithRibbon，此时在浏览器

里看到如下的输出结果，从中读者能看到服务降级的效果。

```
In Fallback Function.
```

对应地，如果把 application.properties 配置文件里的 feign.sentinel.enabled 参数值设置成 false，或者干脆去掉服务降级部分的代码，在远端服务不可用的前提下重启 OpenFeignWithRibbon 项目。

此时如果在浏览器里输入 http://localhost:9090/demoOpenFeignWithRibbon，那么就能看到如图 6.3 所示的错误提示页面，而不是像之前那样看到比较友好的提示信息。通过对比，读者能感受到在 OpenFeign 框架内引入服务降级的必要性。

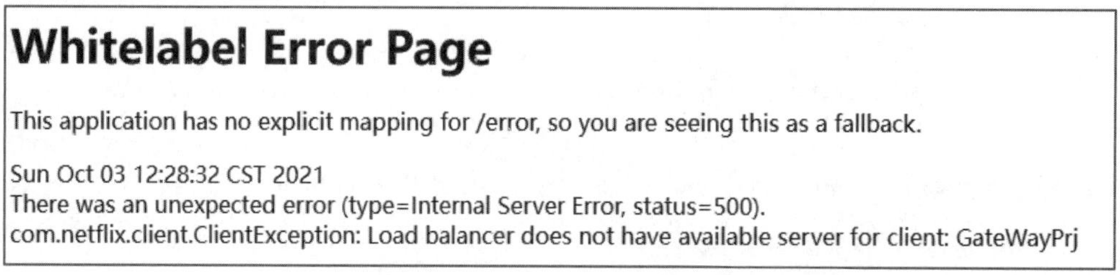

Whitelabel Error Page

This application has no explicit mapping for /error, so you are seeing this as a fallback.

Sun Oct 03 12:28:32 CST 2021
There was an unexpected error (type=Internal Server Error, status=500).
com.netflix.client.ClientException: Load balancer does not have available server for client: GateWayPrj

图 6.3 不包含服务降级效果的错误提示页面

6.4 动 手 练 习

练习 1 使用 OpenFeign 组件实现调用远端服务方法的功能，具体要求如下：

要求一：修改 6.2.1 节给出的 ServiceForOpenFeign 项目，让它工作在 9999 端口，其他代码不变。

要求二：创建名为 MyOpenFeign 的项目，该项目工作在 8888 端口，在该项目中，引入 OpenFeign 框架调用 ServiceForOpenFeign 项目提供的 getAccount 服务。

要求三：启动 ServiceForOpenFeign 和 MyOpenFeign 项目，验证远端调用效果。

练习 2 整合 OpenFeign、Nacos、Gateway、Ribbon 和 Sentinel 组件，在调用远端方法时引入负载均衡和服务降级的效果，具体要求如下：

要求一：修改 6.3.1 节给出的 GateWithNacos 项目，让其工作在 8888 端口，该业务框架中的其他项目代码保持不变。

要求二：创建一个名为 MyOpenFeignWithRibbon 的项目，该项目工作在 9999 端口，在其中通过 OpenFeign 框架，调用 GateWithNacos 项目提供的 callServiceByRibbon 服务。

要求三：设置 MyOpenFeignWithRibbon 项目里，Ribbon 负载均衡的策略为"随机"。

要求四：编写对应的服务降级代码，如果 MyOpenFeignWithRibbon 项目里的 OpenFeign 框架无法调用到远端服务，那么就输出"Could Not Call Remote Method"的字样。

要求五：启动相关组件和相关项目，观察以负载均衡进行远端调用的效果，随后可关闭远端服务，在此基础上观察服务降级的效果。

第7章

远端调用组件 Dubbo

在微服务项目中，除了可以用基于 HTTP 协议的 URL 方式调用远端业务模块的服务外，还可以用 Dubbo 组件调用远端服务，本章提到的 Dubbo 组件是 Spring Cloud Alibaba 体系下的。

Dubbo 是阿里巴巴开发的一款高性能的 RPC（Remote Procedure Call，远端方法调用）服务组件，该组件能在屏蔽远端调用底层细节的前提下，以基于代理的方式，提供高性能的远端调用服务。由于 Dubbo 组件能以二进制数据流的方式传输数据，所以和基于 HTTP 协议的调用方式相比，基于 Dubbo 的远端调用方式，会具有比较高的性能。

7.1 Dubbo 组件概述

如果在微服务项目中引入 Dubbo 远端调用组件，那么部署在不同服务器上的业务模块在进行方法调用时，就像调用本地方法那样简单。也就是说，Dubbo 组件能向远端方法调用者屏蔽远端主机名和网络传输协议等调用细节，从而降低程序员编写远端方法调用的难度。

7.1.1 远端方法调用流程和 Dubbo 组件

在基于 Spring Cloud 的微服务项目中引入 Dubbo 组件后，只要在项目的配置文件里编写少量的配置参数，就能实现"像调用本地方法那样调用远端方法"的效果。

为了实现这一效果，基于 Dubbo 的服务提供者会把服务方法在注册中心里注册，调用远端方法的服务消费者模块会在启动时，从注册中心订阅服务，发起方法调用时，则会从注册中心获取方法的细节。当服务提供者的方法发生变更时，注册中心会感知到并通知服务消费者模块。

如图 7.1 所示，可以看到 Dubbo 组件体系中的底层架构。其中监控中心的作用是统计调用相关的数据，以此来监控远端调用的相关情况，并制定相关的远端调用策略。

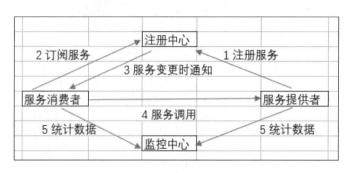

图 7.1　Dubbo 底层架构图

7.1.2　使用 Nacos 作为注册中心

从图 7.1 中给出的 Dubbo 底层架构图中可以看到，服务提供者和服务消费者之间其实是通过注册中心来交互的。注册中心会保存服务提供者的主机地址、端口号、方法名和方法参数等信息，在基于 Spring Cloud Alibaba 体系的微服务项目中，可以使用 Nacos 作为注册中心。

通过前文的学习可以看到，Nacos 是个服务治理组件。Nacos 组件不仅能作为基于 HTTP 服务的注册中心，还能作为基于 RPC 协议的 Dubbo 组件的注册中心。

具体地，当有新的 Dubbo 方法加入或有旧的方法退出时，Nacos 能动态地感知到并对应地更新服务列表，而服务消费者会先到 Nacos 注册中心里查找服务，随后再根据服务提供者注册到 Nacos 里的方法信息调用该方法。

Dubbo 框架整合 Nacos 作为注册中心的效果如图 7.2 所示，在有些场景里为了提升注册中心的可用性，甚至可以用包含多个 Nacos 注册中心的 Nacos 集群来作为 Dubbo 框架里的注册中心。

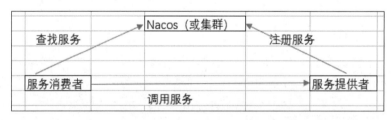

图 7.2　Nacos 同 Dubbo 整合后的效果图

7.1.3　Dubbo 和 HTTP 调用方式的差别

本书之前给出的大多是基于 HTTP 协议的远端调用方法，在这种方法里，服务消费者是以基于 HTTP 协议的 URL 请求调用远端的服务。

一般来说，基于 HTTP 协议的调用方式开发起来比较简单，而且由于在 HTTP 协议的请求头里包含了请求者的信息，所以服务提供者能比较方便地验证服务调用者的身份。

但对应地，如果用 HTTP 协议传输数据，由于 HTTP 请求头等信息会占用一定的网络带宽，可能会出现性能上的损耗，而基于 Dubbo 的远端调用方式一般是以二进制数据流的方式传输请求和返回数据，所以性能上会比较占优。

在实际应用中，如果业务模块间的调用关系不复杂，或者对调用请求的性能要求并不高，那么可以采用基于 HTTP 协议的调用方式，毕竟这种方式比较直接，而且开发起来比较简单。

反之，如果系统里的调用关系比较复杂，那么就可以引入 Dubbo 组件来降低模块间的调用耦合关系。或者，在一些高并发的场景中，由于对服务调用的性能要求比较高，那么也可以引入 Dubbo 组件来提升模块间的调用效率。

7.2 Dubbo 远端调用范例

在本节中，将给出基于 Nacos 的 Dubbo 服务提供者和服务调用者的具体实现范例，从中可以看到用 Spring Cloud Alibaba Dubbo 组件实现远端调用的详细步骤。

7.2.1 编写服务提供者

在基于 Maven 的 DubboProvider 项目中，将用 Dubbo 调用组件，对外提供服务方法，该方法会注册到 Nacos 注册中心，该项目重要实现步骤如下。

步骤 01 在 pom.xml 文件里，通过如下的关键代码，引入 Spring Boot、Dubbo 和 Nacos 组件的依赖包。

```
01  <dependencies>
02    <dependency>
03      <groupId>org.springframework.boot</groupId>
04      <artifactId>spring-boot-starter-web</artifactId>
05    </dependency>
06    <dependency>
07      <groupId>com.alibaba.cloud</groupId>
08  <artifactId>spring-cloud-starter-alibaba-nacos-discovery</artifactId>
09    </dependency>
10    <dependency>
11      <groupId>com.alibaba.cloud</groupId>
12  <artifactId>spring-cloud-starter-dubbo</artifactId>
13    </dependency>
14  </dependencies>
```

其中通过第 2 行到第 5 行代码引入 Spring Boot 的依赖包，通过第 6 行到第 9 行的代码引入 Nacos 的依赖包，通过第 10 行到第 13 行代码引入 Spring Cloud Alibaba 体系中的 Dubbo 的依赖包。

步骤 02 编写 Spring Boot 启动类，具体代码如下。

```
01  package prj;
02  import org.springframework.boot.SpringApplication;
03  import org.springframework.boot.autoconfigure.SpringBootApplication;
04  import org.springframework.cloud.client.discovery.EnableDiscoveryClient;
05  @EnableDiscoveryClient
06  @SpringBootApplication
```

```
07  public class SpringBootApp {
08      public static void main(String[] args) {
09          SpringApplication.run(SpringBootApp.class, args);
10      }
11  }
```

由于本项目需要向 Nacos 组件注册 Dubbo 方法，所以在该启动类里，需要如第 5 行所示，加入@EnableDiscoveryClient 注解。

步骤 03 在 resources 目录下，创建名为 application.properties 的配置文件，在其中编写 Dubbo 和 Nacos 等的配置信息，具体代码如下。

```
01  server.port=8080
02  spring.application.name=DubboProvider
03  nacos.discovery.server-addr=127.0.0.1:8848
04  dubbo.protocol.name=dubbo
05  dubbo.protocol.port=20880
06  dubbo.scan.base-packages=prj.dubbo
07  dubbo.registry.address=nacos://192.168.1.4:8848
```

在本配置文件的第 1 行和第 2 行定义了本项目的工作端口和对外提供服务的项目名，在第 3 行定义了 Nacos 组件的工作地址，在第 4 行和第 5 行定义 Dubbo 协议和 Dubbo 的工作端口，在第 6 行定义了扫描 Dubbo 文件的路径，而在第 7 行定义了 Dubbo 方法的注册路径，从中能看到 Dubbo 方法是注册到了 Nacos 注册中心里。

步骤 04 定义 Dubbo 对外提供服务的接口和实现类。其中接口 DubboService 的代码如下所示，在该接口的第 3 行里，定义了名为 getMsgByDubbo 的方法。

```
01  package prj.dubbo;
02  public interface DubboService {
03      String getMsgByDubbo(String msg);
04  }
```

而该接口的实现类 DubboServiceImpl.java 的代码如下。

```
01  package prj.dubbo;
02  import org.apache.dubbo.config.annotation.Service;
03  @Service
04  public class DubboServiceImpl implements DubboService {
05  public String getMsgByDubbo(String msg){
06          return "Get msg by Dubbo," + msg;
07      }
08  }
```

该实现类被第 3 行的@Service 注解所修饰，从第 2 行 import 语句中能看到，该@Service 注解是 Dubbo 依赖包里的，而不是传统的 Spring Boot 依赖包里的。通过该注解能说明该类中的方法将以 Dubbo 的方式对外提供服务。

在本实现类的第 5 行到第 7 行里，实现了 DubboService 接口里的 getMsgByDubbo 方法。结合启动类的@EnableDiscoveryClient 注解以及配置文件里关于 Nacos 的配置，能看到该方法会注册到工作在 localhost:8848 端口的 Nacos 组件上，以供 Dubbo 调用者项目调用。

7.2.2　编写服务调用者

基于 Maven 的 DubboConsumer 项目将作为服务调用者，调用封装在 DubboProvider 项目里的 Dubbo 方法。

该项目通过 pom.xml 文件，引入 Spring Boot、Dubbo 和 Nacos 组件的依赖包。这部分的代码和 DubboConsumer 项目里 pom.xml 文件里的完全一致，就不再重复给出了。该项目的 Spring Boot 启动类，也和 DubboProvider 项目里的完全一致，也不再重复说明了。

在该项目的 application.properties 配置文件里，通过如下的代码配置了 Dubbo 和 Nacos 等信息。

```
01  server.port=8090
02  spring.application.name=DubboConsumer
03  nacos.discovery.server-addr=127.0.0.1:8848
04  dubbo.cloud.subscribed-services=DubboProvider
05  dubbo.scan.base-packages=prj.dubbo
06  dubbo.registry.address=nacos://192.168.1.4:8848
```

在该配置文件的第 1 行和第 2 行定义了本项目的工作端口和项目名，在第 3 行定义了可以从中订阅 Dubbo 方法的 Nacos 工作端口，在第 4 行定义了本项目将调用 Dubbo 方法所在的项目名，第 5 行定义了 Dubbo 接口的扫描路径。

在 Dubbo 服务调用者 DubboConsumer 项目里，依然需要定义 Dubbo 方法的 DubboService 接口，该接口的代码和 DubboProvider 项目里的完全一致。

在此基础上，可以在 Controller 控制器类里，通过 DubboService 接口，以 Dubbo 的方式调用封装在远端的 getMsgByDubbo 方法。控制器类的代码如下。

```
01  package prj;
02  import org.apache.dubbo.config.annotation.Reference;
03  import org.springframework.web.bind.annotation.GetMapping;
04  import org.springframework.web.bind.annotation.PathVariable;
05  import org.springframework.web.bind.annotation.RestController;
06  import prj.dubbo.DubboService;
07  @RestController
08  public class Controller {
09      @Reference
10      private DubboService dubboService;
11      @GetMapping("/demoDubbo/{msg}")
12      public String demoDubbo(@PathVariable String msg){
13          return dubboService.getMsgByDubbo(msg);
14      }
15  }
```

在该控制器类的第 10 行里，定义了封装 Dubbo 方法的 dubboService 对象，请注意该对象是接口类型。由于该对象被第 9 行的@Reference 注解所修饰，所以 demoDubbo 方法的第 13 行里，能通过该对象调用定义在远端 DubboProvider 项目里的 getMsgByDubbo 方法。

通过上述代码可以看到，在调用端项目里调用远端 Dubbo 方法的一般做法：第一，需要定义包含 Dubbo 方法的接口；第二，需要用@Reference 注解修饰包含 Dubbo 方法的对象，在此基础上可用该 Dubbo 对象调用远端的方法。

7.2.3　定义超时时间和重试次数

在 Dubbo 服务提供者项目和服务调用者项目里，均可以针对 Dubbo 方法定义超时时间和重试次数。在服务提供者项目里，可以在 DubboServiceImpl 类的@Service 注解里定义，相关代码如下。

```
01   @Service(retries = 1,timeout = 1000)
02   public class DubboServiceImpl implements DubboService {
03       public String getMsgByDubbo(String msg){
04           return "Get msg by Dubbo," + msg;
05       }
06   }
```

其中通过第 1 行的代码，定义了 DubboServiceImpl 类里所有方法的重试次数是 1 次，超时时间是 1000 毫秒（即 1 秒）。

这样一来，当远端服务调用者调用该 DubboServiceImpl 类的方法时，如果在 1 秒后还没得到回应，那么远端服务调用者会重试 1 次，如果重试后依然无法在 1 秒内得到回应，那么远端服务调用者会抛出超时异常。

而在服务调用者项目里，可以在控制器 Controller 类的@Reference 注解里定义超时时间和重试次数，相关代码如第 3 行所示。

```
01   @RestController
02   public class Controller {
03       @Reference(retries = 1,timeout = 1000)
04       private DubboService dubboService;
05       @GetMapping("/demoDubbo/{msg}")
06       public String demoDubbo(@PathVariable String msg){
07           return dubboService.getMsgByDubbo(msg);
08       }
09   }
```

这样一来，本服务调用者通过 dubboService 对象调用远端 Dubbo 方法时，如果在 1 秒内无法得到回应，会重试 1 次，重试后依然无法在 1 秒内得到回应的话，本服务调用者的 demoDubbo 方法会抛出超时异常。

在实际项目中，需要根据实际需求合理地设置超时时间，比如在某电商项目中，对外提供服务的最长时间是 2 秒，也就是说，在收到客户请求后，需要在 2 秒内及时回应，即使该请求无法得到处理，那么在 2 秒后也要返回对应的提示。

在该场景里，就需要把所有方法的超时时间设置成小于 2 秒。反之如果超时时间设置过长，就有可能出现客户长时间得不到回应的产线故障，从而导致流失客户。

对于重试次数的设置建议是，可以根据情况对"读"方法设置一次或多次重试，而对"写"方法设置重试次数为 0。

比如针对"读取客户信息"的 Dubbo 读方法，哪怕是重试多次，也不会造成"数据变更"

第 7 章 远端调用组件 Dubbo | 89

等情况，而针对"扣除用户 100 元"等的 Dubbo 写方法，当该方法返回异常时，有可能是该扣钱请求已经被正确地处理，但是由于网络原因导致"扣钱成功"的处理结果没有返回。在这种情况下，如果多次重试，就有可能导致"重复更改数据"的错误结果。

需要注意的是，针对同一个 Dubbo 服务类，可以单独在服务提供端或在服务调用端设置超时时间和重试次数，也可以在两端同时设置。在两端都设置的情况下，会优先使用 Dubbo 服务调用端的设置。

7.2.4 观察远端调用的效果

在编写完基于 Dubbo 的服务提供者和服务调用者项目后，可以通过如下的步骤观察到 Dubbo 远端调用的效果。

步骤01 启动 Nacos 组件，并确保该组件工作在 localhost:8848 端口。

步骤02 通过运行 Spring Boot 启动类启动服务提供者 DubboProvider 项目，启动后，由于该项目会向 Nacos 注册，所以在 Nacos 可视化管理界面的服务列表里，能看到如图 7.3 所示的服务，由此能确认 DubboProvider 成功启动并注册。

图 7.3 DubboProvider 成功向 Nacos 注册的效果图

步骤03 通过运行启动类启动 DubboConsumer 项目，启动后，在浏览器里输入如下 URL 请求。

```
http://localhost:8090/demoDubbo/HelloDubbo
```

该请求会触发 DubboConsumer 项目里控制器类里的 demoDubbo 方法，而该方法会以 Dubbo 的方式调用远端 DubboProvider 项目里的 getMsgByDubbo，最终能在浏览器里输出如下的结果。

```
Get msg by Dubbo,HelloDubbo
```

7.3 注册中心集群和负载均衡

在实际使用 Spring Cloud Alibaba Dubbo 组件进行远端调用的场景里，为了提升注册中心的可用性，一般还会启动 Nacos 集群来作为 Dubbo 的注册中心。

在此基础上，为了应对高并发的挑战，还会把提供相同业务功能的 Dubbo 服务提供模块部署到多台服务器上，这样来自 Dubbo 服务调用者的请求就能以负载均衡的方式，分摊到多个 Dubbo 服务提供模块上。

7.3.1 系统架构和项目说明

本部分将要讲述架构如图 7.4 所示。其中，基于 Dubbo 的服务提供者会被部署在多台服务器上组成服务集群，该服务集群里的业务方法会被注册到有两台 Nacos 注册中心构成的 Nacos 集群上。而服务消费者发出的 Dubbo 调用请求，会以负载均衡的方式被分摊到服务集群中的多个 Dubbo 节点上。

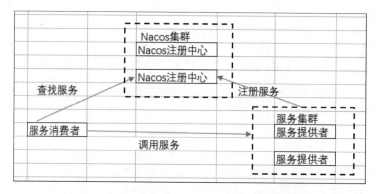

图 7.4　包含注册中心集群和负载均衡效果架构图

请注意，本书为了演示方便，把所有的项目和组件都部署在同一台主机上，只是用端口来区别。

但是在实际项目中，Nacos 集群中的不同 Nacos 注册中心和服务集群中的不同服务提供者模块是部署在不同的服务器上的，这样才能最大程度上确保 Nacos 注册中心的高可用性。同时，部署在不同服务器上的服务提供者也能最大程度地用负载均衡的方式，来应对高并发的挑战。

7.3.2 实现要点分析

本架构所包含的项目和组件如表 7.1 所示，从中可以看到相关项目和组件的名字、工作端口以及相关的说明。

表 7.1　双注册中心和负载均衡框架项目和组件一览表

项目或组件名	工作端口	说　　明
Nacos 注册中心 1	8858	Nacos 集群中的一个节点
Nacos 注册中心 1	8858	Nacos 集群中的另一个节点
DubboProvider	8080	服务集群中的一个节点，向 Nacos 集群注册，以 Dubbo 方式对外提供服务
DubboProvider2	8081	服务集群中的另一个节点，向 Nacos 集群注册，以 Dubbo 方式对外提供服务

（续表）

项目或组件名	工作端口	说　　明
DubboConsumer	8090	服务调用者项目，向 Nacos 集群注册，该项目发出的请求会被均摊到 DubboProvider 和 DubboProvider2 项目上

该架构的实现要点如下。

步骤01 按本书 2.4 节所述，搭建 Nacos 集群。搭建完成后，该集群中包含的两个 Nacos 注册中心分别工作在本机 8858 和 8868 端口。

步骤02 适当修改 7.2.1 节给出的 DubboProvider 项目。

该项目的 pom.xml 文件、启动类、提供服务的 Dubbo 接口和 Dubbo 实现方法不做改动，但是需要修改 appliction.properties 配置文件中的 Dubbo 相关参数，修改后的代码如下。

```
01  spring.application.name=DubboProvider
02  server.port=8080
03  dubbo.protocol.name=dubbo
04  dubbo.protocol.port=20880
05  dubbo.scan.base-packages=prj.dubbo
06  dubbo.registry.address=nacos://192.168.1.4:8858?backup=192.168.1.4:8868
07  spring.cloud.nacos.discovery.server-addr=http://192.168.1.4:8858,http://1
    92.168.1.4:8868
```

其中前 5 行的代码不改，在第 6 行里把 Dubbo 的注册到 Nacos 的地址修改为 Nacos 集群，在第 7 行里把本项目的 Nacos 注册地址也修改成 Nacos 集群。

步骤03 在实际项目中，应当是把相同的 DubboProvider 项目部署到不同的服务器上，以此实现服务集群的效果。

但是这里为了在同一台机器上服务集群，需要在 DubboProvider 项目的基础上，创建 DubboProvider2 项目。

DubboProvicer2 项目和 DubboProvider 项目很相似，只是需要在 application.properties 配置文件中，改写工作端口和 Dubbo 端口，修改后的配置文件如下。

```
01  spring.cloud.nacos.discovery.server-addr=http://192.168.1.4:8858,
    http://192.168.1.4:8868
02  spring.application.name=DubboProvider
03  server.port=8081
04  dubbo.protocol.name=dubbo
05  dubbo.protocol.port=20885
06  dubbo.scan.base-packages=prj.dubbo
07  dubbo.registry.address=nacos://192.168.1.4:8858?backup=192.168.1.4:8868
```

其中通过第 3 行代码修改工作端口，通过第 5 行代码修改 Dubbo 端口，其他代码和 DubboProvider 项目的 application.properties 文件里的完全一致。

同时，为了区分 DubboProvicer2 项目 Dubbo 方法的输出，需要适当修改 getMsgByDubbo 方法的 return 语句，修改后的代码如下。

```
01  public String getMsgByDubbo(String msg){
02    return "Get msg by Another Dubbo," + msg;
03  }
```

步骤 04 适当修改 7.2.2 节给出的服务调用项目 DubboConsumer。该项目的 pom.xml、启动类、Dubbo 接口和控制器类不做修改，但是需要修改 application.properties 配置文件里关于 Dubbo 的配置，修改后的代码如下所示。

```
01  server.port=8090
02  spring.application.name=DubboConsumer
03  spring.cloud.nacos.discovery.server-addr=http://192.168.1.4:8858,http://1
    92.168.1.4:8868
04  dubbo.cloud.subscribed-services=DubboProvider
05  dubbo.scan.base-packages=prj.dubbo
```

其中通过第 3 行代码说明本项目将从 Nacos 集群中拉取 Dubbo 方法。

7.3.3 观察负载均衡和高可用效果

完成上述代码后，启动 Nacos 集群中的两个注册中心、DubboProvider、DubboProvider2 和 DubboConsumer 项目，随后可在浏览器里多次输入 http://localhost:8090/demoDubbo/HelloDubbo，此时能在浏览器中交替看到如下的输出。

```
Get msg by Dubbo,HelloDubbo
Get msg by Another Dubbo,HelloDubbo
```

从上述结果中能看到，通过 DubboConsumser 项目控制器类发出的 Dubbo 服务方法调用请求，会被交替地发送到 DubboProvider 和 DubboProvider2 项目上，由此能看到负载均衡的效果。

此时可以关闭一个 Nacos 注册中心，以此来模拟单个注册中心失效的情况。关闭后如果继续在浏览器里多次输入 http://localhost:8090/demoDubbo/HelloDubbo 请求，此时依然能看到正确的输出，由此能看到高可用的效果。

7.3.4 设置 Dubbo 负载均衡方式

如果 Dubbo 服务提供者部署在多个服务主机上，那么可以在 Dubbo 的服务提供端，通过在 @Service 注解里添加 loadbalance 参数，来设置 Dubbo 负载均衡的方式，相关代码如第 1 行所示。

```
01  @Service(loadbalance = "random")
02  public class DubboServiceImpl implements DubboService {
03    public String getMsgByDubbo(String msg){
04      return "Get msg by Dubbo," + msg;
05    }
06  }
```

而在 Dubbo 的服务调用端里，可以通过在 @Reference 注解里添加 loadbalance 参数来设置负载均衡的方式，相关代码如第 3 行所示。

```
01  @RestController
02  public class Controller {
03      @Reference(loadbalance = "random")
04      private DubboService dubboService;
05      @GetMapping("/demoDubbo/{msg}")
06      public String demoDubbo(@PathVariable String msg){
07          return dubboService.getMsgByDubbo(msg);
08      }
09  }
```

如果针对同一个 Dubbo 方法，在 Dubbo 服务提供端和服务调用端均通过 loadbalance 参数设置了负载均衡的方式，且两种方式有冲突，那么会采用在服务调用端的设置。常用的负载均衡参数及其含义，如表 7.2 所示。

表 7.2　常用的 Dubbo 负载均衡参数说明表

负载均衡参数	说　　明
random	以随机的方式实现负载均衡，如果不设置 loadbalance 参数，默认会采用这种负载均衡方式
roundrobin	以轮询的方式实现负载均衡
consistenthash	以 Hash 一致性的方式实现负载均衡，这样包含相同参数的 Dubbo 请求总会发到同一个服务提供者

7.4　整合 Sentinel 引入安全防护

在引入 Spring Cloud Alibaba 体系中的 Dubbo 组件实现远端调用时，同时可以整合 Sentinel 组件以实现各种安全防护措施。具体地，可以在 Dubbo 的服务提供端实现限流、熔断和服务降级等，而在服务调用端实现服务降级。

7.4.1　服务提供端的限流和熔断

在 Dubbo 的服务提供端，可以引入限流和熔断等安全防护措施。这里将在 7.2.1 节给出的 DubboProvider 项目基础上，改造出一个新的名为 ProviderWithSentinel 的 Dubbo 服务提供者项目，在其中通过整合 Sentinel 引入限流和熔断等安全防护措施。该项目的开发步骤如下。

步骤 01 在该项目的 pom.xml 文件里，通过如下的关键代码引入 Spring Boot、Dubbo、Nacos 和 Sentinel 相关的依赖包。

```
01  <dependencies>
02      <dependency>
03          <groupId>org.springframework.boot</groupId>
04          <artifactId>spring-boot-starter-web</artifactId>
05      </dependency>
06      <dependency>
07          <groupId>com.alibaba.cloud</groupId>
08  <artifactId>spring-cloud-starter-alibaba-nacos-discovery</artifactId>
```

```
09        </dependency>
10        <dependency>
11            <groupId>com.alibaba.cloud</groupId>
12    <artifactId>spring-cloud-starter-dubbo</artifactId>
13        </dependency>
14        <dependency>
15            <groupId>com.alibaba.cloud</groupId>
16    <artifactId>spring-cloud-starter-alibaba-sentinel</artifactId>
17        </dependency>
18    </dependencies>
```

步骤02 在该项目的 application.properties 配置文件中，编写 Dubbo、Sentinel 和 Nacos 相关配置参数，代码如下。

```
01    nacos.discovery.server-addr=127.0.0.1:8848
02    spring.application.name=DubboProvider
03    server.port=8080
04    dubbo.protocol.name=dubbo
05    dubbo.protocol.port=20880
06    dubbo.scan.base-packages=prj.dubbo
07    dubbo.registry.address=nacos://127.0.0.1:8848
08    spring.cloud.sentinel.transport.port=9000
09    spring.cloud.sentinel.transport.dashboard=localhost:8090
```

该配置文件的前 7 行代码和 DubboProvider 项目里的完全一致，通过这些配置代码，该项目能把 Dubbo 方法注册到工作在本地 8848 端口的 Nacos 组件上。

该文件通过第 8 行和第 9 行的代码，设置了和 Sentinel 组件的交互方式。具体地，是通过 9000 端口和 Sentinel 组件交互数据，通过 8090 端口和 Sentinel 控制台交互。

步骤03 编写 Spring Boot 启动类，该启动类的代码和 DubboProvider 项目里的完全一致，就不再重复说明了。

步骤04 编写 Dubbo 接口和实现类，其中 Dubbo 接口 DubboService 类的代码如下。

```
01    package prj.dubbo;
02    public interface DubboService {
03        String getMsgByDubbo(String msg);
04    }
```

而在该接口的实现类 DubboServiceImpl 的 Dubbo 方法上，会通过@SentinelResource 注解来定义限流和熔断等安全措施，具体代码如下。

```
01    package prj.dubbo;
02    import com.alibaba.csp.sentinel.annotation.SentinelResource;
03    import org.apache.dubbo.config.annotation.Service;
04    @Service
05    public class DubboServiceImpl implements DubboService {
06        @SentinelResource(value = "demoForDubbo")
07        public String getMsgByDubbo(String msg){
08            return "Get msg by Dubbo," + msg;
09        }
10    }
```

　　请注意第 6 行修饰 getMsgByDubbo 方法的@SentinelResource 注解，通过该注解，会给 getMsgByDubbo 方法定义名为 demoForDubbo 的标识符，根据该标识符，可以在 Sentinel 控制台为该 Dubbo 服务方法定义限流和熔断等防护措施。

　　完成上述代码后，启动 Nacos 组件，并通过如下的命令启动 Sentinel 控制台。

```
java -Dserver.port=8090 -jar sentinel-dashboard-1.8.2.jar
```

　　在确保 Nacos 组件成功地在本机 8848 端口运行和 Sentinel 控制台成功地在本机 8090 端口运行的基础上，通过运行 Spring Boot 启动类启动 ProviderWithSentinel 项目。

　　成功启动 ProviderWithSentinel 项目后，由于 Sentinel 控制台采用的是懒加载机制，需要调动 ProviderWithSentinel 项目中 getMsgByDubbo 方法以后，才能在 localhost:8090 所在的 Sentinel 控制台里看到针对 ProviderWithSentinel 项目的配置菜单项目，具体如图 7.5 所示。

　　在图 7.5 里，可以单击"流控规则"菜单，为 getMsgByDubbo 这个 Dubbo 服务方法设置限流，设置限流的界面如图 7.6 所示。

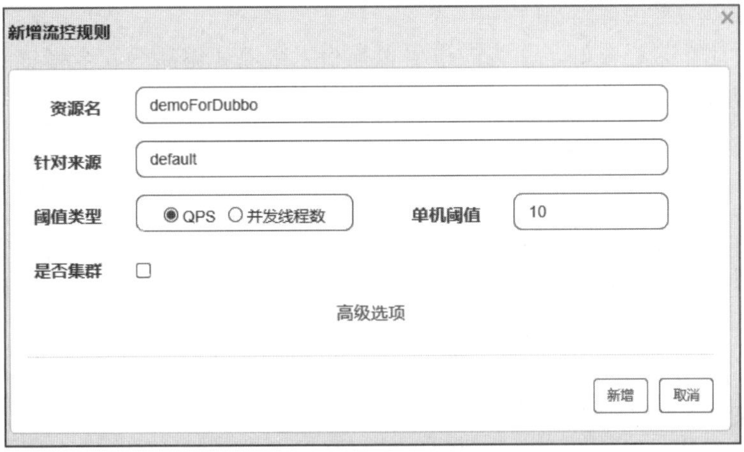

图 7.5　包含 DubboProvider 项目的 Sentinel 控制台效果图

图 7.6　针对 Dubbo 方法设置限流的效果图

　　其中，资源名文本框需要填写通过@SentinelResource 注解所定义的 getMsgByDubbo 方法标识符，阈值类型可以选 QPS，单机阈值可以写 10，这样就能实现"针对每个调用客户端每秒限流 10 次"的效果。

　　此外，还可以通过单击图 7.5 中的"熔断规则"菜单来设置熔断，相关界面如图 7.7 所示。通过该界面设置的熔断效果是，当 10 秒内的请求数大于 100 个，并且出现异常的请求数量超过 10 个时，会触发时长为 5 秒的熔断。

　　在为时 5 秒的熔断时间内，发向 getMsgByDubbo 方法的请求会被快速失效，5 秒过后，Sentinel 组件会再次判断，如果再次达到熔断条件，则会再次熔断 5 秒。

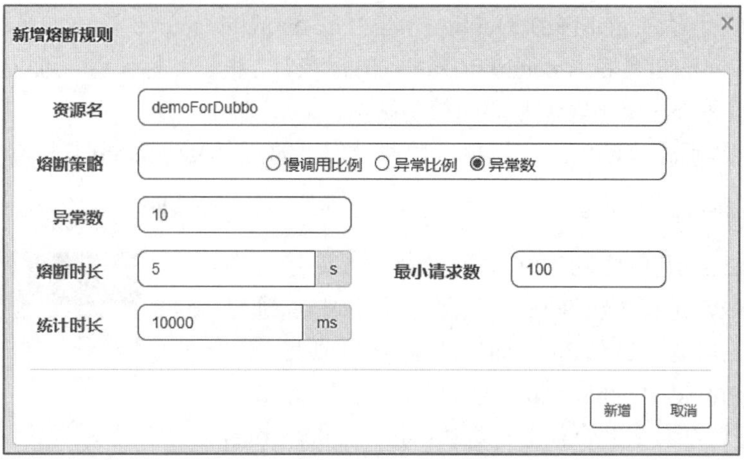

图 7.7　针对 Dubbo 方法设置熔断的效果图

7.4.2　服务提供端的服务降级

针对 getMsgByDubbo 方法引入限流和熔断等安全措施后，如果访问量超过限流上限，或者发生异常的请求数量过多达到熔断标准，此时发向 getMsgByDubbo 方法的请求会快速失效，即发起调用的客户端直接得到 00 错误。

但这样做对用户未必友好，作为改进可以在引入限流和熔断等安全措施的基础上，同时再引入服务降级措施，相关代码如下。

```
01  //省略必要的 package 和 import 代码
02  @Service(retries = 1,timeout = 1000)
03  public class DubboServiceImpl implements DubboService {
04      @SentinelResource(value = "demoForDubbo",fallback
    ="handleDubboException")
05      public String getMsgByDubbo(String msg){
06          return "Get msg by Dubbo," + msg;
07      }
08      public String handleDubboException() {
09          return "handler Dubbo Exception";
10      }
11  }
```

具体地，是在 getMsgByDubbo 方法的@SentinelResource 注解里加入 fallback 参数，通过 fallback 参数指定服务降级的实现方法，而具体的服务降级实现方法 handleDubboException 如第 8 行到第 10 行所示。

在引入服务降级措施后，一旦发向 getMsgByDubbo 方法的请求被限流或被熔断后，会如第 9 行的 return 语句所示，向调用方返回提示信息，而不是返回 500 错误页面。

7.4.3　服务调用端的服务降级

除了可以在 Dubbo 的服务提供端引入服务降级措施外，还可以在服务调用端引入服务降级措施。具体是在名为 ConsumerWithFallback 的 Dubbo 服务调用端实现服务降级，与该项目所对应的提供 Dubbo 服务的项目是 7.4.1 节创建的 ProviderWithSentinel 项目。

ConsumerWithFallback 该项目是在 7.2.2 节给出的 DubboConsumer 项目基础上改写而成，不过有如下的差别。

差别一，由于 DubboConsumer 工作的 8090 端口被 Sentinel 控制台占用了，所以 DubboConsumer 项目会通过 application.properties 配置文件中的如下代码，设置工作端口是 8888。

```
server.port=8888
```

差别二，需要在控制器类 Controller.java 里引入服务降级的措施，具体代码如下。

```
01  package prj;
02  import org.apache.dubbo.config.annotation.Reference;
03  import org.springframework.web.bind.annotation.GetMapping;
04  import org.springframework.web.bind.annotation.PathVariable;
05  import org.springframework.web.bind.annotation.RestController;
06  import prj.dubbo.DubboService;
07  @RestController
08  public class Controller {
09      @Reference(mock = "prj.dubbo.MockDubboService")
10      private DubboService dubboService;
11      @GetMapping("/demoDubbo/{msg}")
12      public String demoDubbo(@PathVariable String msg){
13          return dubboService.getMsgByDubbo(msg);
14      }
15  }
```

通过第 9 行代码在修饰 dubboService 对象的@Reference 注解里加入 mock 参数，指定服务降级的实现类。

服务降级的实现类 MockDubboService.java 的具体代码如下。

```
01  package prj.dubbo;
02  public class MockDubboService implements DubboService {
03      public String getMsgByDubbo(String msg){
04          return "Fail In Dubbo Consumer";
05      }
06  }
```

该服务降级实现类需要实现 DubboService 接口，同时重写该接口里的 getMsgByDubbo 方法，只需要在 getMsgByDubbo 方法里加入服务降级的相关代码。

完成开发 ConsumerWithFallback 项目后，可以在确保提供 Dubbo 服务的 ProviderWithSentinel 项目处于工作状态的同时启动 ConsumerWithFallback 项目。

启动后，如果在浏览器里输入 http://localhost:8888/demoDubbo/HelloDubbo，可以看到如下的输出结果，这说明 Dubbo 服务调用正常。

```
Get msg by Dubbo,HelloDubbo
```

但如果关闭提供 Dubbo 服务的 ProviderWithSentinel 项目，以此来模拟 Dubbo 业务模块出现故障的场景，此时如果再输入 http://localhost:8888/demoDubbo/HelloDubbo 请求，就能看到输出"Fail In Dubbo Consumer"字样，由此能确认在调用端的服务降级效果。

7.4.4 Dubbo 的安全措施分析

这里来归纳一下在实际项目中 Dubbo 相关安全措施的实施要点。

第一，一般会在 Dubbo 服务提供端引入限流和熔断等措施，这样可以保护以 Dubbo 形式提供服务的相关业务模块。而限流和熔断等措施一般是针对提供服务的 Dubbo 业务模块，所以一般不会在 Dubbo 的服务调用端引入限流和熔断等措施。

第二，可以同时在服务提供端和服务调用端引入服务降级措施，在引入降级措施时，也应当合理指定超时时间。这样一旦当服务端无法按时完成任务，或调用端无法在指定时间内得到结果，就会对应地触发服务降级措施，以免出现过长时间等待的情况。

第三，可以同时在服务提供端和服务调用端为 Dubbo 方法设置重试次数，一般来说，"读"方法的重试次数可以设置成 1 次或多次，而"写"方法的重试次数一般设置为 0，相关原因在7.2.3 节已经做了分析。

7.5 动 手 练 习

练习 1 按如下的要求编写基于 Dubbo 的服务提供者和服务调用者项目，并观察基于 Dubbo 的远端调用效果，具体要求如下：

要求一：修改 7.2.1 节给出的 DubboProvider 项目，让它工作在 6666 端口，同时设置 getMsgByDubbo 方法的返回信息为"My Dubbo msg is:" + msg;"，其他代码保持不变。

要求二：修改 7.2.2 节给出的 DubboConsumer 项目，让它工作在 7777 端口，同时通过改写@Reference 注解，在服务调用端设置超时时间为 1 秒，重试次数是 0 次，其他代码不变。

要求三：确保 DubboProvider 和 DubboConsumer 项目都注册到工作在 localhost:8858 和 localhost:8868 的 Nacos 集群上。

要求四：启动 DubboProvider 和 DubboConsumer 项目，通过在浏览器中输入请求，验证基于 Dubbo 的远端调用效果。

要求五：关闭 Nacos 集群中工作在 localhost:8858 端口的 Nacos 节点，同时再次发起 Dubbo 调用，以此来验证高可用的 Dubbo 远端调用效果。

练习 2 按如下的要求，在 Dubbo 框架内引入限流和服务降级等安全防护措施。

要求一：修改 7.4.1 节给出的 ProviderWithSentinel 项目，把通过@SentinelResource 注解定义的 getMsgByDubbo 方法的 Sentinel 标识符改成"SentinelForMyDubbo"，其他代码不变。

要求二：在 Sentinel 控制台里，为 getMsgByDubbo 方法设置"针对每个调用客户端每秒限流 5 次"的限流效果。

　　要求三：修改 7.4.3 节给出的 ConsumerWithFallback 项目，在 Dubbo 服务调用端引入如下的服务降级效果：一旦该服务调用项目无法成功调用到 ProviderWithSentinel 项目提供的 getMsgByDubbo 方法，则输出"Try Again After 1 Minute"的字样。

　　要求四：启动 Nacos 和 Sentinel 控制台，同时启动 ProviderWithSentinel 和 ConsumerWithFallback 项目，先观察正常的 Dubbo 远端调用的情况，随后终止 ProviderWithSentinel 项目，模拟 Dubbo 服务方法失效的场景，在此基础上观察 Dubbo 服务调用端的服务降级效果。

第 8 章

Spring Cloud Steam 整合消息中间件

消息中间件是一种和业务无关的，用来存储和传递消息的第三方组件。在实际项目中，消息中间件通常用来实现异步通信和流量削峰等方面的需求。在本章里，将会讲述 RocketMQ 和 RabbitMQ 这两种消息中间件。

在基于 Spring Cloud Alibaba 体系的微服务项目中，可以采用 Spring Cloud Steam 整合消息中间件的方式来搭建消息通信框架。其中，可以用 Spring Cloud Steam 封装消息中间件的底层细节，这样可确保程序员在开发消息通信功能的过程中更多地关注业务动作，而无须关注消息传递的实现细节。

8.1　消息中间件与 Spring Cloud Stream 框架

消息中间件一般是指一种发送消息的组件，比如 RocketMQ 或 RabbitMQ。在消息中间件中，一般会包含消息队列来缓存消息，而应用程序中的诸多业务模块可以通过消息中间件来发送消息。

Spring Cloud Steam 是微服务中搭建消息通信的框架，该消息通信框架可进一步封装消息中间件中消息通信的底层细节。通过整合 Spring Cloud Stream 和消息中间件，程序员能用一种平台无关的方式来开发基于消息通信的业务需求。

8.1.1　RocketMQ 消息中间件

RocketMQ 是阿里巴巴公司开源的消息中间件，使用这款消息中间件构建的系统在多次"双十一"活动中，展示出了优异的特性，该组件的部署结构图如图 8.1 所示。

从图 8.1 中可以看到，多个 RocketMQ 消息生产模块可以构成生产者集群，而多个消息消费者可以构成消费者集群。

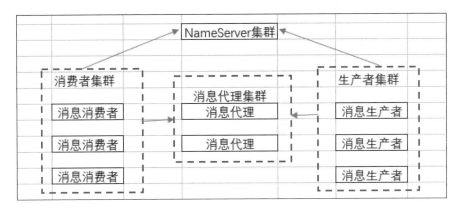

图 8.1　RocketMQ 部署结构图

NameServer 集群非常类似微服务体系中的 Nacos，能起到服务注册和服务发现的作用。生产者集群中的节点向 NameServer 集群中注册消息主题，而消费者集群中的节点则从 NameServer 集群中订阅消息主题，这样消息消费者就可以低耦合的方式，高效地获取到消息生产者发出来的消息。

在 RocketMQ 相关的集群中，消息代理（Broker）集群起到缓存消息的作用。具体地，消息生产者发向消息消费者的消息先被发送到消息代理集群,消息代理集群随后根据消息的主题，把消息发送到对应的消费者上。这样 RocketMQ 消息中间件就实现了消息的异步处理和流量削峰等动作。

8.1.2　RabbitMQ 消息中间件

RabbitMQ 是一款基于 Erlang 语言的消息中间件，它可部署和运行在 Windows、Linux 和 macOS 等操作系统上。

在 RabbitMQ 消息中间件组件中，不仅包含了缓存消息的消息队列，还封装了诸如发送消息和接收消息等方法 针对消息队列操作的诸多方法。

从工作方式来看,RabbitMQ 消息中间件在通信时采用了 AMQP（Advanced Message Queue，高级消息队列协议）协议，所以具有较强的稳定性。

从宏观角度来看，RabbitMQ 和相关业务模块的关系如图 8.2 所示。其中消息发送模块和消息接收模块可以通过 RabbitMQ 中间件封装的方法进行交互，而消息发送模块发出的消息经由消息队列缓存后再发送到消息接收模块，这样就实现了消息异步通信的效果。

图 8.2　消息队列、消息中间件和相关模块的对应关系图

8.1.3 Spring Cloud Steam 封装消息中间件

Spring Cloud Stream 是微服务体系中的消息驱动框架，引入消息驱动框架的目的是在消息中间件的基础上进一步向程序员屏蔽消息通信的底层细节。

如图 8.3 所示，可以看到 Spring Cloud Steam 同消息中间件的关系。

其中，Spring Cloud Stream 框架通过绑定器和 RocketMQ 和 RabbitMQ 等消息中间件交互。在引入 Spring Cloud Stream 框架后，程序员在实现消息通信的业务功能时，甚至可以不用关心底层的消息中间件，也不用关心消息中间件内部的消息队列等实现细节。

也就是说，在基于 Sprign Cloud Stream 框架的微服务项目中，哪怕更改了实现具体通信功能的消息中间件，和消息通信相关的业务代码也不会受到影响，这样就最大程度地向开发消息通信业务代码的程序员屏蔽了底层的实现细节。

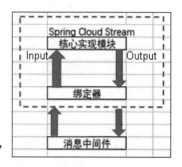

图 8.3　Spring Cloud Stream 和消息中间件的关系图

8.2　Spring Cloud Stream 整合 RocketMQ

本节将给出 Spring Cloud Stream 框架整合 RocketMQ 消息中间件的范例，从中读者不仅可以了解整合后的框架，还能了解基于这种框架开发消息通信业务的实践要点。

8.2.1 搭建 RocketMQ 环境

在开发 Spring Cloud Stream 整合 RocketMQ 的代码前，可以先通过如下的步骤搭建 RocketMQ 中间件的运行环境。

步骤 01 到 http://rocketmq.apache.org/release_notes/release-notes-4.3.0/的下载页面下载 RocketMQ 的 Binary 安装包（这里如果下载的是 "Source" 资源文件也可以，但需要自行编译资源文件），为了方便起见，请直接下载 Binary 安装包。

请注意本章下载的是 4.3.0 版本，读者也可以根据实际情况自行下载其他版本，下载后可把该 Binary 安装包解压到本地目录，比如 D:\env\rocketmq-all-4.2.0-bin-release 目录。

步骤 02 在系统环境变量中，新增一个名为 ROCKETMQ_HOME 的环境变量，该变量对应于 RocketMQ 安装包的解压目录，比如 D:\env\rocketmq-all-4.2.0-bin-release。

步骤 03 打开一个命令行窗口，在其中进入到 RocketMQ 解压目录的 bin 子目录，比如 D:\env\rocketmq-all-4.2.0-bin-release\bin，在其中运行命令 start mqnamesrv.cmd 命令，以启动 RocketMQ 中间件的 Name Server。

> **注意** RocketMQ 一般运行在 JDK 1.8 的环境中，如果运行在 1.9 以及更高版本的环境中，可能会出现问题。

步骤04 再开启一个命令行窗口，同样进入到 RocketMQ 解压目录的 bin 子目录，在其中运行 start mqbroker.cmd -n 127.0.0.1:9876 autoCreateTopicEnable=true 命令启动消息代理，其中 9876 是消息代理的默认工作端口。

步骤05 进入到如下的 github 路径，下载 RocketMQ 的控制台项目。

```
https://github.com/apache/rocketmq-externals/tree/release-rocketmq-console-1.0.0
/rocketmq-console
```

下载完成后，进入到 rocketmq-console 项目的 src\main\resources 路径，打开 application.properties 文件，通过改写如下的代码，把 RocketMQ 控制台的工作端口改成 8088。

```
server.port=8088
```

由于 Spring Boot 项目的默认工作端口是 8080，所以这里可以把 RocketMQ 控制台的工作端口改成 8088。改好以后，可以通过命令行窗口，在 rocketmq-console 目录里运行如下的 Maven 命令，以生成 RocketMQ 控制台的 jar 包。

```
mvn clean package -Dmaven.test.skip=true
```

运行完上述 java 命令后，能在 target 目录下找到 rocketmq-console-ng-1.0.0.jar 文件，在该文件所在的路径中运行 java -jar rocketmq-console-ng-1.0.0.jar 命令启动该 jar 包，随后再到浏览器里输入 http://127.0.0.1:8088/#/，其中 8088 是 RocketMQ 控制台的工作端口。如果能看到如图 8.4 所示的效果，则说明 RocketMQ 消息中间件以及控制台均成功启动。

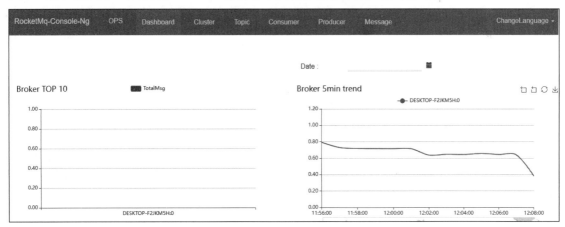

图 8.4　RocketMQ 消息中间件控制台的效果图

8.2.2　整合后的消息框架图

本小节给出的 Spring Cloud Stream 整合 RocketMQ 的框架如图 8.5 所示。从中可以看到，由 RocketMQSender 项目发出的消息，会被 Spring Cloud Stream 框架发送给 RocketMQReceiver 项目。

从图 8.5 中可以看到，消息的传递工作事实上是由 RocketMQ 消息中间件完成的，但是如果读者阅读后文给出的代码会发现，不论是在发送消息的 RocketMQSender 项目里，还是在接收消息的 RocketMQReceiver 项目里，均看不到 RocketMQ 中间件中的发送消息的相关细节。

图 8.5　Spring Cloud Stream 整合 RocketMQ 的框架图

8.2.3　编写消息发送者项目

名为 RocketMQSender 的 Maven 项目承担了消息发送者的角色，该项目的开发步骤如下。

步骤 01　在 pom.xml 文件中，引入 Spring Cloud Stream 整合 RocketMQ 的依赖包，关键代码如下。

```
01   <dependencies>
02     <dependency>
03       <groupId>org.springframework.boot</groupId>
04       <artifactId>spring-boot-starter-web</artifactId>
05     </dependency>
06     <dependency>
07       <groupId>com.alibaba.cloud</groupId>
         <artifactId>spring-cloud-starter-stream-rocketmq</artifactId>
08     </dependency>
09   </dependencies>
```

其中，通过第 2 行到第 5 行代码引入 Spring Boot 依赖包，通过第 6 行到第 8 行代码引入 Spring Cloud Stream 整合 RocketMQ 的依赖包。

步骤 02　编写 Spring Boot 启动类，在启动类中，需要像如下第 6 行所示，用 @ EnableBinding 注解说明在本项目中的消息发送类是 MsgSender.java，同时还指定将采用 Spring Cloud Stream 框架提供的 Source 接口来发送消息。

```
01   package prj;
02   import org.springframework.boot.SpringApplication;
03   import org.springframework.boot.autoconfigure.SpringBootApplication;
04   import org.springframework.cloud.stream.annotation.EnableBinding;
05   import org.springframework.cloud.stream.messaging.Source;
06   @EnableBinding(value = {MsgSender.class, Source.class})
07   @SpringBootApplication
08   public class SpringBootApp {
```

```
09        public static void main(String[] args) {
10            SpringApplication.run(SpringBootApp.class, args);
11        }
12    }
```

步骤 03　在 resources 目录里，添加名为 application.properties 的配置文件，在其中编写和发送消息相关的 Spring Cloud Stream 等参数，具体代码如下。

```
01    spring.application.name=RocketMQSender
02    server.port=8085
03    spring.cloud.stream.rocketmq.binder.name-server=127.0.0.1:9876
04    spring.cloud.stream.bindings.output.destination=myChannel
05    spring.cloud.stream.bindings.output.group=mySenderGroup
```

其中，通过第 1 行和第 2 行代码指定本项目的名字和工作端口，通过第 3 行代码指定 Spring Cloud Stream 框架的 name server，该参数值需要和 RocketMQ 中间件的 name server 工作端口保持一致；通过第 4 行和第 5 行代码指定了 Spring Cloud Stream 框架的输出通道和输出工作组。

步骤 04　编写消息发送类 MsgSender.java，代码如下。

```
01    package prj;
02    import org.springframework.beans.factory.annotation.Autowired;
03    import org.springframework.cloud.stream.annotation.EnableBinding;
04    import org.springframework.cloud.stream.annotation.Output;
05    import org.springframework.cloud.stream.messaging.Source;
06    import org.springframework.messaging.MessageChannel;
07    import org.springframework.messaging.support.MessageBuilder;
08    @EnableBinding(Source.class)
09    public class MsgSender {
10        @Autowired
11        @Output(Source.OUTPUT)
12        private MessageChannel channel;
13        //发送 Student 对象类消息
14        public void sendObj(Student student) {
15    channel.send(MessageBuilder.withPayload(student).build());
16        }
17    }
```

该消息发送类同样需要用第 8 行的@EnableBinding 注解来修饰，通过该修饰，能指定本类将采用 Spring Cloud Stream 框架的 Source 类来作为底层消息发送类。

通过第 14 行定义的 sendString 方法，封装发送 Student 类型消息的动作。在这个方法里，通过第 12 行创建的 channel 对象来发送消息。

步骤 05　编写控制器类 Controller.java，在其中调用 MsgSender 类中的方法发送消息，具体代码如下。

```
01    package prj;
02    import org.springframework.beans.factory.annotation.Autowired;
03    import org.springframework.web.bind.annotation.RequestMapping;
04    import org.springframework.web.bind.annotation.RestController;
05    import java.io.Serializable;
06    class Student implements Serializable {
```

```
07        private int id;
08        private String name;
09        //封装针对 id 和 name 的 getter 和 setter 方法
10    }
11    @RestController
12    public class Controller {
13        @Autowired
14        private MsgSender msgSender;
15        @RequestMapping("/sendObject")
16        public String sendObject(){
17            Student student = new Student();
18            student.setId(1);
19            student.setName("Peter");
20            msgSender.sendObj(student);
21            return "OK";
22        }
23    }
```

第 6 行到第 10 行定义 Student 类，该类包含了 id 和 name 两个属性。在本范例中，给出了通过 Spring Cloud Stream 框架发送 Student 类信息的代码。

在本控制器类的第 16 行到第 22 行里，定义了发送 String 类消息的 sentObject 方法，该方法在第 20 行里，通过调用 MsgSender 类中的 sendObj 方法实现了消息发送动作。

8.2.4 编写消息接收者项目

RocketMQReceiver 项目承担了消息发送者的角色，该项目的开发步骤如下。

步骤 01 在 pom.xml 文件中，依然需要引入 Spring Cloud Stream 整合 RocketMQ 的依赖包，关键代码如下。

```
01    <dependencies>
02        <dependency>
03            <groupId>org.springframework.boot</groupId>
04            <artifactId>spring-boot-starter-web</artifactId>
05        </dependency>
06        <dependency>
07            <groupId>com.alibaba</groupId>
08            <artifactId>fastjson</artifactId>
09            <version>1.2.33</version>
10        </dependency>
11        <dependency>
12            <groupId>com.alibaba.cloud</groupId>
13    <artifactId>spring-cloud-starter-stream-rocketmq</artifactId>
14        </dependency>
15    </dependencies>
```

步骤 02 在 Spring Boot 的启动类里，需要引入@EnableBinding 注解，就像如下第 6 行所示。通过该注解，指定了本项目的消息发送类为 MsgReceiver，同时指定了本项目的底层消息发送类是 Spring Cloud Stream 框架中的 Sink 接口。

```
01  package prj;
02  import org.springframework.boot.SpringApplication;
03  import org.springframework.boot.autoconfigure.SpringBootApplication;
04  import org.springframework.cloud.stream.annotation.EnableBinding;
05  import org.springframework.cloud.stream.messaging.Sink;
06  @EnableBinding(value = {MsgReceiver.class, Sink.class})
07  @SpringBootApplication
08  public class SpringBootApp {
09      public static void main(String[] args) {
10          SpringApplication.run(SpringBootApp.class, args);
11      }
12  }
```

步骤 03 在 resources 目录里，添加名为 application.properties 的配置文件，在其中编写和接收消息相关的 Spring Cloud Stream 等参数，具体代码如下。

```
01  server.port=8090
02  spring.cloud.stream.rocketmq.binder.name-server=127.0.0.1:9876
03  spring.cloud.stream.bindings.input.destination=myChannel
04  spring.cloud.stream.bindings.input.group=myRecieverGroup
```

在本配置文件的第 2 行代码里，指定了 Spring Cloud Stream 框架绑定器的 name server 地址；在第 3 行代码里，指定了本项目是从 myChannel 通道接收消息。

通过上文的代码可以看到，RocketMQSender 项目也是向该 myChannel 通道发送消息的。也就是说，基于 Spring Cloud Stream 框架的消息发送者和消息接收者，是通过同一个通道来传递消息的。

步骤 04 编写消息接收类 RocketMQReceiver.java，代码如下。

```
01  package prj;
02  import org.springframework.cloud.stream.annotation.EnableBinding;
03  import org.springframework.cloud.stream.annotation.StreamListener;
04  import org.springframework.cloud.stream.messaging.Sink;
05  class Student{
06      private int id;
07      private String name;
08      //省略针对属性的 getter 和 setter 方法
09  }
10  @EnableBinding(Sink.class)
11  public class MsgReceiver {
12      @StreamListener(Sink.INPUT)
13      public void getObj(Message<Student> message) {
14          System.out.println("Student is:" + JSONObject.toJSONString
    (message.getPayload()) );
15      }}
```

该消息接收类需要用第 10 行的@EnableBinding 注解来指定底层的接收消息类，在该类的第 13 行和第 15 行里，定义了用于接收 Student 类型对象的 getObj 方法，该方法均需要用第 12 行的@StreamListener 注解修饰。

8.2.5 观察消息通信效果

完成开发上述消息发送者和消息接收者项目后,可按照 8.2.1 节给出的步骤启动 RocketMQ,随后可以通过运行 Spring Boot 启动类启动 RocketMQSender 和 RocketMQReceiver 这两个项目。

随后可以在浏览器里输入 http://localhost:8085/sendObject,再切换到 RocketMQReceiver 项目的控制台,此时能看到如下的输出结果,这说明 RocketMQReceiver 项目通过 Spring Cloud Stream 框架,成功地接收到了 Student 类型的消息。

```
Student is:{"id":1,"name":"Peter"}
```

此时如果在浏览器里输入 localhost:8088 进入到 RocketMQ 消息中间件的控制台,在其中能看到如图 8.6 所示的效果,从中能进一步确认 Spring Cloud Stream 框架通过 RocketMQ 发送消息的效果。

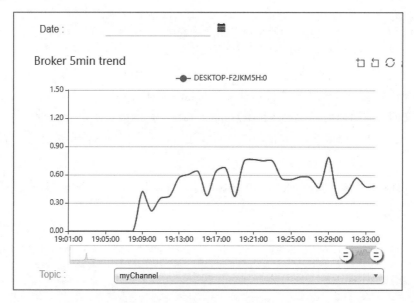

图 8.6 在 RocketMQ 控制台里观察到的消息发送效果图

8.3 Spring Cloud Stream 整合 RabbitMQ

在本节中,将给出 Spring Cloud Stream 框架整合 RabbitMQ 消息中间件的实现范例。通过本范例,可以进一步观察到 Spring Cloud Stream 框架屏蔽底层消息通信细节的特点。

8.3.1 搭建 RabbitMQ 环境

由于 RabbitMQ 是基于 Erlang 语言的,所以需要先到 https://www.erlang.org/downloads 网站下载 Erlang 环境。这里下载的是 23.3 版本,下载完成后可按提示完成 Erlang 环境的安装工作。

随后需要在本机的环境变量中设置 ERLANG_HOME，比如把 Erlang 安装到 C:\Program Files\erl-23.3\，那么就需要把环境变量 ERLANG_HOME 的值设置成 C:\Program Files\erl-23.3\。

在搭建好 Erlang 环境后，可到 RabbitMQ 的官方网站 https://www.rabbitmq.com/download.html 下载 RabbitMQ 的安装包，下载完成后也可按提示完成对应的安装工作。

安装好 RabbitMQ 后，可以在命令行窗口里，进到 RabbitMQ 环境所在的 sbin 目录，比如 C:\Program Files\RabbitMQ Server\rabbitmq_server-3.8.16\sbin，在其中可以通过运行如下的命令启动 RabbitMQ。

```
rabbitmq-server start
```

启动后 RabbitMQ 消息中间件就会处于工作状态。用完 RabbitMQ 后，可以通过如下的命令关闭 RabbitMQ。

```
rabbitmq-server stop
```

8.3.2 整合后的消息框架图

Spring Cloud Stream 和 RabbitMQ 消息中间件整合后的框架如图 8.7 所示。

图 8.7 Spring Cloud Stream 整合 RabbitMQ 的框架图

其中 RabbitMQSender 项目承担了"消息发送者"的角色，而 RabbitMQReceiver 项目承担了"消息接收者"的角色，这两个项目是通过 Spring Cloud Stream 框架来通信的。从图 8.7 中可以再一次感受到"Spring Cloud Stream 框架屏蔽消息中间件通信细节"的特性。

8.3.3 编写消息发送者项目

由于 Spring Cloud Stream 框架能屏蔽底层消息中间件的差异，所以在前文 8.2.3 节给出的 RocketMQSender 项目的基础上稍微改动，即可开发出基于 RabbitMQ 的消息发送者项目 RabbitMQSender。相关修改点如下。

修改点 1，在 RabbitMQ 项目的 pom.xml 文件中，通过如下的关键代码，引入 Spring Cloud Stream 整合 RabbitMQ 消息中间件的依赖包。

```
01    <dependencies>
02      <dependency>
03        <groupId>org.springframework.cloud</groupId>
```

```
04      <artifactId>spring-cloud-starter-stream-rabbit</artifactId>
05          </dependency>
06      </dependencies>
```

修改点 2，修改 resources 目录里的 application.properties 配置文件，在其中配置 RabbitMQ 相关的代码，具体代码如下。

```
01    spring.application.name=RabbitMQSender
02    server.port=8085
03    spring.rabbitmq.host=localhost
04    spring.rabbitmq.port=5672
05    spring.rabbitmq.user=guest
06    spring.rabbitmq.password=guest
07    spring.cloud.stream.bindings.output.destination=myChannel
```

其中，通过第 1 行和第 2 行代码指定本项目的名字和工作端口，通过第 3 行到第 6 行代码配置 RabbitMQ 相关参数，通过第 7 行代码指定本项目和 Spring Cloud Stream 交互的通道。请注意，这里的通道名 myChannel 需要和消息接收项目中配置保持一致。

除了上述修改点之外，Spring Boot 启动类、控制器类和消息发送类等，和 RocketMQSender 项目中的完全一致。在该项目的控制器类中，依然通过如下的 sendObject 方法，对外提供"发送 Student 类型对象"的服务。

```
01      @Autowired
02      private MsgSender msgSender;
03      @RequestMapping("/sendObject")
04      public String sendObject(){
05          Student student = new Student();
06          student.setId(1);
07          student.setName("Peter");
08          msgSender.sendObj(student);
09          return "OK";
10      }
```

8.3.4 编写消息接收者项目

消息接收者项目 RabbitMQReceiver 是根据 8.2.4 节给出的 RocketMQReceiver 项目修改而成，具体的修改点如下。

修改点 1，在 pom.xml 文件里，通过如下的关键代码引入 Spring Cloud Stream 整合 RabbitMQ 以及用于解析 JSON 格式消息的依赖包。

```
01    <dependencies>
02      <dependency>
03          <groupId>com.alibaba</groupId>
04          <artifactId>fastjson</artifactId>
05          <version>1.2.33</version>
06      </dependency>
07      <dependency>
08          <groupId>org.springframework.cloud</groupId>
            <artifactId>spring-cloud-starter-stream-rabbit</artifactId>
```

```
09          </dependency>
10      </dependencies>
```

修改点 2，在 resources 目录里的 application.properties 配置文件里，通过如下代码配置 RabbitMQ 等的相关参数。

```
01  server.port=8090
02  spring.application.name=RabbitMQReceiver
03  spring.cloud.stream.bindings.input.destination=myChannel
```

其中，通过前 2 行代码指定本项目的工作端口和名字，通过第 3 行代码指定用户接收消息的通道。请注意，这里设置的通道名 myChannel 需要和消息发送者项目中的保持一致。

除了上述修改点以外，RabbitMQReceiver 项目的启动类和消息接收类和 RocketMQReceiver 项目里的完全一致。具体地，在该项目的消息接收类 MsgReceiver 里，通过如下代码接收从 RabbitMQSender 项目发来的 Student 格式的消息。

```
01  @EnableBinding(Sink.class)
02  public class MsgReceiver {
03      @StreamListener(Sink.INPUT)
04      public void getObj(Message<Student> message) {
05          System.out.println("Student is:" + JSONObject.toJSONString
    (message.getPayload()) );
06      }
07  }
```

8.3.5　观察消息通信效果

完成编写上述两项目后，可以用 8.3.1 节给出的方法启动 RabbitMQ 消息中间件，随后可以通过运行 Spring Boot 启动类启动 RabbitMQSender 和 RabbitMQReceiver 项目。

此时在浏览器里输入 http://localhost:8085/sendObject，再到 RabbitMQReceiver 项目的控制台即可看到如下的输出结果。

```
Student is:{"id":1,"name":"Peter"}
```

这说明 RabbitMQReceiver 项目通过 Spring Cloud Stream 框架，成功地接收到了 Student 类型的消息。

8.4　动　手　练　习

练习 1　按 8.2.1 节给出的步骤搭建 RocketMQ 环境。

练习 2　按 8.3.1 节给出的步骤搭建 RabbitMQ 环境。

练习 3　按如下的要求，整合 Spring Cloud Stream 和 RocketMQ 消息中间件，实现不同模块间的消息通信功能。

要求一：编写 Account 类，其中包含 id 和 balance 两个属性。

要求二：修改 8.2.3 节给出的 RocketMQSender 项目，让它工作在 2222 端口，在该项目中通过 Spring Cloud Stream 框架对外发送一个 Account 实例。

要求三：修改 8.2.4 节给出的 RocketMQReceiver 项目，让它工作在 3333 端口，在该项目中通过 Spring Cloud Stream 框架接收由 RocketMQSender 项目发出的 Account 实例。

要求四：启动 RocketMQ 消息中间件、RocketMQSender 和 RocketMQReceiver 项目，验证消息通信的结果。

练习 4　按如下的要求，整合 Spring Cloud Stream 和 RabbittMQ 消息中间件，实现不同模块间的消息通信功能。

要求一：编写 User 类，其中包含 username 和 pwd 两个属性。

要求二：修改 8.3.3 节给出的 RabbitMQSender 项目，让它工作在 2222 端口，在该项目中通过 Spring Cloud Stream 框架对外发送一个 User 实例。

要求三：修改 8.3.4 节给出的 RabbitMQReceiver 项目，让它工作在 3333 端口，在该项目中通过 Spring Cloud Stream 框架，接收由 RabbitMQSender 项目发出的 User 实例。

要求四：启动 RabbitMQ 消息中间件、RabbitMQSender 和 RabbitMQReceiver 项目，验证消息通信的结果。

第9章

JPA+Redis+MyCat 搭建微服务数据库服务层

本章首先讲解通过 JPA 组件操作 MySQL 数据库的方法，随后讲述微服务框架整合 Redis 缓存和 MySQL 数据库的方法，最后分析微服务整合 MyCat 分库组件和 Redis 缓存的实践要点。

严格来讲，本章讲述的 JPA、Redis 和 MyCat 组件并不是 Spring Cloud Alibaba 系列的，但是在很多微服务项目，尤其是需要应对高并发的微服务项目中，都会用到这些组件搭建数据库服务层。

读者在学习了本章后，不仅可以掌握 JPA、Redis 和 MyCat 等数据库相关组件的用法，还能够掌握搭建微服务数据库服务层的实践技能。

9.1　用 JPA 组件操作数据库

JPA（Java Persistence API）的中文含义是"Java 持久层接口方法"，JPA 不仅是一套能用于访问数据库的组件，还是一套面向 Spring Cloud 微服务的操作数据库的解决方案。

JPA 组件的核心思想是"映射"，通过 JPA 组件可以把数据表映射成 Java 类，即把每条数据库中的数据映射 Java 对象，把数据表里的字段映射成 Java 类的属性。也就是说，JPA 组件通过映射向程序员屏蔽底层数据库的存储和操作细节。

9.1.1　JPA 访问数据库的接口

由于 JPA 组件很好地向程序员屏蔽了底层数据库的细节，所以在实际项目中，程序员可以通过 CrudRepository 接口和 JpaRepository 接口，来对数据库进行 CRUD（即增删改查）的操作。

此外，如果项目中有针对数据的排序和分页的需求，还可以使用 PagingAndSortingRepository 接口。因为该接口除了封装针对数据表基本的增删改查操作外，还封装了分页和排序的相关方法。

事实上，JPA 组件提供的操作数据库的接口和类不止这些，但上述三个接口足以应对大多数的数据库应用场景。在本章的后续内容中，将详细介绍通过 JpaRepository 等接口访问和操作数据的具体做法。

9.1.2　创建 MySQL 数据库和数据表

为了演示通过 JPA 操作数据库的范例，首先需要在 MySQL 数据库中创建 EmployeeDB 的数据库（即 Schema），同时还需在该数据库中创建 employee 员工表，该员工表的结构如表 9.1 所示。

表 9.1　employee 员工表结构一览表

字 段 名	类 型	说 明
id	int	主键
name	varchar	员工姓名
age	int	员工年龄
salary	int	员工工资

9.1.3　通过 JPA 实现增删改查功能

在 MySQL 数据库中创建 employee 表后，可以创建名为 JPADemo 的 Maven 项目，在其中开发通过 JPA 操作 MySQL 数据库的代码，具体步骤如下。

步骤 01 在 pom.xml 里，引入 MySQL 和 JPA 相关的依赖包，关键代码如下。

```
01  <dependencies>
02    <dependency>
03      <groupId>org.springframework.boot</groupId>
04      <artifactId>spring-boot-starter-web</artifactId>
05    </dependency>
06    <dependency>
07      <groupId>mysql</groupId>
08      <artifactId>mysql-connector-java</artifactId>
09      <scope>runtime</scope>
10    </dependency>
11    <dependency>
12       <groupId>org.springframework.boot</groupId>
13    <artifactId>spring-boot-starter-data-jpa</artifactId>
14    </dependency>
15  </dependencies>
```

在本文件里，通过第 6 行到第 10 行代码引入 MySQL 的依赖包。由于本项目是通过 JPA 组件操作 MySQL 数据库，所以还要通过第 11 行到第 14 行代码引入 JPA 依赖包。

步骤 02 编写 Spring Boot 启动类，该类的代码之前分析过，这里就不再详细说明了。

```
01  package prj;
02  import org.springframework.boot.SpringApplication;
```

```
03  import org.springframework.boot.autoconfigure.SpringBootApplication;
04  @SpringBootApplication
05  public class SpringBootApp {
06      public static void main(String[] args) {
07          SpringApplication.run(SpringBootApp.class, args);
08      }
09  }
```

步骤 03　在 resources 目录里，编写 application.yml 配置文件，在其中配置 MySQL 和 JPA 的参数，代码如下。

```
01  spring:
02    jpa:
03      show-sql: true
04      hibernate:
05        dll-auto: validate
06    datasource:
07      url: jdbc:mysql://localhost:3306/employeeDB?serverTimezone=GMT
08      username: root
09      password: 123456
10      driver-class-name: com.mysql.jdbc.Driver
```

在本配置文件的第 1 行到第 5 行里配置了 JPA 的参数，在第 6 行到第 10 行里配置了 MySQL 数据库的连接参数。

通过上述配置文件，本项目能通过 JPA 组件访问工作在本地 3306 端口的 EmployeeDB 数据库，而前文创建的 employee 数据表是属于 EmployeeDB 数据库的。

步骤 04　创建用于和 employee 数据表关联的 Employee 类，具体代码如下。

```
01  package prj.model;
02  import javax.persistence.Column;
03  import javax.persistence.Entity;
04  import javax.persistence.Id;
05  import javax.persistence.Table;
06  @Entity
07  @Table(name="employee")  //和 employee 数据表关联
08  public class Employee {
09      @Id //通过@Id 定义主键
10       private int id;
11      @Column(name = "name")
12       private String name;
13      @Column(name = "age")
14       private int age;
15      @Column(name = "salary")
16      private int salary;
17      //省略针对诸多属性的 get 和 set 方法
18  }
```

该类通过第 6 行和第 7 行的 @Entity 和 @Table 注解，指定本类和 MySQL 数据库中的 employee 数据表关联。在该类的 name、age 和 salary 属性前，均通过 @Columne 注解，说明该属性和数据表里哪个字段关联。由于 id 属性是主键，所以需要用第 9 行的 @Id 注解来修饰 id 属性。

步骤 05 在 Controller 控制器类中，提供对外服务的方法，具体代码如下。

```
01  package prj.controller;
02  import org.springframework.beans.factory.annotation.Autowired;
03  import org.springframework.web.bind.annotation.PathVariable;
04  import org.springframework.web.bind.annotation.RequestMapping;
05  import org.springframework.web.bind.annotation.RestController;
06  import prj.model.Employee;
07  import prj.service.EmployeeService;
08  import java.util.List;
09  @RestController
10  public class Controller {
11      @Autowired
12      EmployeeService employeeService;
13      //获取所有员工数据
14      @RequestMapping("/getAllEmployees")
15      public List<Employee> getAllEmployees(){
16          return employeeService.getAllEmployees();
17      }
18      //根据 ID 查找员工
19      @RequestMapping("/getEmployeeByID/{ID}")
20      Employee getEmployeeByID(@PathVariable String  ID){
21          return employeeService.findEmployeeByID(Integer.valueOf(ID));
22      }
23      //删除员工数据
24      @RequestMapping("/deleteEmployeeByID/{ID}")
25      public void deleteEmployeeByID(@PathVariable String  ID){
26          employeeService.deleteByID(Integer.valueOf(ID));
27      }
28      //新增员工数据
29      @RequestMapping("/insertEmployee")
30      public Employee insertEmployee(){
31          return employeeService.insertEmployee();
32      }
33      //更新员工数据
34      @RequestMapping("/updateEmployee")
35      Employee updateEmployee(){
36          return employeeService.updateEmployee();
37      }
38  }
```

本控制器类中的诸多方法中，通过调用第 12 行定义的 employeeService 对象中的方法，实现了针对员工数据的增删改查操作。

具体地，在第 14 行到第 17 行的 getAllEmployees 方法里，实现了返回所有员工数据的功能；在第 19 行到第 22 行的 getEmployeeByID 方法里，实现了根据 ID 查找员工数据的功能；在第 24 行到第 27 行的 deleteEmployeeByID 方法里，实现了删除指定 ID 员工数据的功能；在第 29 行到第 32 行的 insertEmployee 方法里，实现了插入员工数据的功能；在第 34 行到第 37 行的 updateEmployee 方法里，实现了更新员工数据的功能。

步骤 **06** 在 EmployeeService 业务类里，调用 JPA 类中的方法，实现针对员工数据的增删改查功能。EmployeeService 类起到了承上启下的作用，上接控制器类，下接 JPA 类。引入该类的目的是分离业务和数据库相关的代码，具体代码如下。

```
01   package prj.service;
02   import org.springframework.beans.factory.annotation.Autowired;
03   import org.springframework.stereotype.Service;
04   import prj.model.Employee;
05   import prj.repo.EmployeeRepo;
06   import java.util.List;
07   @Service
08   public class EmployeeService {
09       @Autowired
10       private EmployeeRepo employeeRepo;
11       //获取所有员工数据
12       public List<Employee> getAllEmployees(){
13           return employeeRepo.findAll();
14       }
15       //根据 ID 查找员工数据
16       public Employee findEmployeeByID(int id){
17           return employeeRepo.findById(id).get();
18       }
19       //根据 ID 删除员工数据
20       public void deleteByID(int id){
21           employeeRepo.deleteById(id);
22       }
23       //插入员工数据
24       public Employee insertEmployee(){
25           Employee employee = new Employee();
26           employee.setId(10);
27           employee.setName("Mike");
28           employee.setAge(25);
29           employee.setSalary(15000);
30           return employeeRepo.save(employee);
31       }
32       //修改员工数据
33       public Employee updateEmployee(){
34           Employee employee = employeeRepo.getOne(10);
35           employee.setSalary(18000);
36           return employeeRepo.save(employee);
37       }
38   }
```

在本类的诸多方法里，通过调用第 10 行的 employeeRepo 对象实现针对员工对象的增删改查操作。

在第 12 行到第 14 行的 getAllEmployees 方法里，调用了 employeeRepo 对象的 findAll 方法得到了所有的员工信息。在第 16 行到第 18 行的 findEmployeeByID 方法里，调用了 employeeRepo 对象的 findById 方法，根据参数传入的 id 得到了指定的员工信息。在第 20 行到第 22 行的 deleteByID 方法里，用到了 employeeRepo 对象的 deleteById 方法，删除了指定

id 的员工信息。在第 24 行的 insertEmployee 方法里，用到了 employeeRepo 对象的 save 方法，向 employee 数据表里插入了一条员工数据。在第 33 行到第 37 行的 updateEmployee 方法里，也是用到了 employeeRepo 对象的 save 方法，把修改后的员工数据更新到数据库。

从本类中的诸多方法里可以看到，当本项目通过 JPA 组件从 MySQL 中的 employee 表里得到数据后，这些数据会通过 Employee 类的诸多属性，映射成 Employee 对象，而 JPA 组件对 employee 表的插入、删除和更新动作，也是通过 Employee 类来完成的。

步骤 07　在 EmployeeRepo 接口里，通过继承 JpaRepository 接口，引入数据库的相关操作。该类的代码如下所示。

```
01    package prj.repo;
02    import org.springframework.data.jpa.repository.JpaRepository;
03    import org.springframework.stereotype.Component;
04    import prj.model.Employee;
05    @Component
06    public interface EmployeeRepo extends JpaRepository<Employee, Integer>
07    { }
```

请注意第 6 行的代码，本接口由于继承 JpaRepository 类，所以可自动包含 JpaRepository 对象中的针对数据库操作的诸多方法。而在 EmployeeService 类中调用的 findById 等方法，事实上是封装在 JpaRepository 类中的。

同时，在第 6 行的代码里，通过泛型指定了本 JpaRepository 将会通过 Employee 类操作 MySQL 中的 employee 数据表，而该数据表的主键是 Integer 类型。

9.1.4　观察 JPA 操作数据库的效果

本项目是通过在 Controller 控制器类中定义的 URL 对外提供服务，控制器类调用了业务类中的方法，而业务类的方法则通过调用 Repo 类中的方法实现针对 employee 数据表的操作。

为了让读者理顺本项目里方法间的调用关系，表 9.2 为控制器类方法、业务类方法和 Repo 方法之间的调用关系。

表 9.2　url 调用及方法调用关系表

url 格式	控制器类方法	业务类方法	Repo 类方法	作　　用
/getEmployeeByID/{ID}	getEmployeeByID	findEmployeeByID	findById	根据 ID 找员工
/getAllEmployees	getAllEmployees	getAllEmployees	findAll	返回所有员工数据
/deleteEmployeByID/{ID}	deleteEmployeByID	deleteByID	deleteById	删除指定 ID 的员工
/insertEmployee	insertEmployee	insertEmployee	save	插入员工数据
/updateEmployee	updateEmployee	updateEmployee	save	更新修改后的员工数据

通过 9.1.3 节给出的步骤完成开发 JPADemo 项目后，在确保 MySQL 数据库正确地工作在本地 3306 端口的前提下，通过运行启动类启动本项目，随后可以通过如下的步骤观察 JPA 操作 employee 数据表的效果。

步骤 01 在浏览器里输入 http://localhost:8080/insertEmployee，可看到如下的输出结果。

```
{"id":10,"name":"Mike","age":25,"salary":15000}
```

由此能确认正确地向 employee 表中插入了 id 为 10 的员工数据，同时如果到 MySQL WorkBench 客户端观察 employee 表，同样能确认插入数据的动作。

步骤 02 在浏览器里输入 http://localhost:8080/getAllEmployees，可看到刚插入的 id 是 10 的员工数据。或者输入 http://localhost:8080/getEmployeeByID/10，可根据传入的 ID 参数，看到第一步插入的员工数据。

步骤 03 在浏览器里输入 http://localhost:8080/updateEmployee，可看到如下的输出结果。

```
{"id":10,"name":"Mike","age":25,"salary":18000}
```

由此确认，通过该 URL 所对应的方法，能把 id 为 10 的员工工资更改成 18000，此时如果观察 employee 数据表，也可以确认该更新动作。

步骤 04 在浏览器里输入 http://localhost:8080/deleteEmployeeByID/10，可以删除 id 为 10 的员工数据。删除后，可通过调用 http://localhost:8080/getAllEmployees 请求验证删除操作。此外，还可以通过观察 employee 数据表来确认删除操作。

9.2　微服务整合 Redis 缓存

在微服务项目中，大量并发请求对数据库造成了很大的压力，进而导致数据库不堪重负。在此类场景中，可以通过整合 Redis 等组件来缓存数据，从而降低数据库的压力。

在本节中，首先在介绍 Redis 组件的基础上讲解搭建 Redis 运行环境的步骤，然后给出在微服务项目中整合 Redis 缓存组件的一般做法，最后给出微服务项目整合 Redis 缓存 MySQL 数据库的实现步骤。

9.2.1　Redis 概述

Redis 是基于内存的 NoSQL 数据库，在 Redis 中，一般用键值对的形式缓存数据。由于 Redis 是把数据缓存在内存中，所以读写数据的效率很高，在实际项目中一般把 Redis 当成缓存组件来使用。在引入 Redis 缓存组件后，能有效减轻数据库的读写压力。

从使用角度来看，Redis 数据库分为服务器和客户端，其中键值对的数据存在 Redis 服务器中，而 Spring Cloud 等应用程序可以通过 Redis 客户端连接到 Redis 服务器，并通过 Redis 命令在服务器中读写数据。

在 Redis 数据库中，可以用字符串（String）类型、哈希（Hash）类型、列表（List）类型、集合（Set）类型和有序集合（Sorted Set 或 Zset）这 5 种类型的数据结构来缓存数据，不过在实际应用中，字符串格式的数据类型用得较多。

Redis 操作数据库的命令有很多，但比较常用的是 set 和 get 命令。通过 set 命令可以在 Redis

数据库中,以键值对的形式缓存字符串类型的数据;而通过 get 命令则可以从 Redis 数据库中,读取指键的数据。通过如下的范例,可以看到 set 和 get 命令的实际用法。

```
01  127.0.0.1:6379> set 001 Peter
02  OK
03  127.0.0.1:6379> get 001
04  "Peter"
05  127.0.0.1:6379> get 002
06  (nil)
```

其中,第 1 行代码用 set 命令向 Redis 数据库中缓存了键为 001、值为 Peter 的数据。缓存后,可以通过第 2 行的 get 命令,读取键为 001 的数据,读到的结果如第 4 行所示。但是,如果用第 5 行的 get 命令读取一个不存在的键值对,那么就会导致如第 6 行所示的结果。

9.2.2　搭建 Redis 运行环境

这部分将讲述在 Windows 操作系统上搭建 Redis 数据库的方法。

首先需要下载基于 Windows 的 Redis 组件安装包,比如 Redis-x64-3.2 版本,下载完成后在本地解压,本书解压在 D:\Redis-x64-3.2.100 路径中。

解压后,可在该 Redis 工作路径中看到 redis-server.exe 和 redis-cli.exe 这两个可执行文件,其中可通过运行前者来启动 Redis 服务器,可通过运行后者启动 Redis 客户端。

运行 redis-server.exe 以后,如果看到如图 9.1 所示的命令窗口,那么就说明 Redis 服务器成功启动,而且从中能看到 Redis 服务器工作在本地的 6379 端口。

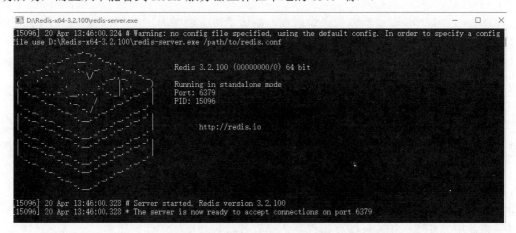

图 9.1　Redis 服务器成功启动的效果图

成功启动 Redis 服务器后,不要关闭这个命令窗口,随后可以通过运行 redis-cli.exe 启动 Redis 客户端。成功启动 Redis 客户端以后,就能在其中通过 get 和 set 命令操作 Redis 数据,具体如图 9.2 所示。

图 9.2　通过 Redis 客户端操作
Redis 数据的效果图

9.2.3　微服务整合 Redis 缓存

虽然可以通过 Redis 客户端来操作 Redis 数据，但在实际项目中，一般都是通过 Java 等客户端来读写 Redis 数据。在本小节里，将创建名为 RedisDemo 的 Maven 项目，并在其中演示微服务整合 Redis 缓存的效果，该项目的关键实现步骤如下。

步骤 01　在 pom.xml 里引入 Redis 相关依赖包，关键代码如下所示。

```
01  <dependencies>
02      <dependency>
03          <groupId>org.springframework.boot</groupId>
04          <artifactId>spring-boot-starter-web</artifactId>
05      </dependency>
06      <dependency>
07          <groupId>org.springframework.boot</groupId>
08  <artifactId>spring-boot-starter-data-redis</artifactId>
09      </dependency>
10      <dependency>
11          <groupId>com.google.code.gson</groupId>
12          <artifactId>gson</artifactId>
13          <version>2.8.0</version>
14      </dependency>
15  </dependencies>
```

其中，通过第 2 行到第 5 行代码引入 Spring Boot 启动类相关的依赖包；通过第 6 行到第 9 行代码引入 Redis 依赖包。由于在本项目里，是用 gson 格式来存储 Employee 对象类型的数据，所以还要通过第 10 行到第 14 行的代码引入 gson 依赖包。

步骤 02　编写 Spring Boot 启动类，由于该启动类和 9.1.3 节 JPADemo 项目的启动类代码完全一致，这里就不再重复分析了。

步骤 03　在 resources 目录的 application.yml 配置文件里，编写 Redis 的连接参数，代码如下。

```
01  spring:
02    redis:
03      host: localhost
04      port: 6379
```

从上述代码中可看到，本项目将连接到工作在本地 6379 端口的 Redis 服务器。

步骤 04　在 Controller 控制器类中，编写对外提供服务的方法，代码如下。

```
01  package prj.controller;
02  import org.springframework.beans.factory.annotation.Autowired;
03  import org.springframework.web.bind.annotation.PathVariable;
04  import org.springframework.web.bind.annotation.RequestMapping;
05  import org.springframework.web.bind.annotation.RestController;
06  import prj.model.Employee;
07  import prj.service.EmployeeService;
08  @RestController
```

```
09  public class Controller {
10     @Autowired
11     EmployeeService employeeService;
12     @RequestMapping("/saveEmployee")
13     public void saveEmployee(){
14        Employee employee = new Employee();
15        employee.setId(1);
16        employee.setName("Tom");
17        employee.setAge(22);
18        employee.setSalary(10000);
19        employeeService.saveEmployee(employee);
20     }
21     @RequestMapping("/findByID/{id}")
22     public Employee findByID(@PathVariable int id){
23        return employeeService.findByID(id);
24     }
25  }
```

和之前的 JPADemo 范例一样，该控制器类也是调用了业务层的方法，而业务层的方法也是调用了数据服务层的方法，从而实现了针对 Redis 缓存的操作。

在该控制器类第 12 行到第 20 行的 saveEmployee 方法里，定义了向 Redis 服务器缓存员工对象的做法。首先通过第 14 行到第 18 行代码创建了一个 employee 对象，随后在第 19 行的代码里，通过调用 employeeService 对象的 saveEmployee 方法向 Redis 组件缓存了一条数据。

而在该控制器类第 22 行到第 24 行的 findByID 方法里，通过第 23 行代码调用了 employeeService 对象的 findByID 方法，从 Redis 组件中得到了指定 id 的员工对象。

请注意，在该项目中同样需要定义用于存储员工数据的 Employee 类，该类的代码如下所示。由于本项目无须通过 JPA 操作 MySQL 数据库中的 employee 表，所以在该类中，无须加入 JPA 相关的注解。

```
01  package prj.model;
02  public class Employee {
03     private int id;
04     private String name;
05     private int age;
06     private int salary;
07     //省略针对诸多属性的 get 和 set 方法
08  }
```

步骤 05 编写业务类 EmployeeService，在本项目中，该业务类同样起到了承上启下的作用，该类中的方法被控制器类中的方法调用，而该类中的方法则通过调用数据服务层的方法来操作 Redis 数据库。

```
01  package prj.service;
02  import org.springframework.beans.factory.annotation.Autowired;
03  import org.springframework.stereotype.Service;
04  import prj.model.Employee;
05  import prj.repo.EmployeeDao;
06  @Service
```

```
07  public class EmployeeService {
08      @Autowired
09      private EmployeeDao employeeDao;
10      public void saveEmployee(Employee employee){
11          employeeDao.saveEmployee(employee.getId(),employee);
12      }
13      public Employee findByID(int id){
14          return employeeDao.findByID(id) ;
15      }
16  }
```

在该类第 10 行到第 12 行的 saveEmployee 方法里,通过第 11 行的代码调用了 employeeDao 对象的 saveEmployee 方法, 向 Redis 里缓存里一条员工数据;而在该类第 13 行到第 15 行的 findByID 方法里, 通过第 14 行的代码, 调用了 employeeDao 对象的 findByID 方法, 从 Redis 里读取了指定 id 的数据。

步骤 06 编写用于读写 Redis 缓存数据库的 EmployeeDao.java 类, 代码如下。

```
01  package prj.repo;
02  import com.google.gson.Gson;
03  import org.springframework.beans.factory.annotation.Autowired;
04  import org.springframework.data.redis.core.RedisTemplate;
05  import org.springframework.stereotype.Repository;
06  import prj.model.Employee;
07  @Repository
08  public class EmployeeDao {
09      @Autowired
10      private RedisTemplate<String, String> redisTemplate;
11      //向 Redis 缓存 Employee 数据
12      public void saveEmployee(int id, Employee employee){
13          Gson gson = new Gson();
14  redisTemplate.opsForValue().set(Integer.valueOf(id).toString(),
    gson.toJson(employee));
15      }
16      //根据 id 查找 Employee 数据
17      public Employee findByID(int id){
18          Gson gson = new Gson();
19          Employee employee = null;
20          String employeeJson = redisTemplate.opsForValue().
    get(Integer.valueOf(id).toString());
21          if(employeeJson != null && !employeeJson.equals("")){
22              employee = gson.fromJson(employeeJson, Employee.class);
23          }
24          return employee;
25      }
26  }
```

该类通过第 10 行定义的 redisTemplate 对象来读写 Redis 缓存数据库。在第 12 行到第 15 行的 saveEmployee 方法里, 通过第 14 行的代码调用 Redis 的 set 命令, 以键值对的形式向 Redis 缓存了一条员工数据。请注意在缓存时, 键是员工的 id, 而值是转换成了 gson 格式的员工对象。

第 17 行到第 25 行的 findByID 方法则实现了根据 id 找员工数据的功能，具体地，是第 20 行的代码，通过 get 命令从 Redis 里查找指定 id 的员工信息。如果找到了，则会通过第 22 行和第 24 行代码把 gson 格式的员工数据转换成 Employee 并返回。

完成开发上述 RedisDemo 项目后，可以在启动 Redis 服务器的前提下，通过运行本项目的启动类启动本项目，随后可以在浏览器里输入 http://localhost:8080/saveEmployee，即可通过调用控制器类中的 saveEmployee 方法，向 Redis 里缓存一条 id 为 1 的员工数据。

缓存后如果继续在浏览器里输入 http://localhost:8080/findByID/1，即可通过调用控制器类中的 findByID 方法，从 Redis 里查询 id 为 1 的数据。输入后，在浏览器里可看到如下的输出，由此可确认 Redis 的缓存动作。

```
{"id":1,"name":"Tom","age":22,"salary":10000}
```

9.2.4 微服务整合 MySQL 与 Redis

在上述 RedisDemo 项目中，演示了单独整合 Redis 缓存组件的做法，不过在实际项目中，一般是同时整合 MySQL 和 Redis 缓存组件。即项目先从 Redis 缓存中读取数据，读不到再到数据库中查询，这样的做法可有效降低高并发请求对数据库的负载。

在本节给出的 RedisMySQLDemo 项目中，以员工数据为例，演示微服务整合 MySQL 数据库和 Redis 缓存的做法，该项目读取数据的流程如图 9.3 所示。

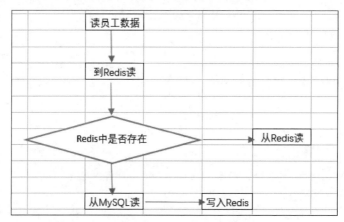

图 9.3 从 Redis 和 MySQL 读数据的流程图

从图 9.3 中可看出，读取员工数据时，首先从 Redis 缓存中读，只有当该条员工的数据不存在于 Redis 缓存时，才会从 MySQL 读，同时把读取到的员工数据缓存至 Redis，以便下次读取。

可以通过如下的步骤，在 RedisMySQLDemo 项目中整合 MySQL 和 Redis。

步骤 01 在 pom.xml 里引入 Redis、JPA 和 MySQL 的依赖包，关键代码如下。

```
01  <dependencies>
02      <dependency>
03          <groupId>org.springframework.boot</groupId>
04          <artifactId>spring-boot-starter-web</artifactId>
```

```
05          </dependency>
06          <dependency>
07           <groupId>mysql</groupId>
08             <artifactId>mysql-connector-java</artifactId>
09             <scope>runtime</scope>
10          </dependency>
11          <dependency>
12             <groupId>org.springframework.boot</groupId>
13  <artifactId>spring-boot-starter-data-jpa</artifactId>
14          </dependency>
15          <dependency>
16             <groupId>org.springframework.boot</groupId>
17  <artifactId>spring-boot-starter-data-redis</artifactId>
18          </dependency>
19          <dependency>
20             <groupId>com.google.code.gson</groupId>
21             <artifactId>gson</artifactId>
22             <version>2.8.0</version>
23          </dependency>
24      </dependencies>
```

在上述文件中，通过第 6 行到第 10 行代码引入 MySQL 依赖包，通过第 11 行到第 14 行代码引入 JPA 依赖包，通过第 15 行到第 18 行代码引入 Redis 依赖包。

步骤02 编写 Spring Boot 启动类，由于该启动类和 9.1.3 节 JPADemo 项目的启动类代码完全一致，这里就不再重复分析了。

步骤03 在 resources 目录的 application.yml 配置文件里，编写 MySQL、JPA 和 Redis 的相关参数，代码如下。

```
01  spring:
02    datasource:
03      url: jdbc:mysql://localhost:3306/employeeDB?characterEncoding=
    UTF-8&useSSL=false&serverTimezone=UTC
04      username: root
05      password: 123456
06      driver-class-name: com.mysql.jdbc.Driver
07    jpa:
08      database: MYSQL
09      show-sql: true
10      hibernate:
11        ddl-auto: validate
12      properties:
13        hibernate:
14          dialect: org.hibernate.dialect.MySQL5Dialect
15    redis:
16      host: localhost
17      port: 6379
```

其中，通过第 1 行到第 6 行代码配置 MySQL 的相关连接参数，通过第 7 行到第 14 行代码配置 JPA 的连接参数，通过第 15 行到第 17 行代码配置 Redis 的连接参数。

步骤 04 在 Controller 控制器类中，编写对外提供服务的方法，代码如下。

```
01  package prj.controller;
02  import org.springframework.beans.factory.annotation.Autowired;
03  import org.springframework.web.bind.annotation.PathVariable;
04  import org.springframework.web.bind.annotation.RequestMapping;
05  import org.springframework.web.bind.annotation.RestController;
06  import prj.model.Employee;
07  import prj.service.EmployeeService;
08  @RestController
09  public class Controller {
10      @Autowired
11      EmployeeService employeeService;
12      @RequestMapping("/saveEmployee")
13      public void saveEmployee(){
14          Employee employee = new Employee();
15          employee.setId(1);
16          employee.setName("Peter");
17          employee.setAge(23);
18          employee.setSalary(20000);
19          employeeService.saveEmployee(employee);
20      }
21      @RequestMapping("/findByID/{id}")
22      public Employee findByID(@PathVariable int id){
23          return employeeService.findByID(id);
24      }
25  }
```

由于该控制器类的代码和 JPADemo 项目以及 RedisDemo 项目中的控制器类代码很相似，所以仅给出代码，不再重复讲述了。

步骤 05 创建用于和 employee 数据表关联的 Employee 类，该类的代码和 JPADemo 项目中的完全一致，不再重复说明。

在该类中，用@Table 和@Entity 注解指定和 MySQL 数据库中的 employee 表关联。在定义属性时，用@Column 注解指定该属性和 employee 数据表字段的关联关系。

步骤 06 编写业务类 EmployeeService。在本项目中，该业务类会同时调用 MySQL 和 Redis 数据库服务类的相关方法，以实现 MySQL 整合 Redis 的效果。

```
01  package prj.service;
02  import org.springframework.beans.factory.annotation.Autowired;
03  import org.springframework.stereotype.Service;
04  import prj.model.Employee;
05  import prj.repo.EmployeeMySQLRepo;
06  import prj.repo.EmployeeRedisDao;
07  @Service
08  public class EmployeeService {
09      @Autowired
10      private EmployeeRedisDao employeeRedisDao;
11      @Autowired
```

```
12      private EmployeeMySQLRepo employeeMySQLRepo;
13      //插入员工数据
14      public void saveEmployee(Employee employee){
15          //暂时不放入缓存，待读取时再放入
16          employeeMySQLRepo.save(employee);
17      }
18      //根据 id 查询员工数据
19      public Employee findByID(int id){
20          Employee employee = employeeRedisDao.findByID(id);
21          if(employee != null) {
22             System.out.println("Get Employee From Redis");
23          }else {
24              System.out.println("Get Employee From MySQL");
25              employee = employeeMySQLRepo.findById(id).get();
26              //如果数据库存在，则加入缓存
27              if(employee !=null) {
28                  employeeRedisDao.saveEmployee(id, employee);
29              }
30          }
31          return employee;
32      }
33  }
```

在第 14 行到第 17 行的 saveEmployee 方法里，定义了插入员工数据的动作。在该方法的第 16 行，通过 employeeMySQLRepo 对象的 save 方法向 MySQL 数据库的 employee 数据表里插入了一条数据。

在第 19 行到第 32 行的 findByID 方法里，定义了根据 id 查询员工数据的工作。在该方法里，首先通过第 20 行代码到 Redis 缓存中读取指定 id 的数据，如果没有读到，则通过第 25 行代码再到 MySQL 的 employee 数据表中读取数据；如果从 employee 数据表中读到数据，则会通过第 28 行代码把该条数据缓存到 Redis 服务器，以便下次读取。

步骤 07 编写用于从 MySQL 和 Redis 中读取数据的两个数据服务类，其中从 MySQL 中读写数据的 EmployeeMySQLRepo 类代码如下。

```
01  package prj.repo;
02  import org.springframework.data.jpa.repository.JpaRepository;
03  import org.springframework.stereotype.Repository;
04  import prj.model.Employee;
05  @Repository
06  public interface EmployeeMySQLRepo extends JpaRepository<Employee, Integer>
07  { }
```

从代码中可看到，EmployeeMySQLRepo 通过继承 JpaRepository 类，对外提供针对数据库的增删改查操作。

而从 Redis 缓存中读写数据的 EmployeeRedisDao 类，代码如下。

```
01  package prj.repo;
02  import com.google.gson.Gson;
03  import org.springframework.beans.factory.annotation.Autowired;
04  import org.springframework.data.redis.core.RedisTemplate;
```

```
05    import org.springframework.stereotype.Repository;
06    import prj.model.Employee;
07    @Repository
08    public class EmployeeRedisDao {
09        @Autowired
10        private RedisTemplate<String, String> redisTemplate;
11        //向 Redis 缓存 Employee 数据
12        public void saveEmployee(int id, Employee employee){
13            Gson gson = new Gson();
14            redisTemplate.opsForValue().set(Integer. valueOf(id).toString(),
      gson.toJson(employee));
15        }
16        //根据 id 查找 Employee 数据
17        public Employee findByID(int id){
18            Gson gson = new Gson();
19            Employee employee = null;
20            String employeeJson = redisTemplate.opsForValue().get(Integer.
      valueOf(id).toString());
21            if(employeeJson != null && !employeeJson.equals("")){
22                employee = gson.fromJson(employeeJson, Employee.class);
23            }
24            return employee;
25        }
26    }
```

该类的代码和 RedisDemo 项目中的 EmployeeDao.java 代码非常相似，都是通过 saveEmployee 方法向 Redis 中缓存员工数据，通过 findByID 方法从 Redis 中读取指定 id 的员工数据，而在读写员工数据时，都是把 Employee 对象转换成了 gson 格式。

完成上述 RedisMySQLDemo 项目的开发工作后，可以在启动 Redis 缓存服务器的前提下，通过运行启动类启动本项目。

启动本项目后，可以在浏览器里输入 http://localhost:8080/saveEmployee 请求，此时会向 MySQL 数据库中的 employee 数据表，插入一条 id 是 1 的员工数据。

插入后，能在 MySQL 数据库的 employee 数据表里，看到 id 为 1 的数据，此时如果在浏览器里输入 http://localhost:8080/findByID/1 请求，可在浏览器里看到如下的输出结果。

```
{"id":1,"name":"Tom","age":22,"salary":10000}
```

如果切换到 RedisMySQLDemo 项目的控制台，可以看到如下的数据库操作语句，这说明，本次的员工数据是从 MySQL 数据库里得到的。

```
Get Employee From MySQL
```

此时如果再到浏览器里输入 http://localhost:8080/findByID/1 请求，除了可再次在浏览器里看到 id 为 1 的员工数据外，还能在 RedisMySQLDemo 项目的控制台里看到如下的输出。

```
Get Employee From Redis
```

这说明，本次请求的员工数据是从 Redis 缓存中得到的，本次请求并没有走数据库。由此我们能感受到通过 Redis 组件缓存数据来减轻数据库负载压力的效果。

9.3　微服务整合 MyCat 分库组件

在高并发的微服务项目场景中，除了可以引入 Redis 缓存组件来减轻数据库的压力外，还可以引入 MyCat 分库组件。

MyCat分库组件可以根据预设的规则，把数据量较大的数据表拆分成若干个子表，拆分后，针对大数据表的访问请求会被均摊到若干子表中，这样可以有效地提升读写大数据表的性能。

9.3.1　MyCat 分库组件概述

假设在某电商微服务系统中，某业务流水表的主键是 id，如果该表的规模很大，是"千万级"或"亿级"规模，在读写该表数据时，即使再引入缓存等优化措施，但由于表规模数据过大，这种表依然会成为数据库层面的性能瓶颈。

在这种场景下，为了提升数据库访问的性能，可以通过引入 MyCat 组件对大表进行拆分，具体做法如下。

（1）在若干个（比如 5 个）不同的数据库服务器上创建具有相同表结构的业务流水表。

（2）通过编写 MyCat 组件的配置文件，合理制定分库情况下的数据读写规则，比如 1 号数据库只存放 id%5 等于 1 的数据，2 号库只存放 id%5 等于 2 的数据，以此类推。

这样数据规模较大的业务流水表就会被拆分成 5 个子表，具体如图 9.4 所示。

在高并发的微服务项目中引入 MyCat 分库组件后，在向大表插入数据时，MyCat 组件会根据分库规则，把这条数据插到对应的子表中。当从大表读取数据时，MyCat 组件能根据分库规则，从对应的子表中读取数据。而如果对大表进行数据删除和更新操作时，MyCat 组件也能根据分库规则，到对应的子表中进行操作。

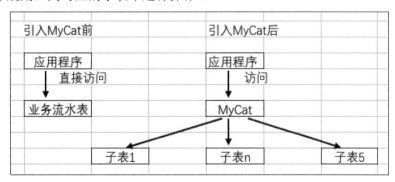

图 9.4　引入 MyCat 组件后的效果图

在实际项目中，即使是引入了索引和缓存等优化机制，单台数据库服务器总会存在性能上限，比如一台数据库服务器每秒最多只能处理 500 个读写请求，但是如果通过 MyCat 组件把大表拆分成若干个子表，并把这些子表部署到不同到的主机上，那么从效果上来看，就相当于用不同的数据库服务器来均摊对数据库的读写请求，这样就能有效地提升读写数据库的性能。

在使用 MyCat 组件时，一般是通过配置如表 9.3 所示的三个配置文件，来实现分库的效果。在后文中，将给出用这些配置文件实现分库效果的做法。

表 9.3　MyCat 配置文件功能说明表

配置文件名	作　　用
server.xml	配置对外提供服务的信息，比工作端口，连接用户名和密码等
schema.xml	配置分库信息
rule.xml	配置分库规则

9.3.2　搭建 MyCat 环境实现分库效果

这里将演示用 MyCat 组件对 9.1.2 节创建的 employee 表进行分库操作的步骤。

首先在本地 MySQL 数据库中创建名为 db1、db2 和 db3 的三个数据库，在这三个数据库中，都创建一个如表 9.1 所示的 employee 表。也就是说，employee 表将会被拆分到这三个数据库中。

需要说明的是，这里把三个 employee 子表都部署在相同数据库服务器的做法纯粹是为了方便演示。在实际项目中为了提升数据库访问的性能，应当把拆分后的子表部署在三台不同的数据库服务器上，这样才能用不同的数据库服务器来均摊针对大表的访问请求。

随后，到 MyCat 官方网站下载 MyCat 组件的安装包，本书下载的是基于 Windows 的 1.6 版 MyCat。下载后解压安装包，可看到如图 9.5 所示的目录结构。

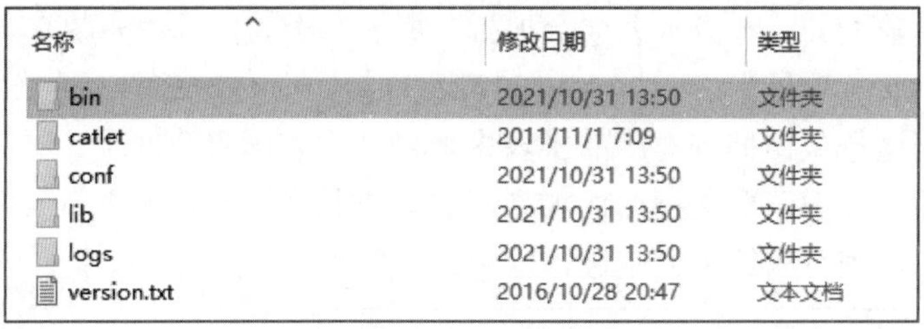

名称	修改日期	类型
bin	2021/10/31 13:50	文件夹
catlet	2011/11/1 7:09	文件夹
conf	2021/10/31 13:50	文件夹
lib	2021/10/31 13:50	文件夹
logs	2021/10/31 13:50	文件夹
version.txt	2016/10/28 20:47	文本文档

图 9.5　MyCat 分库组件目录效果图

其中 MyCat 组件的启动命令存放在 bin 目录里，而表 9.3 所述的三个配置文件，是存放在 conf 目录中的。

再进入到 conf 目录，编写三个配置文件，其中用于配置 MyCat 对外服务参数的 server.xml 配置文件，代码如下。

```
01  <?xml version="1.0" encoding="UTF-8"?>
02  <!DOCTYPE mycat:server SYSTEM "server.dtd">
03  <mycat:server xmlns:mycat="http://io.mycat/">
04      <system>
05          <property name="serverPort">8066</property>
06          <property name="managerPort">9066</property>
07      </system>
08      <user name="root">
09          <property name="password">123456</property>
```

```
10              <property name="schemas">TESTDB</property>
11          </user>
12    </mycat:server>
```

在上述配置文件里，通过第 5 行的代码，定义了 MyCat 组件的工作端口是 8066；通过第 8 行到第 11 行的代码，定义了可以用 root 和 123456 这对用户名和密码登录 MyCat 组件。登录后，会自动进入到 TESTDB 数据库。

这里的 TESTDB 数据库是个虚拟数据库，无须在 MyCat 组件里创建。通过该虚拟数据库 MyCat 组件能连接到拆分后的 employee 子表，进行各种分库操作。

用来定义分库规则的 rule.xml 配置文件代码如下。

```
01    <?xml version="1.0" encoding="UTF-8"?>
02    <!DOCTYPE mycat:rule SYSTEM "rule.dtd">
03    <mycat:rule xmlns:mycat="http://io.mycat/">
04        <tableRule name="mod-long">
05            <rule>
06                <columns>id</columns>
07                <algorithm>mod-long</algorithm>
08            </rule>
09        </tableRule>
10        <function name="mod-long" class="io.mycat.route.function.PartitionByMod">
11            <property name="count">3</property>
12        </function>
13    </mycat:rule>
```

在上述配置文件里，通过第 4 行到第 9 行代码定义了名为 mod-long 的分库规则，该分库规则采用的算法如第 7 行所示，是 mod-long，而该分库规则所对应的字段如第 6 行所示，是 id。

在本配置文件的第 10 行到第 12 行里，定义了 mod-long 分库规则中的 mod-long 分库算法，该算法将对指定字段（即 id）进行 mod 3 操作，并根据取模的结果，把针对 employee 表的读写操作定位到具体的子表中。这里请注意，分库算法中取模的数值 3，需要和子表的个数相同。

然后再编写用来配置分库信息的 schema.xml 文件，代码如下。

```
01    <?xml version="1.0"?>
02    <!DOCTYPE mycat:schema SYSTEM "schema.dtd">
03    <mycat:schema xmlns:mycat="http://io.mycat/">
04        <schema name="TESTDB" checkSQLschema="true" >
05            <table name="employee" dataNode="dn1,dn2,dn3" rule="mod-long" />
06        </schema>
07        <dataNode name="dn1" dataHost="localhost1" database="db1" />
08        <dataNode name="dn2" dataHost="localhost1" database="db2" />
09        <dataNode name="dn3" dataHost="localhost1" database="db3" />
10        <dataHost name="localhost1" maxCon="1000" minCon="10" balance="0"
   writeType="0" dbType="mysql" dbDriver="native" switchType="1"
   slaveThreshold="100">
11            <heartbeat>select user()</heartbeat>
12            <writeHost host="hostM1" url="localhost:3306" user="root"
   password="123456">
13            </writeHost>
14        </dataHost>
15    </mycat:schema>
```

在上述配置文件的第 4 行到第 6 行的代码里，定义了 employee 子表是部署在 dn1、dn2 和 dn3 这三个数据节点上，同时针对这三个子表将采用 rule.xml 里定义的 mod-long（即 id 模 3）的分库规则。随后通过第 7 行到第 9 行代码定义了 employee 三个子表部署所在的 dn1、dn2 和 dn3 这三个数据节点，它们分别指向本地 MySQL 的 db1、db2 和 db3 数据库。

在之后第 10 行的代码里定义了名为 localhost1host1 的数据库，具体地，是通过 dbType 参数定义了 localhost1host1 数据库为 MySQL 类型，并通过 maxCon 和 minCon 等参数指定了该数据库的最大和最小连接数，随后再通过第 12 行代码指定连到 localhost:3306 的 MySQL 数据库的用户名和密码。

从上述三个配置文件里读者能看到，微服务等应用程序可通过 root 用户名和 123456 密码连接到 MyCat 组件，而 MyCat 组件是工作在本地 8066 端口。

如图 9.6 所示，可以看到通过上述三个配置文件定义的分库关系。如果应用程序要通过 MyCat 组件对 employee 表进行增删改查操作，那么 MyCat 组件会先对请求所携带的 id 参数进行模 3 运算，随后再根据结果把该请求定位到具体的子表上。

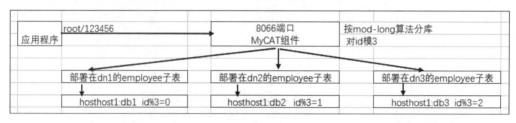

图 9.6　基于 MyCat 的 employee 分库表

从上述配置文件中读者能看到，在微服务项目中引入 MyCat 组件后，可通过分库的做法来缩小大数据表的规模，从而提升针对大表的访问性能。

完成上述配置后，开启一个命令行窗口，进入 MyCat 组件的 bin 目录，并在其中运行 startup_nowrap.bat 命令来启动 MyCat 组件。运行该命令后，如果看到如图 9.7 所示的提示信息，那么就能确认 MyCat 组件成功启动。

```
2021-10-31 18:57:35,750 [INFO ][$_NIOREACTOR-2-RW] connected successfuly MySQLConnection [id=2, lastTime=1635677855750,
user=root, schema=db1, old shema=db1, borrowed=true, fromSlaveDB=false, threadId=209, charset=latin1, txIsolation=3, aut
ocommit=true, attachment=null, respHandler=null, host=localhost, port=3306, statusSync=null, writeQueue=0, modifiedSQLEx
ecuted=false]  (io.mycat.backend.mysql.nio.handler.GetConnectionHandler:GetConnectionHandler.java:67)
2021-10-31 18:57:35,750 [INFO ][$_NIOREACTOR-1-RW] connected successfuly MySQLConnection [id=9, lastTime=1635677855750,
user=root, schema=db1, old shema=db1, borrowed=true, fromSlaveDB=false, threadId=212, charset=latin1, txIsolation=3, aut
ocommit=true, attachment=null, respHandler=null, host=localhost, port=3306, statusSync=null, writeQueue=0, modifiedSQLEx
ecuted=false]  (io.mycat.backend.mysql.nio.handler.GetConnectionHandler:GetConnectionHandler.java:67)
2021-10-31 18:57:35,825 [INFO ][main] init result :finished 10 success 10 target count:10  (io.mycat.backend.datasource.
PhysicalDBPool:PhysicalDBPool.java:319)
2021-10-31 18:57:35,825 [INFO ][main] localhost1 index:0 init success  (io.mycat.backend.datasource.PhysicalDBPool:Physi
calDBPool.java:265)
MyCAT Server startup successfully. see logs in logs/mycat.log
```

图 9.7　MyCat 组件成功启动后的效果图

9.3.3　微服务整合 MyCat 实现分库效果

从使用角度来看，微服务应用程序能像连接 MySQL 数据库那样，通过 JPA 组件连接 MyCat，只不过 MySQL 数据库默认工作在 3306 端口，而 MyCat 组件默认工作在 8066 端口。

所以按上文给出的步骤完成搭建 MyCat 组件运行环境，并通过编写配置文件完成针对

employee 数据表的分库效果后，可以通过改写 9.1.3 节创建的 JPADemo 项目，来实现微服务项目整合 MyCat 分库组件的效果，具体步骤如下。

步骤01 创建一个和 JPADemo 相同的 Maven 项目，把该项目的名字修改成 MyCatDemo。

步骤02 修改 MyCatDemo 项目中的 application.yml 配置文件，把其中指向 MySQL 数据库的代码改成指向 MyCat 分库组件，修改后的代码如下。

```
01  spring:
02    jpa:
03      show-sql: true
04      hibernate:
05        dll-auto: validate
06      properties:
07        hibernate:
08          dialect: org.hibernate.dialect.MySQL5Dialect
09    datasource:
10      url: jdbc:mysql://localhost:8066/TESTDB?useSSL=false
11      username: root
12      password: 123456
13      driver-class-name: com.mysql.jdbc.Driver
```

在修改后的配置文件里，通过第 10 行代码指向工作在 8066 的 MyCat 组件，也就是说，本项目所对应的针对 employee 表的增删改查操作，均会被 MyCat 组件转发到三个子表上，由此能实现分库效果。

步骤03 由于 MyCat 只能和较低版本的 MySQL 包兼容，所以在 pom.xml 里，需要通过如下的关键代码，引入 5.1.4 版本的 MySQL 依赖包。而在之前的 JPADemo 项目里，引用的是最新 8.x 版本的 MySQL 依赖包。

```
01  <groupId>mysql</groupId>
02      <artifactId>mysql-connector-java</artifactId>
03      <version>5.1.4</version>
04      <scope>runtime</scope>
05  </dependency>
```

除了上述两个区别点之外，MyCatDemo 项目的其他代码和 JPADemo 项目的完全一致。

运行启动类启动 MyCatDemo 项目后，可以在浏览器里输入 http://localhost:8080/insertEmployee 请求，根据 MyCatDemo 项目中控制器类的定义，该请求会插入一条 id 为 10 的员工数据。

根据 MyCat 组件中 rule.xml 里定义的分库规则，MyCat 组件会先对 id 进行模 3 操作，然后根据 schema.xml 中的配置，把该条数据插入 db2 数据库的 employee 子表中，也就是说，在 db1 和 db3 数据库的 employee 子表中，看不到这条 id 为 10 的员工数据。

随后可以在浏览器里输入 http://localhost:8080/getEmployeeByID/10 请求，该请求会返回如下所示的结果。事实上 MyCat 组件会根据 id 参数，到 db2 数据库的 employee 子表中获取该条数据并返回。

```
{"id":10,"name":"Mike","age":25,"salary":15000}
```

对应地，如果在浏览器里输入 http://localhost:8080/updateEmployee 请求修改 id 为 10 的员工数据，MyCat 组件会根据 id 模 3 的结果，到 db2 数据库的 employee 子表中修改该条数据。如果在浏览器里输入 http://localhost:8080/deleteEmployeeByID/10，那么 MyCat 组件同样会到 db2 数据库的 employee 子表中删除 id 为 10 的员工数据。

从上述增删改查的操作过程中，可以看到通过 MyCat 组件进行分库操作的效果。

9.3.4 微服务整合 MyCat 和 Redis

微服务项目除了可以通过整合 MyCat 组件实现分库效果外，还可以通过引入 Redis 缓存组件来进一步提升数据库的读写性能。

在名为 RedisMyCatDemo 的 Maven 项目里，将给出微服务整合 MyCat 和 Redis 的详细做法。

该项目读取数据的流程如图 9.8 所示。从中可以看到，在收到读数据库的请求后，该项目首先会到 Redis 缓存中查找数据，如果找到则直接返回；否则的话，再通过 MyCat 组件到对应的 employee 子表中查找数据。

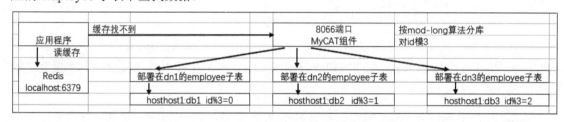

图 9.8　基于 Redis 和 MyCat 组件读取数据的示意图

由于微服务项目连接 MyCat 组件的方式和连接 MySQL 的方式非常相似，所以可以通过改写 9.2.4 节给出的 RedisMySQLDemo 项目来开发 RedisMyCatDemo，具体步骤如下。

步骤 01 创建一个和 RedisMySQLDemo 相同的 Maven 项目，并把该项目的名字修改成 RedisMyCatDemo。

步骤 02 修改 RedisMyCatDemo 项目中的 application.yml 配置文件，把其中指向 MySQL 数据库的代码改成指向 MyCat 分库组件，修改后的代码如下。

```
01  spring:
02    datasource:
03      url: jdbc:mysql://localhost:8066/TESTDB?useSSL=false
04      username: root
05      password: 123456
06      driver-class-name: com.mysql.jdbc.Driver
07    jpa:
08      database: MYSQL
09      show-sql: true
10      hibernate:
11        ddl-auto: validate
12      properties:
13        hibernate:
```

```
14          dialect: org.hibernate.dialect.MySQL5Dialect
15  redis:
16    host: localhost
17    port: 6379
```

其中，通过第 3 行代码配置指向 MyCat 组件的连接，通过第 15 行到第 17 行代码配置指向 Redis 的连接。

步骤 03 同样需要在 RedisMyCatDemo 项目的 pom.xml 里，通过如下的关键代码引入 5.1.4 版本的 MySQL 依赖包。否则，MyCat 组件可能会和 MySQL 依赖包不兼容。

```
01  <groupId>mysql</groupId>
02      <artifactId>mysql-connector-java</artifactId>
03      <version>5.1.4</version>
04      <scope>runtime</scope>
05  </dependency>
```

除了上述两个差异点之外，RedisMyCatDemo 项目的其他代码和 RedisMySQLDemo 项目的完全一致。

完成上述修改后，可以在启动 Redis 和 MyCat 组件的基础上，通过运行启动类启动 RedisMyCatDemo 项目。

启动后可以在浏览器里输入 http://localhost:8080/saveEmployee，根据 RedisMyCatDemo 项目中控制器类的定义，该请求会插入一条 id 为 1 的员工数据，根据 MyCat 组件中 schema.xml 配置文件的定义，该条数据会插入 db2 数据库的 employee 子表中。

随后可以多次在浏览器里输入 http://localhost:8080/findByID/1 请求，此时可以在浏览器里看到如下的输出数据。

```
{"id":1,"name":"Tom","age":22,"salary":10000}
```

事实上，MyCat 组件会根据分库规则，从 db2 数据库中的 employee 子表中得到该条员工数据并返回，从中可以看到通过 MyCat 组件进行分库操作的效果。

除此之外，还能在 RedisMyCatDemo 的控制台里看到如下的输出结果：

```
Get Employee From MySQL
Get Employee From Redis
```

从中可以看到通过 Redis 组件缓存数据的效果。

9.4　动 手 练 习

练习 1　仿照 9.1.3 节给出的 JPADemo 范例，在微服务项目中整合 JPA 组件，实现针对 MySQL 数据表的读写操作，具体要求如下：

要求一：创建名为 MyJPA 的 Maven 项目，在 pom.xml 中引入 JPA 等依赖包。

要求二：在 MySQL 数据库里创建名为 User 的数据库（即 schema），并在其中创建名为 user 的数据表，该表包含 id、username 和 pwd 三个字段。

要求三：仿照 JPADemo 项目中的 Employee 类，编写 User 类，其中包含了 id、username 和 pwd 三个属性，并通过注解定义该类和 MySQL 中 user 数据表的映射关系。

要求四：仿照 JPADemo 项目中的控制器类、业务类和 Repo 类，编写 MyJPA 项目中对应的类。其中在控制器类中，需要提供针对 user 数据表的"插入"和"根据 id 查询"这两个服务方法。

要求五：完成开发 MyJPA 项目后，通过运行启动类启动该项目，并观察通过 JPA 操作 user 数据表的效果。

练习 2 按照 9.2.2 节给出的步骤下载 Redis 组件的安装包，并在本机搭建 Redis 的运行环境。

练习 3 按照 9.3.2 节给出的步骤搭建 MyCat 环境，同时通过编写 MyCat 组件的三个配置文件，对练习 1 创建的 user 数据表进行"拆分成三个子表"的分库操作，并把这三个子表部署在本地 db1、db2 和 db3 这三个 MySQL 数据库中。

练习 4 仿照 9.3.4 节给出的 RedisMyCatDemo 项目创建名为 MyRedisMyCat 的微服务项目，在该微服务项目中整合 MyCat 和 Redis 组件，从而提升读写 user 数据表的性能，具体要求如下：

要求一：按练习 3 操作题所述，通过 MyCat 组件把 user 数据库拆分成 3 个子表，并把这三个子表部署在本地 db1、db2 和 db3 这三个 MySQL 数据库中。

要求二：在 MyRedisMyCat 项目的控制器类中，仿照 RedisMyCatDemo 项目定义读写 user 表的两个方法，方法名可以自己定义。

要求三：在"写"方法里，只通过 MyCat 组件向对应的 user 子表中插入数据，不向 Redis 数据库缓存数据。

要求四：在"读"方法里，先从 Redis 缓存中读取指定 id 的 user 数据，如果缓存中不存在，再通过 MyCat 根据 id 到对应的 user 子表中查询数据。

要求五：完成开发 MyRedisMyCat 项目后，启动 Redis 和 MyCat 组件，启动 MyRedisMyCat 项目，在此基础上验证微服务整合 MyCat 和 Redis 的效果。

第10章

Spring Cloud Alibaba Seata 实现
分布式事务

在微服务项目中，一个业务动作可能需要操作不同数据源的数据，而这些操作多个数据源的业务同样可能要满足事务层面"要么全做，要么全都不做"的要求。在实践中，可以通过使用分布式事务来同时确保这种场景下的数据的一致性和完整性。

在基于 Spring Cloud Alibaba 的微服务项目中，可以使用 Seata 组件来实现分布式事务，通过该组件，能有效地在多数据源中实现数据的同时提交和同时回滚操作。本章将在介绍分布式事务和 Seata 组件的基础上，给出用 Seata 组件实现包含分布式事务需求的一般做法。

10.1 分布式事务与 Seata 组件

分布式事务是在分布式架构中的事务，和单机版的事务相比，分布式事务不仅需要考虑分布式系统中多个数据源的数据一致性，还需要考虑实现事务的高效性和安全性。

Seata 是一个基于两阶段提交的分布式事务组件，该组件向程序员封装实现分布式事务时的内部细节，也就是说，如果在项目中引入 Seata 组件，程序员能像实现本地事务那样实现分布式事务。

10.1.1 分布式业务和分布式事务

在单机版的应用中，业务逻辑往往只是访问并操作一个数据库，在这种情况下，能用比较小的代价来确保诸多操作数据库动作的事务性。

不过在基于分布式的微服务场景中，为了完成一个业务动作，部署在不同服务器上的微服务模块会相互调用，并操作各自的数据库。

比如在图 10.1 给出的包含分布式业务的微服务场景中，创建订单的业务请求需要由订单模块和库存模块协作完成，订单模块会通过 OpenFeign 调用库存模块的方法，而这两个模块均会访问各自的数据库。

这种涉及多个数据源的分布式业务同样需要确保相关数据的事务性，即需要确保不同数据源中的数据被一起提交或一起回滚，而涉及多个数据源的事务就叫分布式事务。

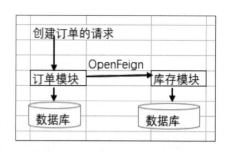

图 10.1 涉及分布式业务的效果图

和基于单个数据源的传统事务相比，分布式事务需要在系统架构层面确保全局数据的一致性，这样就需要监控相关数据源中请求的执行情况，并对应地进行数据提交和数据回滚等操作。

在项目中，可以由程序员自行编写代码来处理分布式事务，也可以通过引入相关组件来处理。在基于 Spring Cloud Alibaba 的微服务项目中，可以引入 Seata 组件来处理分布式事务。事实上，引入 Seata 组件后，程序员能像处理单机版事务那样处理分布式事务。

10.1.2 Seata 组件概述

前文已经提到，Seata 是一个可以实现分布式事物的组件，该组件由如下三个模块组成。

- Transaction Coordinator（简称 TC），中文含义是事务协调器，该模块可以协调分布式事务的运行状态，并能协调在不同数据源上事务的提交或回滚操作。
- Transaction Manager（简称 TM），中文含义是事务管理者，创建分布式事务的工作是由该模块负责的，而针对不同数据源上的全局性的提交和回滚，也是由该模块负责的。
- Resource Manager（简称 RM），中文含义是资源管理器，在分布式事务的执行过程中，该模块可以用来控制多个数据源上的事务，同时该模块可以根据事务协调器（TC）的指令，在诸多数据源上进行事务的提交和回滚操作。

Seata 组件中三个模块协同完成分布式事务的流程效果如图 10.2 所示。

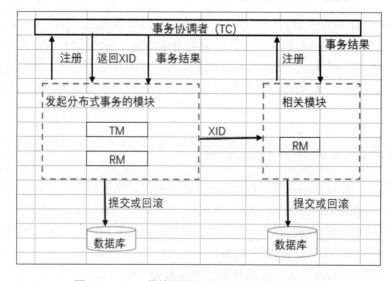

图 10.2 Seata 模块协同完成分布式事务的效果图

第一，在分布式事务相关的微服务模块中，都需要部署 Seata 组件的 TM 和 RM 模块，而发起分布式的微服务模块通过 TM 向 TC 模块申请创建一个分布式事务，对应地，TC 模块则向发起分布式事务的微服务返回一个唯一标识的 XID 主键。

第二，发起分布式事务的模块会根据该 XID，向相关模块发起分布式事务请求。同时，分布式事务相关模块中的 RM 实时记录并更新事务的执行情况。

第三，分布式事务相关模块中的 RM 模块会和 TC 模块交互，而 TC 模块则根据 RM 模块给出的针对单个数据源的事务执行情况，发起并执行全局性的提交和回滚决定。

虽然基于 Seata 的分布式事务运行起来很复杂，但是在 Seata 组件的底层源码中，封装了通过 TC、TM 和 RM 模块实现分布式事务的流程，也就是说，程序员能通过使用 Seata 组件提供的接口方法，方便地实现包含分布式事务的业务功能。

10.1.3　搭建 Seata 服务端开发环境

从 Seata 组件的构成来看，为了在项目里通过 Seata 实现分布式事务，不仅需要单独安装和启动一个作为事务协调者（TC）的 Seata 组件，还需要在具体包含分布式事务的项目里，通过引入配置文件，构建 Seata 组件中的 TM 和 RM 模块。

其中，作为事务协调者的 Seata 组件叫作 Seata 服务端，而包含 Seata 组件中 TM 和 RM 模块的项目叫作 Seata 客户端。

在实际开发过程中，只要在相关微服务项目中通过 pom.xml 文件引入 Seata 的依赖包，就能在该项目中引入 Seata 组件的 TM 和 RM 等模块，搭建 Seata 服务器的具体步骤如下。

步骤 01 到 https://github.com/seata/seata/releases 下载最新版的 Seata 组件的压缩包，本书用到的是 1.4.2 版本。下载完成后解压到本地，比如本书是解压在 d:\env 路径。

步骤 02 进入到 Seata 组件的 conf 路径，打开其中的 registry.conf 文件，通过该文件可以配置 Seata 服务端的配置中心和注册中心。其中配置中心用于管理 Seata 的相关参数，而 Seata 组件可以根据注册中心里的配置，向 Nacos 等注册，以实现高可用。

Seata 组件的服务端和客户端有 file（文件）、db（数据库）和 redis（缓存）三种工作模式，其中 file 模式最为简单，即通过文件的形式记录分布式事务的相关运行步骤和运行状态。但从严格意义上讲，基于 file 的配置方式无法搭建 Seata 的高可用集群。

如果采用 db 模式，则可以通过把 Seata 注册到 Nacos，从而可以搭建 Seata 集群。redis 模式则是基于缓存来实现配置管理和注册管理，这种方式不常见。

在实际项目中，用得比较多的是 file 和 db 这两种模式，这里先讲一下通过 registry.conf 文件以 file 模式配置 Seata 服务端的做法，在后文里，将给出基于 db 模式搭建 Seata 集群的详细步骤。

如果要把 Seata 服务端配置成 file 模式，需要把 registry.conf 文件修改成如下的样式。

```
01  registry {
02    type = "file"
03    file {
04      name = "file.conf"
05    }
06  }
```

```
07  config {
08    type = "file"
09    file {
10      name = "file.conf"
11    }
12  }
```

其中，通过第 2 行和第 8 行代码把注册中心和配置中心的 type 参数设置成 file；通过第 4 行和第 10 行代码指定用注册中心和配置中心的类型都是 file，即 Seata 服务器会以文件的形式来保存注册和配置的相关参数。

步骤 03 打开 conf 目录下的 file.conf，在其中只留下 file 相关的代码块，去掉 db 和 redis 相关的代码，修改后的代码如下。

```
01  ## transaction log store, only used in seata-server
02  store {
03    ## store mode: file、db、redis
04    mode = "file"
05    ## rsa decryption public key
06    publicKey = ""
07    ## file store property
08    file {
09      ## store location dir
10      dir = "sessionStore"
11      # branch session size , if exceeded first try compress lockkey, still
    exceeded throws exceptions
12      maxBranchSessionSize = 16384
13      # globe session size , if exceeded throws exceptions
14      maxGlobalSessionSize = 512
15      # file buffer size , if exceeded allocate new buffer
16      fileWriteBufferCacheSize = 16384
17      # when recover batch read size
18      sessionReloadReadSize = 100
19      # async, sync
20      flushDiskMode = async
21    }
22  }
```

从上述两个配置文件可以看到，基于 file 模式的 Seata 服务端只是用文件来记录 Seata 的相关参数，并没有指定注册中心。这种工作模式比较简单——虽然无法确保 Seata 组件的高可用，但 Seata 组件能以较高的效率来实现分布式事务，所以在一些分布式事务比较简单的项目中，建议采用这种工作模式。

完成上述配置后，可以进入到 Seata 组件的 bin 目录，通过如下命令启动 Seata 服务端。

```
seata-server.bat -p 8091 -h localhost -m file
```

在上述命令中，通过-p 和-h 参数指定 Seata 组件将工作在本地 8091 端口，通过-m 参数指定 Seata 组件将以 file（文件）模式启动。启动后，如果能看到如下的信息，则说明 Seata 组件启动成功，且正确地工作在 8091 本地端口。

```
Server started, listen port: 8091
```

10.2　用 Seata 实现分布式事务的范例

在本节中，首先介绍分布式事务相关的数据库和分布式事务涉及的业务，随后在此基础上，给出分布式事务相关项目（即 Seata 客户端）的搭建步骤，从中读者能掌握通过 Seata 组件开发分布式事务的一般方法。

10.2.1　数据库和分布式事务描述

为了模拟分布式事务的场景，这里需要在本地 MySQL 数据库里新建两个数据库，一个用来存储订单信息的 order 数据库，另一个用来存储库存信息的 stock 数据库。

请注意，虽然两个数据库创建在同一个 MySQL 数据库服务器上，但在真实生产环境上的分布式事务，一般是操作部署在多台数据库服务器上的数据。

在订单 order 数据库里，创建一个描述订单信息的 orderdetail 表，该表的结构如表 10.1 所示。

表 10.1　orderdetail 表结构

字　段　名	类　　型	说　　明
id	int	订单 id，主键
stockid	int	该订单中的货物 id，与 stock 表的 id 是外键关系
num	int	该订单中货物的数量
status	varchar(45)	订单状态

在库存 order 数据库里，创建一个描述库存货物信息的 stock 表，该表的结构如表 10.2 所示。

表 10.2　stock 表结构

字　段　名	类　　型	说　　明
id	int	库存货物的 id，主键
name	varchar(45)	库存货物的名字
num	int	库存货物的数量
description	varchar(45)	该库存货物的描述

为了实现分布式事务中的回滚操作，需要在 order 和 stock 数据库里，通过如下的语句创建名为 undo_log 的回滚日志表。

```
01  CREATE TABLE 'undo_log' (
02    'id' bigint(20) NOT NULL AUTO_INCREMENT,
03    'branch_id' bigint(20) NOT NULL,
04    'xid' varchar(100) NOT NULL,
05    'context' varchar(128) NOT NULL,
06    'rollback_info' longblob NOT NULL,
07    'log_status' int(11) NOT NULL,
```

```
08    'log_created' datetime NOT NULL,
09    'log_modified' datetime NOT NULL,
10    'ext' varchar(100) DEFAULT NULL,
11    PRIMARY KEY ('id'),
12    UNIQUE KEY 'ux_undo_log' ('xid','branch_id')
13  ) ENGINE=InnoDB AUTO_INCREMENT=17 DEFAULT CHARSET=utf8;
```

从业务上讲，这里将要实现的分布式事务涉及两个微服务项目，一个用来管理库存信息的 StockService 项目，另一个用来管理订单信息的 OrderService，具体的和分布式事务相关的业务如下。

（1）外部请求通过 OrderService 项目提供的方法，发起创建订单的请求。

（2）OrderService 项目会在 orderdetail 数据表里创建一条订单数据，并把该条订单数据的状态设置成 in progress。

（3）OrderService 项目随后会调用 StockService 项目提供的方法，到 stock 表里扣除该订单里对应货物的库存数量，完成扣除后，OrderService 项目会把已创建的该条订单数据的状态修改成 completed。

虽然上述业务动作分布在两个不同的微服务项目里，而且对应的 orderdetail 和 stock 数据表分布在不同的数据库里，但上述业务中的操作需要具备事务性，即针对两个数据表的操作要么全都成功，要么全都撤回（Rollback），不能存在操作一个表的数据，而不操作另一个表数据的情况。

这里需要实现的事务就叫分布式事务。在下文中，将通过在 StockService 和 OrderService 项目中引入 Seata 组件，实现上述的分布式事务需求。

10.2.2　开发库存微服务项目

在名为 StockService 的微服务项目中，会以"/reduceStockNum/{id}/{num}"格式的 URL 请求对外提供"减少指定货物库存数量"的服务，其中该请求中参数 id 表示待减少库存的货物 id，而参数 num 则表示待减少的库存数量。

该项目会把服务注册到 Nacos，在通过 JPA 方式操作 stock 数据库中的 stock 表时，需要引入 Seata 组件的配置文件让本项目成为 Seata 的客户端，从而能够以分布式事务的方式操作数据库。该项目的实现要点如下。

第一，在 pom.xml 文件里，通过如下的关键代码，引入 Spring Boot、Nacos、MySQL、JPA 和 Seata 等组件的依赖包。

```
01  <dependencies>
02    <dependency>
03      <groupId>org.springframework.boot</groupId>
04      <artifactId>spring-boot-starter-web</artifactId>
05    </dependency>
06    <dependency>
07      <groupId>com.alibaba.cloud</groupId>
08  <artifactId>spring-cloud-starter-alibaba-nacos-discovery</artifactId>
```

```
09        </dependency>
10        <dependency>
11        <groupId>mysql</groupId>
12            <artifactId>mysql-connector-java</artifactId>
13            <scope>runtime</scope>
14        </dependency>
15        <dependency>
16            <groupId>org.springframework.boot</groupId>
17    <artifactId>spring-boot-starter-data-jpa</artifactId>
18        </dependency>
19        <dependency>
20            <groupId>com.alibaba.cloud</groupId>
21    <artifactId>spring-cloud-starter-alibaba-seata</artifactId>
22        </dependency>
23    </dependencies>
```

其中，通过第 2 行到第 5 行代码引入 Spring Boot 的依赖包，通过第 6 行到第 9 行代码引入 Nacos 依赖包，通过第 10 行到第 18 行代码引入 MySQL 和 JPA 的依赖包，通过第 19 行到第 22 行代码引入 Seata 的依赖包。

第二，在启动类中，通过第 5 行的注解指定本项目需要和 Nacos 交互，此外不需要编写和 Seata 相关的注解，相关代码如下。

```
01    package prj;
02    import org.springframework.boot.SpringApplication;
03    import org.springframework.boot.autoconfigure.SpringBootApplication;
04    import org.springframework.cloud.client.discovery.EnableDiscoveryClient;
05    @EnableDiscoveryClient
06    @SpringBootApplication
07    public class SpringBootApp {
08        public static void main(String[] args) {
09            SpringApplication.run(SpringBootApp.class, args);
10        }
11    }
```

第三，在 resources 目录下的 application.yml 文件中，编写 MySQL、JPA 和 Nacos 等的配置参数，同时设置本项目的工作端口为 8085，相关代码如下。

```
01    spring:
02     application:
03      name: StockService
04     jpa:
05       show-sql: true
06       hibernate:
07         dll-auto: validate
08     datasource:
09       url: jdbc:mysql://localhost:3306/stock?serverTimezone=GMT
10       username: root
11       password: 123456
12       driver-class-name: com.mysql.jdbc.Driver
13     nacos:
14       discovery:
```

```
15      server-addr: 127.0.0.1:8848
16  server:
17    port: 8085
```

请注意，在该配置文件中，无须设置 Seata 相关的配置。

在上述配置文件的第 4 行到第 7 行里设置了 JPA 的配置参数，在第 8 行到第 12 行里设置了 MySQL 的配置参数，在第 13 行到第 15 行里设置了 Nacos 的配置参数，在第 16 行和第 17 行代码设置了本项目的工作端口为 8085。

第四，通过控制器类、业务服务类和 Repo 类，对外提供"减少指定货物库存数量"的服务，其中控制器类 Controller.java 的代码如下。

```
01  package prj.controller;
02  import org.springframework.beans.factory.annotation.Autowired;
03  import org.springframework.web.bind.annotation.PathVariable;
04  import org.springframework.web.bind.annotation.RequestMapping;
05  import org.springframework.web.bind.annotation.RestController;
06  import prj.model.Stock;
07  import prj.service.StockService;
08  @RestController
09  public class Controller {
10      @Autowired
11      StockService stockService;
12      @RequestMapping("/reduceStockNum/{id}/{num}")
13      Stock reduceStockNum(@PathVariable int id, @PathVariable int num){
14          return stockService.reduceStockNum(id,num);
15      }
16  }
```

在该控制器类中的第 12 行到第 15 行代码里定义了名为 reduceStockNum 的方法，该方法以第 12 行定义的 URL 格式对外提供服务。

在该方法中，通过第 14 行的代码调用了 stockService 对象的 reduceStockNum 方法，对外提供"减少指定货物库存数量"的服务。

业务服务类 StockService.java 的代码如下。

```
01  package prj.service;
02  import org.springframework.beans.factory.annotation.Autowired;
03  import org.springframework.stereotype.Service;
04  import prj.model.Stock;
05  import prj.repo.StockRepo;
06  @Service
07  public class StockService {
08      @Autowired
09      private StockRepo stockRepo;
10      public Stock reduceStockNum(int id, int reduceNum){
11          Stock stock = stockRepo.findById(id).get();
12          stock.setNum(stock.getNum()-reduceNum);
13          stockRepo.save(stock);
14          return stock;
15      }
16  }
```

在本类的第 10 行到第 15 行里，提供了"减少指定货物库存数量"的业务方法，在该方法里，首先通过第 11 行的代码，根据 id 找到指定的库存货物；再通过第 12 行到和 13 行的代码，扣除该货物的库存量并保存。

请注意，在该业务服务类中，调用第 9 行定义的 stockRepo 对象，通过 JPA 组件的方式操作数据库。实现数据库操作的 StockRepo 类，是通过继承 JpaRepository 类，来针对 stock 数据表的增删改查操作，具体代码如下。

```
01  package prj.repo;
02  import org.springframework.data.jpa.repository.JpaRepository;
03  import org.springframework.stereotype.Component;
04  import prj.model.Stock;
05  @Component
06  public interface StockRepo extends JpaRepository<Stock, Integer> { }
```

在控制器类、业务服务类和 JPA 类中，均用到了业务模型类 Stock，该类是通过 JPA 相关的注解，实现了和 MySQL 数据表 Stock 的映射，具体代码如下。

```
01  package prj.model;
02  import javax.persistence.Column;
03  import javax.persistence.Entity;
04  import javax.persistence.Id;
05  import javax.persistence.Table;
06  @Entity
07  @Table(name="Stock") //和 Stock 数据表关联
08  public class Stock {
09      @Id //通过@Id 定义主键
10      private int ID;
11      @Column(name = "name")
12      private String name;
13      @Column(name = "num")
14      private int num;
15      @Column(name = "description")
16      private String description;
17  //省略针对诸多属性的 get 和 set 方法
18  }
```

在本类中，通过第 6 行和第 7 行的@Entity 和@Table 说明本业务模型类是和 Stock 数据表映射；在诸多属性前，通过@Column 注解说明该属性是和 Stock 表里的哪个字段关联。

第五，由于本项目需要以 Seata 客户端的身份参与分布式事务，所以需要在 resources 目录下，通过配置文件指定 Seata 客户端配置中心和注册中心的参数。其中，描述配置中心参数的 file.conf 文件代码如下。

```
01  transport {
02    type = "TCP"
03    server = "NIO"
04    heartbeat = true
05    shutdown {
06      wait = 3
07    }
```

```
08    serialization = "seata"
09    compressor = "none"
10  }
11  service {
12    vgroupMapping.my_tx_group = "default"
13    default.grouplist = "127.0.0.1:8091"
14    enableDegrade = false
15    disable = false
16    max.commit.retry.timeout = "-1"
17    max.rollback.retry.timeout = "-1"
18    disableGlobalTransaction = false
19  }
20  client {
21    async.commit.buffer.limit = 10000
22    lock {
23      retry.internal = 10
24      retry.times = 30
25    }
26    report.retry.count = 5
27    tm.commit.retry.count = 1
28    tm.rollback.retry.count = 1
29  }
30  transaction {
31    undo.data.validation = true
32    undo.log.serialization = "jackson"
33    undo.log.save.days = 5
34    undo.log.delete.period = 86400000
35    undo.log.table = "undo_log"
36  }
37  support {
38    spring {
39      datasource.autoproxy = false
40    }
41  }
```

在上述配置文件中，通过第12行代码指定本项目的分布式事务是从属于my_tx_group组，通过第13行的代码指定本项目将和工作在本地8091端口的Seata服务器交互。随后，本配置文件通过第35行代码指定本项目所包含的分布式事务，将在undo_log表里记录事务回滚的日志。

而在 registry.conf 配置文件中，指定了本 Seata 客户端的注册中心和配置中心都是采用 file 模式，相关代码如下。

```
01  registry {
02    type = "file"
03    file {
04      name = "file.conf"
05    }
06  }
07  config {
08    type = "file"
09    file {
```

```
10      name = "file.conf"
11    }
12  }
```

从上文针对 StockService 项目的描述来看，虽然该项目没有发起分布式事务请求，但在控制器类中提供的服务方法将会被其他项目以分布式事务的方式调用。

所以该项目依然需要引入 Seata 组件的依赖包，并同时编写 Seata 配置中心和注册中心相关的参数，从而以 Seata 客户端的身份参与分布式事务。

10.2.3　在订单项目里实现分布式事务

在名为OrderService的Maven项目中，将以分布式事务的方式对外提供"新增订单"的服务方法，该项目同样需要引入Seata依赖包，并配置Seata的相关参数，具体的实现步骤如下。

第一，在 pom.xml 文件中，引入 Spring Boot、Nacos、MySQL、JPA、OpenFeign 和 Seata 等组件的依赖包。由于本项目会以 OpenFeign 的方式调用封装在 StockService 项目中的方法，所以还需要引入 OpenFeign 依赖包，关键代码如下。

```
01  <dependencies>
02    <dependency>
03      <groupId>org.springframework.boot</groupId>
04      <artifactId>spring-boot-starter-web</artifactId>
05    </dependency>
06    <dependency>
07      <groupId>com.alibaba.cloud</groupId>
08  <artifactId>spring-cloud-starter-alibaba-nacos-discovery</artifactId>
09    </dependency>
10    <dependency>
11      <groupId>mysql</groupId>
12      <artifactId>mysql-connector-java</artifactId>
13      <scope>runtime</scope>
14    </dependency>
15    <dependency>
16        <groupId>org.springframework.boot</groupId>
17  <artifactId>spring-boot-starter-data-jpa</artifactId>
18    </dependency>
19    <dependency>
20      <groupId>org.springframework.cloud</groupId>
21  <artifactId>spring-cloud-starter-openfeign</artifactId>
22    </dependency>
23    <dependency>
24      <groupId>com.alibaba.cloud</groupId>
25  <artifactId>spring-cloud-starter-alibaba-seata</artifactId>
26    </dependency>
27  </dependencies>
```

和之前给出的 StockService 项目的 pom.xml 文件相比，本文件增加了第 19 行到第 22 行引入 OpenFeign 依赖包的代码。

第二，编写 Spring Boot 启动类，由于该类代码和 StockService 项目中的完全一致，所以就不再额外分析了。

第三，在 resources 目录下的 application.yml 文件中，编写 MySQL、JPA 和 Nacos 等的配置参数，相关代码如下。

```
01  spring:
02    application:
03      name: StockService
04    cloud:
05      alibaba:
06        seata:
07          tx-service-group: mySeata_group
08    jpa:
09      show-sql: true
10      hibernate:
11        dll-auto: validate
12    datasource:
13      url: jdbc:mysql://localhost:3306/order?serverTimezone=GMT
14      username: root
15      password: 123456
16      driver-class-name: com.mysql.jdbc.Driver
17  nacos:
18    discovery:
19      server-addr: 127.0.0.1:8848
20  server:
21    port: 8090
```

请注意，本配置文件的代码和 StockService 项目中的 application.yml 文件很相似，只是更改的项目名和工作端口。

第四，通过控制器类、业务服务类和 Repo 类，对外提供"新增订单"的服务，其中控制器类 Controller.java 的代码如下。

```
01  package prj.controller;
02  import org.springframework.beans.factory.annotation.Autowired;
03  import org.springframework.web.bind.annotation.PathVariable;
04  import org.springframework.web.bind.annotation.RequestMapping;
05  import org.springframework.web.bind.annotation.RestController;
06  import prj.model.OrderDetail;
07  import prj.service.OrderDetailService;
08  @RestController
09  public class Controller {
10      @Autowired
11      OrderDetailService orderDetailService;
12      @RequestMapping("/createOrder/{stockId}/{num}")
13      OrderDetail createOrder(@PathVariable int stockId, @PathVariable int num){
14          return orderDetailService.createOrder(stockId,num);
15      }
16  }
```

在该控制器类的第 12 行到第 15 行里，定义了一个名为 createOrder 的创建订单的方法，该方法的 stockId 参数表示订单中的货物 id，而 num 参数则表示订单中货物的数量。

在该方法的第 14 行代码中，通过调用业务服务对象 orderDetailService 的 createOrder 方法来创建订单。

在业务服务类 OrderDetailService.java 里，实现了以分布式事物的方式创建订单的功能，具体代码如下。

```
01   package prj.service;
02   import io.seata.spring.annotation.GlobalTransactional;
03   import org.springframework.beans.factory.annotation.Autowired;
04   import org.springframework.cloud.openfeign.FeignClient;
05   import org.springframework.stereotype.Component;
06   import org.springframework.stereotype.Service;
07   import org.springframework.web.bind.annotation.GetMapping;
08   import org.springframework.web.bind.annotation.PathVariable;
09   import prj.model.OrderDetail;
10   import prj.model.Stock;
11   import prj.repo.OrderDetailRepo;
12   @Component
13   @FeignClient(name = "StockService")
14   interface Openfeignclient {
15       @GetMapping("/reduceStockNum/{id}/{num}")
16       Stock reduceStockNum(@PathVariable int id, @PathVariable int num);
17   }
```

在该业务服务类的第 12 行到第 17 行里，首先是以 OpenFeign 的形式，封装了调用 StockService 项目中/reduceStockNum 请求的方法，而在该业务服务类的后继创建订单的代码中，会通过调用该 OpenFeign 封装的方法，实现"扣除库存"的动作。

```
01   @Service
02   public class OrderDetailService {
03       @Autowired
04       private OrderDetailRepo orderDetailRepo;
05       @Autowired
06       private Openfeignclient tool;
07       //创建订单
08       @GlobalTransactional(name = "createOrder",rollbackFor = Exception.class)
09       public OrderDetail createOrder(int stockId, int num){
10           //1 创建新订单
11           OrderDetail orderDetail = new OrderDetail();
12           orderDetail.setId(1);
13           orderDetail.setStockid(stockId);
14           orderDetail.setNum(num);
15           orderDetail.setStatus("in progress");
16           orderDetailRepo.save(orderDetail);
17           //2 更新库存信息
18           tool.reduceStockNum(stockId,num);
19           //3 更新订单状态
20           orderDetail.setStatus("completed");
```

```
21          orderDetailRepo.save(orderDetail);
22          return orderDetail;
23      }
24  }
```

在该业务服务类的第 25 行到第 40 行的代码中，定义了用于创建订单的 createOrder 方法，由于该方法涉及分布式事务，所以需要用第 25 行的@GlobalTransactional 注解来修饰。通过该注解，指定了本分布式事务的名字为 createOrder，在该分布式事务中，一旦遇到 Exception 类型的异常，就需要回滚事务。

具体在 createOrder 方法里，首先通过第 28 行到第 33 行的代码，使用 orderDetailRepo 对象在 OrderDetail 数据表里创建了一条订单数据；随后通过第 35 行的代码，用 OpenFeign 对象调用 StockService 库存项目中的方法，实现扣除指定货物数量的功能；最后通过第 37 行和第 38 行的代码，更新订单的状态。

上述三个操作涉及两个不同的微服务项目和两个不同的数据库，但需要以事务的方式来管理，所以就需要引入分布式数据。从实践角度来看，由于 Seata 组件很好地封装了分布式项目的实现细节，而本项目同样也引入了 Seata 依赖包，配置了 Seata 的注册中心和配置中心，所以在本业务服务方法里，可以通过@GlobalTransactional 注解，像定义本地事务一样定义分布式事务。

而业务服务类 OrderDetailService.java 里用到的是 OrderDetailRepo 类，该类通过第 6 行代码用继承 JpaRepository 类的方法，实现针对 OrderDetail 表的增删改查操作，具体代码如下。

```
01  package prj.repo;
02  import org.springframework.data.jpa.repository.JpaRepository;
03  import org.springframework.stereotype.Component;
04  import prj.model.OrderDetail;
05  @Component
06  public interface OrderDetailRepo extends JpaRepository<OrderDetail, Integer>
    { }
```

在业务服务类 OrderDetailService.java 里，用到了两个业务模型类，其中 Stock 类的代码和 StockService 项目中的保持一致，而描述订单信息的 OrderDetail 类代码如下。

```
01  package prj.model;
02  import javax.persistence.Column;
03  import javax.persistence.Entity;
04  import javax.persistence.Id;
05  import javax.persistence.Table;
06  @Entity
07  @Table(name="orderdetail")
08  public class OrderDetail {
09      @Id //通过@Id定义主键
10      private int id;
11      @Column(name = "stockid")
12      private int stockid;
13      @Column(name = "num")
14      private int num;
15      @Column(name = "status")
```

```
16      private String status;
17  //省略针对诸多属性的 get 和 set 方法
18  }
```

其中通过第 6 行和第 7 行的@Entity 和@Table 注解，指定本类和 OrderDetail 数据表相关联；而在诸多属性前，也是通过@Column 注解指定关联的数据表字段。

第五，由于本项目也需要以 Seata 客户端的身份参与分布式事务，所以在 resources 目录下，也需要通过 file.conf 和 registry.conf 文件配置 Seata 客户端配置中心和注册中心的参数。这两个文件的代码和 StockService 项目里的完全一致，就不再额外说明了。

10.2.4　观察分布式事务效果

在上文给出的 OrderService 和 StockService 这两个微服务项目中，前者是分布式事务的发起者，后者是分布式事务的参与者，但它们都是基于 Seata 组件的分布式事务客户端。为了正确地执行分布式事务，这两个项目均需要和 Seata 服务器中的事务协调者（TC）交互。

可以通过如下步骤观察到分布式事务正确执行的效果。

步骤01 用 10.1.3 节给出的步骤，到 Seata 服务器所在的 bin 路径，用如下命令启动 Seata。

```
seata-server.bat -p 8091 -h localhost -m file
```

步骤02 由于 OrderService 和 StockService 这两个项目的方法都是注册到 Nacos 注册中心上，所以还要启动 Nacos 组件。

步骤03 到 MySQL 的 Stock 数据库的 Stock 数据表里，插入一条库存信息，具体数据如图 10.3 所示。从中能看到，该库存的 id 是 1，名字是 Computer，数量是 10，描述是 Good。

步骤04 通过运行 Spring Boot 启动类，依次启动 StockService 和 OrderService 项目。随后在浏览器里输入 http://localhost:8090/createOrder/1/1 请求，以创建一个订单。此时能看到如下的输出，说明订单创建成功。

```
{"id":1,"stockid":1,"num":1,"status":"completed"}
```

此时如果再观察 MySQL 数据库，能发现 stock 表中 id 为 1 的库存数变成了 9，而 OrderDetail 表里会多一条订单数据，如图 10.4 所示，这表示订单成功创建，库存成功扣除。

此外，还可以在 OrderService 和 StockService 这两个项目的控制台里，看到如图 10.5 所示的 Seata 相关输出信息，其中能看到两阶段提交的字样，这能进一步验证分布式事务成功执行。

id	name	num	description
1	Computer	10	Good

图 10.3　在 Stock 表里插入数据的效果图

id	stockid	num	status
1	1	1	completed

图 10.4　在订单表里插入数据的效果图

io.seata.rm.AbstractRMHandler	: Branch committing: 192.168.1.4:8091:4728978605912035332
io.seata.rm.AbstractRMHandler	: Branch commit result: PhaseTwo_Committed
i.s.core.rpc.netty.RmMessageListener	: onMessage:xid=192.168.1.4:8091:47289786059120335332,bran
io.seata.rm.AbstractRMHandler	: Branch committing: 192.168.1.4:8091:4728978605912035332
io.seata.rm.AbstractRMHandler	: Branch commit result: PhaseTwo_Committed

图 10.5　在控制台输出的 Seata 相关信息效果图

此外，还可以通过如下步骤，观察到分布式事务执行过程中出现异常，从而回滚事务的效果。

第一，在 StockService 项目的 Controller 控制器类的 reduceStockNum 方法中，通过加入如下第 4 行和第 5 行的代码，故意引入一个空指针异常。

```
01      @RequestMapping("/reduceStockNum/{id}/{num}")
02      Stock reduceStockNum(@PathVariable int id, @PathVariable int num){
03          //模拟抛出异常的场景
04          String a = null;
05          a.toString();
06          return stockService.reduceStockNum(id,num);
07      }
```

第二，在确保 Nacos 和 Seata 组件都成功运行的前提下，依次启动 StockService 和 OrderService 项目，随后依然在浏览器里输入 http://localhost:8090/createOrder/1/1 请求。

此时，在 OrderService 项目的控制台里能看到如图 10.6 所示的回滚字样。

同时再观察 Stock 和 OrderDetail 数据表，会发现库存没有扣除，订单没有新增，由此能确认分布式事务回滚的效果。

```
i.s.r.d.undo.AbstractUndoLogManager    : xid 192.168.1.4:8091:4728978605912035336 branch 4728978605912035337,
io.seata.rm.AbstractRMHandler          : Branch Rollbacked result: PhaseTwo_Rollbacked
i.seata.tm.api.DefaultGlobalTransaction : [192.168.1.4:8091:4728978605912035336] rollback status: Rollbacked
```

图 10.6　在控制台看到的分布式事务回滚的效果图

10.3　搭建高可用的 Seata 集群

在上文给出的分布式实现案例中，只启动了一个 Seata 服务器。在这种情况下，如果 Seata 服务器出现故障，微服务项目的分布式事务就会出现问题，进而会影响到所有和数据库相关的业务。

为了提升系统的高可用性，可以把多个 Seata 服务器注册到 Nacos 组件上，搭建 Seata 服务器集群。在本节中，将给出搭建 Seata 高可用集群的实现步骤。

10.3.1　Spring Cloud 整合 Seata 集群的架构图

从上文的讲述中可以知道，配置 Seata 服务器时需要配置 Seata 的工作模式、配置中心和注册中心这三方面的参数。

在搭建 Seata 集群时，需要把 Seata 的工作模式设置成 db（数据库模式），这样就可以在分布式事务的运行过程中，把相关状态等参数记录到数据库里。此外还需要通过设置注册中心相关参数，把 Seata 集群中的多个节点注册到 Nacos 上，这样就能实现高可用的效果。同时，依然使用文件来作为配置中心，即 Seata 集群中的节点，可以把配置参数写入文件中。

如图 10.7 所示，可以看到 Spring Cloud 微服务项目整合 Seata 集群的架构。其中在分布式事务发生时，订单和库存两个微服务模块通过 Nacos 和 Seata 集群交互，通过 Seata 集群中的节点协同完成分布式事务。这样 Seata 集群中即使有节点出现故障，分布式事务依然能正确执行。

10.3.2　搭建 Seata 集群

和搭建 Seata 单机版服务器相比，搭建 Seata 集群时，需要更改工作模式和注册中心等相关参数，具体步骤如下。

步骤01 在本地 MySQL 数据库里创建一个名为 Seata 的数据库，在其中通过如下的 SQL 语句创建三张数据表。其中创建 global_table 表的 SQL 语句如下。

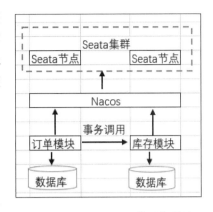

图 10.7　Spring Cloud 微服务项目
整合 Seata 集群的架构图

```
01  CREATE TABLE IF NOT EXISTS 'global_table'
02  (
03      'xid'                         VARCHAR(128) NOT NULL,
04      'transaction_id'              BIGINT,
05      'status'                      TINYINT      NOT NULL,
06      'application_id'              VARCHAR(32),
07      'transaction_service_group'   VARCHAR(32),
08      'transaction_name'            VARCHAR(128),
09      'timeout'                     INT,
10      'begin_time'                  BIGINT,
11      'application_data'            VARCHAR(2000),
12      'gmt_create'                  DATETIME,
13      'gmt_modified'                DATETIME,
14      PRIMARY KEY ('xid'),
15      KEY 'idx_gmt_modified_status' ('gmt_modified', 'status'),
16      KEY 'idx_transaction_id' ('transaction_id')
17  ) ENGINE = InnoDB
18      DEFAULT CHARSET = utf8;
```

创建 branch_table 表的 SQL 语句如下所示。

```
01  CREATE TABLE IF NOT EXISTS 'branch_table'
02  (
03      'branch_id'           BIGINT       NOT NULL,
04      'xid'                 VARCHAR(128) NOT NULL,
05      'transaction_id'      BIGINT,
06      'resource_group_id'   VARCHAR(32),
07      'resource_id'         VARCHAR(256),
08      'branch_type'         VARCHAR(8),
09      'status'              TINYINT,
10      'client_id'           VARCHAR(64),
11      'application_data'    VARCHAR(2000),
12      'gmt_create'          DATETIME(6),
13      'gmt_modified'        DATETIME(6),
```

```
14      PRIMARY KEY ('branch_id'),
15      KEY 'idx_xid' ('xid')
16  ) ENGINE = InnoDB
17    DEFAULT CHARSET = utf8;
```

而创建 lock_table 表的 SQL 语句如下所示。

```
01  CREATE TABLE IF NOT EXISTS 'lock_table'
02  (
03    'row_key'                VARCHAR(128) NOT NULL,
04    'xid'                    VARCHAR(96),
05    'transaction_id'         BIGINT,
06    'branch_id'              BIGINT       NOT NULL,
07    'resource_id'            VARCHAR(256),
08    'table_name'             VARCHAR(32),
09    'pk'                     VARCHAR(36),
10    'gmt_create'             DATETIME,
11    'gmt_modified'           DATETIME,
12    PRIMARY KEY ('row_key'),
13    KEY 'idx_branch_id' ('branch_id')
14  ) ENGINE = InnoDB
15    DEFAULT CHARSET = utf8;
```

步骤 02 用之前下载的 Seata 解压包，解压成一个新的 Seata 工作环境，在笔者的电脑中，解压后的路径是 D:\env\seata-server-1.4.2\seata\seata-server-1.4.2-cluster，在其中可以编写 Seata 集群相关配置。

步骤 03 修改 Seata 集群路径\conf 目录中的 file.conf 文件，把该 Seata 的工作模式设置成 db，具体代码如下。

```
01  ## transaction log store, only used in seata-server
02  store {
03    mode = "db"
04    publicKey = ""
05    ## database store property
06    db {
07      datasource = "druid"
08      dbType = "mysql"
09      driverClassName = "com.mysql.jdbc.Driver"
10      url = "jdbc:mysql://127.0.0.1:3306/seata"
11      user = "root"
12      password = "123456"
13      minConn = 5
14      maxConn = 100
15      globalTable = "global_table"
16      branchTable = "branch_table"
17      lockTable = "lock_table"
18      queryLimit = 100
19      maxWait = 5000
20    }
21  }
```

在上述文件里，通过第 3 行代码把本 Seata 的工作模式设置成 db；通过第 6 行到第 20 行代码设置连接数据库的相关参数和对应的分布式事务数据表。

其中通过第 8 行到第 12 行代码设置的 MySQL 数据库相关参数需要和本地 MySQL 的配置相符；通过第 15 行到第 17 代码设置的分布式数据表名，需要和第一步里创建的数据表名相符。

步骤 04 把 Seata 集群路径\conf 路径中的 registry.conf 文件修改成如下的样式，在其中配置 Seata 的注册中心和配置中心相关参数。

```
01  registry {
02    type = "nacos"
03    nacos {
04      application = "seata-server"
05      serverAddr = "localhost:8848"
06      group = "SEATA_GROUP"
07      cluster = "default"
08      username = "nacos"
09      password = "nacos"
10    }
11  }
12  config {
13    type = "file"
14    file {
15      name = "file.conf"
16    }
17  }
```

通过第 3 行到第 10 行代码配置本 Seata 服务器将使用工作在本地 8848 端口的 Nacos 组件作为注册中心，通过第 12 行到第 17 行代码配置本 Seata 服务器将以文件的模式配置运行时相关的参数。

至此完成了 Seata 集群的相关配置工作。随后先启动 Nacos 组件，再打开两个命令行窗口，在其中分别都进入到 Seata 集群路径\bin 目录，再运行如下两个命令，以启动 Seata 服务器节点。

```
seata-server.bat -p 8091 -h localhost -m db -n 1
seata-server.bat -p 8092 -h localhost -m db -n 2
```

通过上述两个命令，分别在本地 8091 和 8092 端口启动了两个 Seata 服务器节点，以构成 Seata 集群。由于在 Seata 集群的配置文件里，定义了使用 Nacos 作为注册中心，所以能在 Nacos 服务列表界面中看到如图 10.8 所示的 Seata 集群节点，由此可确认 Seata 集群成功启动。

服务名	分组名称	集群数目	实例数	健康实例数
seata-server	SEATA_GROUP	1	2	2

图 10.8　在 Nacos 里看到的 Seata 集群效果图

10.3.3　微服务项目整合 Seata 集群

按上述步骤搭建并启动 Seata 集群后,可通过如下的步骤,修改 10.2 节给出的 StockService 和 OrderService 项目,实现 Spring Cloud 微服务项目整合 Seata 集群的效果。

步骤 01　创建一个和 StockService 相同的项目,重命名为 StockServiceWithCluster;同时再创建一个和 OrderService 相同的项目,重命名为 OrderServiceWithCluster。

步骤 02　把这两个项目中的 registry.conf 文件改成如下的样式,这样,这两个 Seata 客户端就会以 Nacos 为注册中心,以 file 的形式保存配置参数。

```
01  registry {
02    type = "nacos"
03    nacos {
04      application = "seata-server"
05      serverAddr = "localhost:8848"
06      group = "SEATA_GROUP"
07      namespace = ""
08      cluster = "default"
09      username = "nacos"
10      password = "nacos"
11    }
12  }
13  config {
14    type = "file"
15    file {
16      name = "file.conf"
17    }
18  }
```

步骤 03　在 file.conf 文件里,通过第 2 行代码设置这两个 Seata 客户端的工作模式为 db,通过第 5 行到第 21 行代码设置 db 模式的数据库相关参数,通过第 23 行到第 30 行代码配置这两个 Seata 客户端的相关运行参数。具体代码如下。

```
01  store {
02    mode = "db"
03    publicKey = ""
04    ## database store property
05    db {
06      ## the implement of javax.sql.DataSource, such as DruidDataSource(druid)/
    BasicDataSource(dbcp)/HikariDataSource(hikari) etc.
07      datasource = "druid"
08      dbType = "mysql"
09      driverClassName = "com.mysql.jdbc.Driver"
10      url = "jdbc:mysql://127.0.0.1:3306/seata"
11      user = "root"
12      password = "123456"
13      minConn = 5
14      maxConn = 100
15      globalTable = "global_table"
```

```
16      branchTable = "branch_table"
17      lockTable = "lock_table"
18      queryLimit = 100
19      maxWait = 5000
20   }
21 }
22 service {
23      vgroupMapping.mySeata_group = "default"
24      enableDegrade = false
25      default.grouplist="127.0.0.1:8091,127.0.0.1:8092"
26      disable = false
27      max.commit.retry.timeout = "-1"
28      max.rollback.retry.timeout = "-1"
29      disableGlobalTransaction = false
30   }
```

完成上述修改后，在 Nacos 和 Seata 组件都处于运行状态的情况下，启动这两个项目，随后依然可以通过在浏览器里输入 http://localhost:8090/createOrder/1/1 请求，观察分布式事务的运行效果。

10.4 动 手 练 习

练习1 仿照10.1节给出的步骤下载Seata组件的安装包，并搭建基于file工作模式的Seata服务器，参考步骤如下。

（1）下载并解压 Seata 组件的安装包。

（2）改写 registry.conf 和 file.conf 配置文件。

（3）通过运行命令启动 Seata 服务器。

练习2 按照 10.2 节给出的步骤，在电脑上重现 StockService 和 OrderService 这两个微服务项目，并观察分布式事务的运行效果，参考步骤如下。

（1）按本章相关提示，在 MySQL 上创建相关的数据库和数据表。

（2）重现 StockService 和 OrderService 项目，观察其中分布式事务的相关代码和配置文件，同时理解 Spring Cloud 微服务整合 Seata 组件，实现分布式事务的相关要点。

（3）按 10.2.4 节所述，修改 StockService 项目 Controller 控制器类的 reduceStockNum 方法，故意在其中引入空指针异常，在此情况下触发分布式事务，并观察分布式事务回滚的效果。

第11章

微服务监控组件 Skywalking

基于 Spring Cloud Alibaba 的微服务项目上线后，程序员需要全方位地监控项目的运行情况，比如需要监控项目的吞吐情况和异常情况等。为了实现此类需求，可以引入 Skywalking 组件。

Skywalking 是一个监控工具，在实际项目中经常被用于链路追踪和项目监控等场景。本章首先在介绍 Skywalking 组件基础上，然后讲述在 Spring Cloud Alibaba 项目中整合 Skywalking 组件实现监控项目运行情况的实践要点。

11.1 服务监控与 Skywalking 组件

微服务项目上线后，难免会遇到线上问题，如果放任不管，很有可能会演变成严重的产线问题，所以有必要在微服务项目中引入监控和告警机制。

Skywalking 是个基于分布式链路调用的服务监控组件，本节将在分析大多数项目服务监控需求的基础上概要介绍 Skywalking，并给出搭建 Skywalking 组件运行环境的一般步骤。

11.1.1 微服务监控方面的需求

在大多数微服务项目中，一般会遇到如下的服务监控需求。

- 系统运行角度，需要了解系统的吞吐量和服务响应时间等情况。
- 系统资源角度，需要了解当前系统所在服务器的 CPU 和内存占有率等的情况。
- 异常监控角度，需要了解出现异常的频率和异常的细节。
- 链路监控和分析角度，能通过指定的标识符，了解指定业务对应的调用链路在诸多业务模块的运行情况。

此外，当线上系统运行时出现异常情况时，系统运维人员还希望能自动收到告警消息，以便第一时间上线排查并解决问题。

也就是说，在微服务等项目上线后，程序员和系统运维人员不仅需要监控诸多方面的运行指标，更希望在需要介入时，自动收到异常等告警信息，这样就能以较小的代价，高效地确保微服务等系统能正常运行。

11.1.2　Skywalking 组件介绍

上文已经提到，Skywalking 是个基于分布式链路调用的服务监控组件，事实上，该组件不仅能监控基于 Spring Cloud 的微服务项目，还能监控基于 Python 等其他语言的项目。如图 11.1 所示，可以看到 Skywalking 组件监控项目的大致框架。

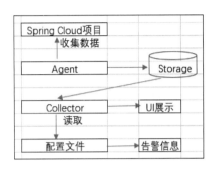

图 11.1　Skywalking 监控项目的框架图

在大多数项目中，Skywalking 组件会通过探针（Agent）收集（Spring Cloud 等）项目的日志和运行情况，并把收集到的数据存储在 ElasticSearch、MySQL 或 H2 等存储介质中，而链路收集器（Skywalking Collector）会根据收集到的信息，在 UI 界面上实时展示系统的运行情况。

此外，程序员还可以通过编写配置文件，设置系统的告警条件和告警信息发送渠道，这样一旦出现线上问题，程序员就能第一时间收到告警信息。

11.1.3　搭建 Skywalking 组件运行环境

在 https://skywalking.apache.org/downloads/网站能看到如图 11.2 所示的界面，在该界面中下载 Skywalking 的 APM（Application Performance Management，应用性能管理）安装包，下载时，请选择 Distribution，这样能直接下载到可以解压的安装包。

完成下载后可解压 Skywalking APM 的安装包，请注意，解压目录不要有空格，也不要有中文字符，比如笔者的解压目录是 D:\env\apache-skywalking-apm-8.8.1\apache-skywalking-apm-bin。

解压完成后，能看到如图 11.3 所示的子目录。

图 11.2　下载 Skywalking 安装包的界面

进入到 webapp 子目录，修改 webapp.yml 配置文件，通过如下代码把 Skywalking 的工作端口从 8080 修改成 18080。由于有不少 Spring Boot 的程序运行在 8080 端口，把 Skywalking 的工作端口修改成 18080，能避免和这些 Spring Boot 程序冲突。

```
server:
  port: 18080
```

再进入到 config 子目录，修改 application.yml 配置文件中的如下配置。在该配置文件中，需要通过如下的代码指定本 Skywalking 组件使用 MySQL 数据库来存储数据。

图 11.3　Skywalking 解压完成后的子目录

```
storage:
  selector: ${SW_STORAGE:mysql}
```

由于使用了 MySQL 数据库，所以还需要通过修改如下代码来设置 MySQL 的相关配置。

```
01    mysql:
02      properties:
03        jdbcUrl: ${SW_JDBC_URL:"jdbc:mysql://localhost:3306/
      swtest?rewriteBatchedStatements=true"}
04        dataSource.user: ${SW_DATA_SOURCE_USER:root}
05        dataSource.password: ${SW_DATA_SOURCE_PASSWORD:123456}
06        dataSource.cachePrepStmts: ${SW_DATA_SOURCE_CACHE_PREP_STMTS:true}
07        dataSource.prepStmtCacheSize:
      ${SW_DATA_SOURCE_PREP_STMT_CACHE_SQL_SIZE:250}
08        dataSource.prepStmtCacheSqlLimit:
      ${SW_DATA_SOURCE_PREP_STMT_CACHE_SQL_LIMIT:2048}
09        dataSource.useServerPrepStmts:
      ${SW_DATA_SOURCE_USE_SERVER_PREP_STMTS:true}
```

在上述代码的第 3 行里，指定了 Skywalking 组件将使用 MySQL 的 swtest 数据库来存放数据。上述第 4 行和第 5 行的代码，指定了连接到 MySQL 数据库时所需的用户名和密码。在配置本地 Skywalking 环境时，可以根据实际情况改写上述参数。不过请注意，需要在 MySQL 数据库里，创建由第 3 行代码指定的数据库，比如 swtest。

完成修改上述配置文件后，可以进入到 bin 子目录，运行其中的 startup.bat 以启动 Skywalking APM 组件，启动后可以在浏览器里输入 localhost:18080，以打开 Skywalking 的监控界面。如果能看到如图 11.4 所示的界面，则说明 Skywalking 组件启动成功。

图 11.4　Skywalking 启动成功后的 UI 界面

11.2　微服务项目整合 Skywalking 组件

上文已经提到，为了通过 Skywalking 组件监控基于 Spring Cloud 的微服务项目，首先需要下载 Skywalking agent 探针，随后需要在项目里配置 Skywalking agent 相关参数，以便把微服务项目和 Skywalking 组件关联起来，这样就能在 Skywalking 组件的 UI 界面上观察到微服务的运行情况。

11.2.1　介绍待监控的项目

在本小节中，将介绍用 Skywalking 组件监控第 3 章基于 Nacos 和 Ribbon 微服务项目的详细步骤，待监控的项目架构如图 11.5 所示。

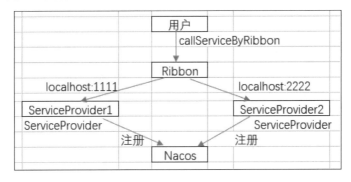

图 11.5　待监控项目的架构图

第一，服务调用者项目 ServiceWithRibbon 对外提供了格式为/callServiceByRibbon 的 URL 请求，用户调用了 callServiceByRibbon 请求后，Ribbon 组件会以负载均衡的方式，调用 ServiceProvider1 和 ServiceProvider2 这两个项目里的方法。

第二，ServiceProvider1 和 ServiceProvider2 项目对外提供服务的服务名均为 ServiceProvider，它们对外提供基本相似的服务方法，且这两个项目均是以服务提供者的身份，注册到 Nacos 注册中心。

第三，ServiceProvider1 和 ServiceProvider2 分别工作在本地 1111 和 2222 端口，而 ServiceWithRibbon 项目则工作在本地 8080 端口。

由于在第 3 章已经详细解释了上述项目的代码、配置参数和工作流程，所以这里不再重复讲述，如果想读者进一步了解项目细节，可以回顾第 3 章的相关描述。

11.2.2　下载并配置 agent

我们在 Skywalking 的官方网站 https://skywalking.apache.org/downloads/能看到如图 11.6 所示的 Java Agent 下载界面。

图 11.6　Skywalking Java Agent 的下载页面

可在图 11.6 所示的界面中下载 Java Agent Distribution 的安装包，并解压到本地。笔者解压的路径是 D:\env\apache-skywalking-java-agent-8.8.0\skywalking-agent，解压后，可在其中看到名为 skywalking-agent.jar 的文件，该文件可以用来监控 Java 项目。

11.2.3　监控项目运行情况

首先在 ServiceProvider1 项目的运行参数中添加如下代码：

```
01    -javaagent:D:\\env\\apache-skywalking-java-agent-8.8.0\\skywalking-agent\
      \skywalking-agent.jar
02    -Dskywalking.agent.service_name=ServiceProvide1
03    -Dskywalking.collector.backend_service=localhost:11800
```

加入了第 1 行代码后，本项目在启动时，就能加载 Skywalking Java Agent 的 jar 包。第 2 行代码指定了本项目被 Skywalking 组件监控时的项目名，而在加入第 3 行的代码后，本项目在运行时，就可以通过 Java Agent 把运行相关的数据传递到 Skywalking 组件收集数据的 11800 端口。

在 IDEA 集成开发环境中加入运行参数的效果如图 11.7 所示，其中运行参数是加入到 VM options 文本框中。

Configuration　Code Coverage　Logs	
Main class:	prj.SpringBootApp
VM options:	·ice_name=ServiceProvide1 -Dskywalking.collector.backend_service=localhost:11800
Program arguments:	
Working directory:	D:\work\写书\Spring Boot alibaba\code\chapter11\ServiceProvider1
Environment variables:	
☐ Redirect input from:	
Use classpath of module:	ServiceProvider1
	☐ Include dependencies with "Provided" scope
JRE:	Default (11 - SDK of 'ServiceProvider1' module)
Shorten command line:	user-local default: none - java [options] className [args]

图 11.7　为 ServiceProvider1 项目引入运行参数

随后在 ServiceProvider2 项目的运行参数里添加如下的代码，以加载 Skywalking Java Agent 的依赖包。和 ServiceProvider1 项目不同的是，需要通过第 2 行的代码，指定本项目被 Skywalking 组件监控时的项目名是 ServiceProvide2。

```
01  -javaagent:D:\\env\\apache-skywalking-java-agent-8.8.0\\skywalking-agent\
    \skywalking-agent.jar
02  -Dskywalking.agent.service_name=ServiceProvide2
03  -Dskywalking.collector.backend_service=localhost:11800
```

同样地，还需要在 ServiceWithRibbon 项目的运行参数里添加如下代码：

```
01  -javaagent:D:\\env\\apache-skywalking-java-agent-8.8.0\\skywalking-agent\
    \skywalking-agent.jar
02  -Dskywalking.agent.service_name=ServiceWithRibbon
03  -Dskywalking.collector.backend_service=localhost:11800
```

在上述三个项目中完成添加运行参数后，启动 Nacos 和 Skywalking 组件，再依次启动这三个项目，启动后能在三个项目的控制台里看到如下文字，这说明三个项目均能成功加载 Skywalking Java Agent 组件包。

```
01  DEBUG 2021-11-29 07:07:41:972 main AgentPackagePath : The beacon class location
    is jar:file:/D:/env/apache-skywalking-java-agent-8.8.0/skywalking-agent/
    skywalking-agent.jar!/org/apache/skywalking/apm/agent/core/boot/AgentPack
    agePath.class.
02  INFO 2021-11-29 07:07:41:975 main SnifferConfigInitializer : Config file found
    in  D:\env\apache-skywalking-java-agent-8.8.0\skywalking-agent\config\
    agent.config.
```

随后，可以在浏览器里多次输入 http://localhost:8080/callFuncByRibbon 请求，这样可通过调用 ServiceWithRibbon 项目的控制器方法，以负载均衡的方式把请求发送到 ServiceProvider1 和 ServiceProvider2 项目上。

此时再切换到网址为 http://localhost:18080/ 的 Skywalking UI 界面上，能在 Global 页面上看到如图 11.8 所示的结果，从中能看到 http://localhost:8080/callFuncByRibbon 请求的响应时间。

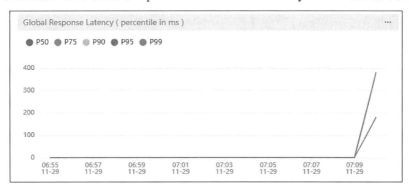

图 11.8　Skywalking UI Global 界面效果图

如果切换到 Skywalking UI 的 Service 界面，则能看到如图 11.9 所示的结果，从中能看到 Service 服务的执行情况。

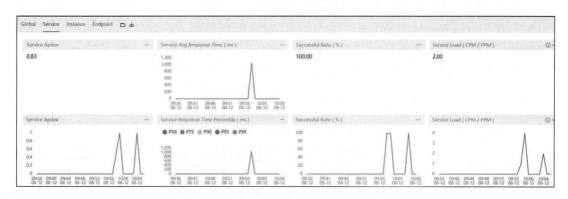

图 11.9　Skywalking UI Service 界面效果图

此时如果切换到 Skywalking UI 的"拓扑图"界面，则能看到如图 11.10 所示的上述三个项目间的调用情况。

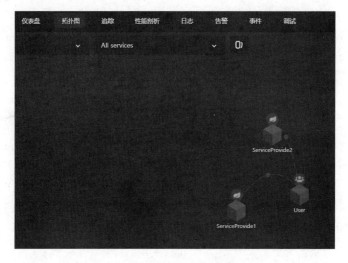

图 11.10　Skywalking UI 拓扑图展示

在 Skywalking UI 的其他界面里，还能看到针对上述三个项目的其他监控效果，读者可以在自己电脑上搭建好 Skywalking 组件并启动上述三个项目，随后自行观看其他监控效果。

11.3　整合 logback 监控整条链路

在微服务项目里，一般会使用 logback 组件来输出日志。在同一个业务模块中，一般会用 Thread ID（线程号）来标识同一个请求对应的日志。如果一个请求对应的调用链路涉及多个模块，那么就会用 TID 来标识该请求在不同模块中对应的日志。

11.3.1　服务链路框架

在本小节中，用来演示监控整条链路的系统拓扑图如图 11.11 所示。

从图 11.11 中能看到，ServiceWithRibbon（即发出请求的 User 用户）项目发出的请求，会以负载均衡的方式，经由 ServiceProvide1 或 ServiceProvide2 项目发送到 NacosProvider 项目。

本服务链路框架涉及的调用链路有两条，一条是由 ServiceWithRibbon 项目（即 User）发起，经 ServiceProvide1 最后到 NacosProvider；另一条也是由 ServiceWithRibbon 项目发起，经 ServiceProvide2 最后也是到 NacosProvider。

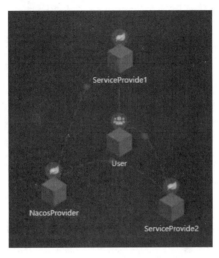

图 11.11　监控整条链路的系统拓扑图

11.3.2　整合 logback，定义监控日志格式

本服务链路框架涉及的项目如表 11.1 所示，这些项目都是由之前章节所给出的项目改编而成，这些项目之间的调用如 11.3.1 节所述。

表 11.1　本服务链路框架包含的项目列表

项　目　名	说　　　明
ServiceWithRibbon	工作在 8080 端口（根据第 3 章同名项目改编）
ServiceProvide1	工作在 1111 端口（根据第 3 章同名项目改编）
ServiceProvide2	工作在 2222 端口（根据第 3 章同名项目改编）
NacosProvider	工作在 8095 端口（根据第 2 章同名项目改编）

为了观察调用链路上的日志，尤其为了观察标识该链路上标识同一请求的 TID，需要对上述项目做如下的改动。

修改点 1，按 11.2.3 节所述的步骤，在这四个项目的运行参数里添加如下代码，这样这四个项目在启动时，就会加载 Skywalking Agent 的依赖包，并把运行相关消息发送到工作在 11800 端口的 SkyWalking 监控组件上。

```
01   -javaagent:D:\\env\\apache-skywalking-java-agent-8.8.0\\skywalking-agent\
     \skywalking-agent.jar
02   -Dskywalking.agent.service_name=项目名，比如 ServiceProvide1
03   -Dskywalking.collector.backend_service=localhost:11800
```

修改点 2，在这四个项目的 resources 目录里，均添加如下的 logback-spring.xml 配置文件，用来定义 logback 组件输出日志的格式，该配置文件的代码如下。

```
01  <?xml version="1.0" encoding="UTF-8"?>
02  <configuration debug="false">
03      <property name="log_pattern" value="%d{yyyy-MM-dd
    HH:mm:ss.SSS}[%tid][%thread] %-5level %logger{36} - %msg%n"/>
04      <appender name="STDOUT" class="ch.qos.logback.core.ConsoleAppender">
05          <encoder class="ch.qos.logback.core.encoder.LayoutWrappingEncoder">
06              <layout class="org.apache.skywalking.apm.toolkit.log.logback.
    v1.x.TraceIdPatternLogbackLayout">
07                  <pattern>${log_pattern}</pattern>
08              </layout>
09          </encoder>
10      </appender>
11      <root level="INFO">
12          <appender-ref ref="STDOUT"/>
13      </root>
14  </configuration>
```

其中通过第 3 行代码定义在控制台里输出日志的格式。[%tid]表示输出在链路中唯一标识请求日志的 TID，[%thread]表示输出在本模块中唯一标识请求的线程号，level 表示输出日志的级别，msg 表示输出日志的内容。

修改点 3，在 ServiceWithRibbon 项目的控制器类的 callFuncByRibbon 方法里，按如下第 3 行所示，添加通过 logback 组件输出日志的代码。

```
01  @RequestMapping("/callFuncByRibbon")
02  public String callFuncByRibbon(){
03      logger.info("in callFuncByRibbon,call the url: http://ServiceProvider/
    callServiceByRibbon");
04      return restTemplate.getForObject("http://ServiceProvider/
    callServiceByRibbon", String.class);
05  }
```

在 ServiceProvider1 和 ServiceProvider2 控制器类的相关方法里，按第 3 行或第 4 行代码所示，添加通过 logback 组件输出日志的代码。

```
01  @RequestMapping("/callServiceByRibbon")
02  public String callServiceByRibbon(){
03      logger.info("return in Service1.");
04      //或者logger.info("return in Service2.");
05      return restTemplate.getForObject("http://nacosProvider/sayHello",
    String.class);
06  }
```

在 NacosProvider 项目控制器类的方法里，按第 3 行代码所示添加通过 logback 组件输出日志的代码。

```
01  @RequestMapping("/sayHello")
02  public String sayHello(){
```

```
03              logger.info("return in NacosProvider.");
04              return "Say Hello by Nacos.";
05          }
```

也就是说，上述四个项目通过 logback 组件 logger 对象的 info 方法，在调用下游模块方法的同时也输出了日志，而根据这四个项目 logback-spring.xml 配置文件中的定义，在输出日志的同时，还会输出 TID 和线程号。这样的话，就能通过唯一标识符 TID，监控整条链路的调用情况。

11.3.3　观察链路调用的日志，观察 TID

完成针对上述四个项目的修改动作后，可在启动 Nacos 和 Skywalking 组件的基础上依次启动 ServiceWithRibbon、ServiceProvide1、ServiceProvide2 和 NacosProvider 这四个项目，启动后能在四个项目的控制台里看到类似如下的输出语句。由于此时尚未发起贯通整条链路的请求，所以这四个项目输出日志里的 TID 值均为 N/A。

```
2021-12-02 08:18:54.264 [TID: N/A] [main] INFO  prj.SpringBootApp - No active
profile set, falling back to default profiles: default
2021-12-02 08:19:02.782 [TID: N/A] [main] INFO  o.s.cloud.context.scope.
GenericScope - BeanFactory id=3820b89c-fb0a-3039-91a3-b038b8d26ba1
```

随后可在浏览器里输入 http://localhost:8080/callFuncByRibbon，发起一次贯通整条链路的请求，此时能在 ServiceWithRibbon 项目的控制台里看到如下的输出语句。

```
2021-12-02 08:23:03.364 [TID: N/A] [http-nio-8080-exec-2] INFO  prj.Controller -
in callFuncByRibbon,call the url: http://ServiceProvider/callServiceByRibbon
```

能在 ServiceProvider2 项目的控制台里看到如下的输出语句。

```
2021-12-02 08:23:06.098 [TID:8f49c36ba3654b9eb84204b4e5bce206.54.
16384045858790001] [http-nio-2222-exec-2] INFO  prj.Controller - return in Service2.
```

能在 NacosProvider 项目的控制台里看到如下的输出语句。

```
2021-12-02 08:23:09.756 [TID:8f49c36ba3654b9eb84204b4e5bce206.54.
16384045858790001] [http-nio-8095-exec-3] INFO  prj.Controller - return in
NacosProvider.return in NacosProvider
```

通过分析上述输出语句，得到如下的结论：

- 由于 ServiceWithRibbon 项目是请求发起方，而不是请求处理方，所以该项目中输出日志的 TID 依然是 N/A。
- 由于 ServiceWithRibbon 项目发起的请求，经过的链路项目是 ServiceProvider2 和 NacosProvider，所以在 ServiceProvider1 项目里看不到相关输出语句。
- 在 ServiceProvider2 项目和 NacosProvider 项目的输出语句中，TID 是一致的，也就是说，通过该 TID，能从日志中监控到该请求的处理流程。

如果读者多次在浏览器里输入 http://localhost:8080/callFuncByRibbon 请求，就会发现有的请求走的是 ServiceProvider1 到 NacosProvider 链路，此时这两个项目中对应日志的 TID 也会一致。

如果在浏览器里输入 localhost:18080，进入到 Skywalking 组件的 UI 监控界面，再切换到"追踪"页面，此时能看到如图 11.12 所示的效果，从中也能观察到请求在整条链路中的处理流程。

图 11.12　在 Skywalking 界面上观察到的链路监控效果图

在上图里，如果在"追踪 ID"一栏里输入 TID，就能观察到由该 TID 所标识的处理请求的链路情况，具体效果如图 11.13 所示。

图 11.13　通过 TID 监控链路的示意图

11.4　观察 Skywalking 告警效果

在实际项目中，可在 Skywalking 组件的 alarm-settings.yml 配置文件里设置触发告警的条件，这样一旦被监控项目在运行时发生告警规则所对应的异常情况，Skywalking 组件就会自动出现告警信息。

11.4.1　配置 Skywalking 告警规则

打开 Skywalking 组件路径中 config 目录里的 alarm-settings.yml 文件，可看到 Skywalking 组件默认的告警规则，其中一个告警规则的配置代码如下。

```
01   rules:
02     # Rule unique name, must be ended with '_rule'.
03     service_resp_time_rule:
04       metrics-name: service_resp_time
05       op: ">"
06       threshold: 1000
07       period: 10
08       count: 3
09       silence-period: 5
10       message: Response time of service {name} is more than 1000ms in 3 minutes
     of last 10 minutes.
```

在上述代码的第 3 行定义了该告警规则的名字，请注意，告警规则的名字需要以_rule 结尾；而在上述代码的第 4 行到第 10 行代码里，定义了名为 service_resp_time_rule 告警规则的相关参数，表 11.2 给出了这些参数的相关描述。

表 11.2　Skywalking 告警参数含义一览表

参　数　名	说　　明
metrics-name	该告警规则所监控的维度
op	监控阈值所对应的比较操作符
threshold	监控阈值
period	监控的时间范围（单位为分钟）
count	异常数量达到该参数指定的指以后，会发告警信息
silence-period	忽略相同告警信息的时间范围（单位为分钟）
message	出现异常信息后的告警信息内容

结合诸多告警参数的含义可以看到，service_resp_time_rule 告警规则所对应的逻辑是：监控服务响应时间这个维度，在 10 分钟内，如果服务响应时间超过 1000（毫秒）的异常情况出现了 3 次以上，那么就会发出由 message 参数对应的告警信息。

事实上，Skywalking 组件默认监控的维度，是定义在 config/core 目录里的 core.oal 文件中，除了上述监控维度外，在该文件里，还能看到类似如图 11.14 所示的维度。

从图 11.14 中能看到，在 core.oal 文件里可以通过类似 Service.latency 等语法，自定义监控维度，而在 alarm-settings.yml 文件里则可以根据这些维度创建监控规则。除了上文提到的默认监控规则外，表 11.3 给出了在 alarm-settings.yml 文件里定义的其他默认监控规则的说明。

```
// All scope metrics
all_percentile = from(All.latency).percentile(10);  // Multiple values including p50, p75, p90, p95, p99
all_heatmap = from(All.latency).histogram(100, 20);

// Service scope metrics
service_resp_time = from(Service.latency).longAvg();
service_sla = from(Service.*).percent(status == true);
service_cpm = from(Service.*).cpm();
service_percentile = from(Service.latency).percentile(10); // Multiple values including p50, p75, p90, p95, p99
service_apdex = from(Service.latency).apdex(name, status);
```

图 11.14　在 core.oal 文件里定义的监控维度

表 11.3　Skywalking 默认监控规则一览表

规　则　名	监控维度	说　明
service_sla_rule	service_sla	最后 2 分钟服务成功率低于 80%
service_resp_time_percentile_rule	service_percentile	过去 10 分钟内，出现响应时间过长的情况
service_instance_resp_time_rule	service_instance_resp_time	过去 10 分钟里，服务响应时间超过 1 秒的次数出现超过 2 次
database_access_resp_time_rule	database_access_resp_time	过去 10 分钟里，数据库响应时间超过 1 秒的次数出现超过 2 次
endpoint_relation_resp_time_rule	endpoint_relation_resp_time	过去 10 分钟里，终端响应时间超过 1 秒的次数出现超过 2 次

11.4.2　观察告警效果

为了观察到告警效果，可以在 alarm-settings.yml 文件里把名为 service_resp_time_rule 规则的配置代码改写成如下样式。

```
01  rules:
02    # Rule unique name, must be ended with '_rule'.
03    service_resp_time_rule:
04      metrics-name: service_resp_time
05      op: ">"
06      threshold: 1
07      period: 10
08      count: 1
09      silence-period: 2
10      message: Response time of service {name} is more than 1000ms in 3 minutes
   of last 10 minutes.
```

改变后的监控规则是，在 10 分钟内，如果服务请求的响应时间超过 1 毫秒，且次数大于等于 1 次，就会提示告警信息。

这个规则其实是很容易被触发的，完成设置后，依次启动 Skywalking、Nacos 以及相关的四个项目，随后在浏览器里多次发送 http://localhost:8080/callFuncByRibbon，由于这些请求的响应时间大概率会超过 1 毫秒，所以发送这些请求后，能够在 Skywalking 监控页面上看到如图 11.15 所示的告警信息。

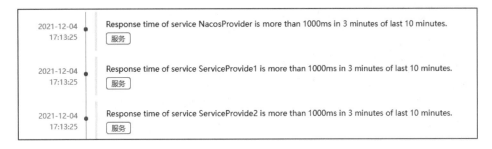

图 11.15　Skywalking 界面上的告警信息

从实践效果上来看，Skywalking 现有的监控规则能很好地覆盖所需监控的维度。也就是说，如果在微服务项目中引入基于 Skywalking 的监控机制，甚至可以不用新增监控规则，只需根据实际需求修改规则中的相关参数，也能满足大多数的监控需求。

11.4.3　通过 webhooks 传递告警信息

通过上文给出的步骤可以在 Skywalking 的监控界面上看到告警信息，不过在一些项目场景里，更需要把告警信息以 Web 的形式传递出去，以便程序员进一步排查，此时可以通过改写 alarm-settings.yml 文件中的 webhooks 配置项来完成，具体步骤如下。

步骤 01　改写 alarm-settings.yml 文件中的 webhooks 配置项，具体代码如下。

```
01  webhooks:
02   - http://127.0.0.1:8080/alarm/
```

通过上述两行代码，可以指定一旦出现告警信息，就把调用 http://127.0.0.1:8080/alarm/格式 URL 请求的告警信息发送出去。

步骤 02　在工作在 8080 端口的 ServiceWithRibbon 的项目里，添加用于接收告警信息的 AlarmMsg 类，该类里的属性和 Skywalking 组件发出的告警信息格式完全一致，具体代码如下。

```
01  class AlarmMsg {
02      private int scopeId;
03      private String name;
04      private String id0;
05      private String id1;
06      private String alarmMessage;
07      private long startTime;
08      //省略针对上述属性的 get 和 set 方法
09  }
```

其中，第 7 行指定的 alarmMessage 属性表示该告警信息的内容，第 8 行指定的 startTime 表示该告警信息发生的时间戳。

步骤 03　在 ServiceWithRibbon 项目的控制器类里，添加如下处理告警信息的方法。

```
01  @PostMapping("/alarm")
02  public void alarm(@RequestBody List<AlarmMsg> alarmMsgs) {
03      logger.info("alert happens");
```

```
04      logger.info(alarmMsgs.get(0).getAlarmMessage() );
05   }
```

该方法以 POST 的方式接收/alert 格式的 URL 请求，该 URL 请求格式需要和 alarm-settings.yml 文件中的 webhooks 配置项参数保持一致。

该方法的参数是 List<AlarmMsg>格式的,用以接收 Skywalking 监控组件发来的告警信息。在该方法的第 4 行代码里,通过 logger.info 语句输出了接收的告警信息。事实上,在该方法里,还可以进一步处理告警信息，比如向特定的人发送邮件或向特定的手机发送告警信息。

完成上述改动后，重启相应的组件和项目，再通过输入 http://localhost:8080/callFuncByRibbon 请求触发告警。此时除了能在 Skywalking 组件的 UI 监控界面上看到类似如图 11.14 所示的界面外，还可以在 ServiceWithRibbon 项目的控制台里看到如下的输出：

```
2021-12-04 19:35:23.879 [TID: N/A] [http-nio-8080-exec-1] INFO  prj.Controller -
alert happens
2021-12-04 19:35:23.879 [TID: N/A] [http-nio-8080-exec-1] INFO  prj.Controller -
Response time of service NacosProvider is more than 1000ms in 3 minutes of last 10 minutes.
```

由此可确认，Skywalking 组件发出的告警信息，经过 webhooks 成功地发送到该项目的控制器类上，而该项目的 alarm 控制器方法成功地输出了该告警信息的相关日志。

11.5 动手练习

练习 1   按 11.1.3 节给出的步骤搭建 Skywalking 组件的运行环境，并配置该组件的运行端口为 18080。

练习 2   按 11.2 节给出的步骤重现通过 Skywalking 组件监控微服务的实现步骤，具体要求如下。

要求一：下载 Skywalking 的 agent 组件。

要求二：在 ServiceWithRibbon、ServiceProvider1 和 ServiceProvider2 的启动项里，加载 Skywaoking 组件的相关参数。

要求三：启动 Nacos、Skywalking 和相关项目，启动后在 Skywalking 组件的 UI 界面上，观察相关的监控效果。

要求四：总结思考，通过 Skywalking 组件可以从哪些维度监控微服务项目？

练习 3   按如下要求，整合 Skywalking 和 logback 组件，实践监控整条调用链路的做法。

要求一：修改 ServiceWithRibbon、ServiceProvide1、ServiceProvide2 和 NacosProvider 这些项目的 logback-spring.xml 配置文件，在其中定义全局链路标识符 TID。

要求二：按 11.3 节给出的步骤，在这些项目中适当加入输出日志的语句。

要求三：启动相关组件和项目，在浏览器里发送请求，通过 TID 观察整条链路的调用效果。

练习 4　按如下要求，在 Skywalking 组件里设置告警规则，并观察告警效果。

要求一：在 alarm-settings.yml 文件里按 11.4.2 节所给出的步骤，修改名为 service_resp_time_rule 的告警规则。

要求二：启动相关组件和项目，在 Skywalking 组件的 UI 监控界面上观察告警效果。

要求三：按 11.4.3 节给出的步骤修改 alarm-settings.yml 文件里的 webhooks 参数，并修改 ServiceWithRibbon 项目中的相应代码，在此基础上再次触发告警，并观察通过 webhooks 参数传递告警消息的效果。

第 12 章

Docker部署Spring Boot项目和微服务组件

之前章节的 Spring Cloud Alibaba 微服务项目都是在 Windows 系统的 IDEA 集成开发环境里运行，但是在实际项目中，一般是把项目打成 jar 包并部署到 Linux 操作系统上，以命令行的方式运行，而微服务及所依赖的 Nacos 等组件，也是部署并运行在 Linux 操作系统上的。

为了更好地模拟真实的项目场景，本章会讲述在 Windows 系统里搭建 Docker 容器引擎的运行环境从而模拟 linux 系统的做法，随后在此基础上，给出在基于 Docker 的 Linux 系统里部署运行微服务组件的详细步骤。

12.1　Docker 与 Spring Cloud 微服务

Docker 是个能实现虚拟化管理的应用容器引擎，通过 Docker 程序员可以创建并管理诸多应用容器，从而不仅能提升项目的部署效率，而且还能有效地降低项目的维护成本。

在本节中，首先会介绍 Docker 的相关概念，随后会给出搭建 Docker 运行环境的步骤，并在此基础上讲解通过 Docker 管理微服务的一般方式。

12.1.1　Docker 镜像、容器和虚拟化管理引擎

Docker 是一个虚拟化管理引擎。所谓虚拟化管理，是指在一种操作系统里运行另一种操作系统，从而对项目和组件进行管理的方式。比如在 Windows 系统里面运行 Linux 系统，通过 Linux 系统管理微服务项目和组件。

通过 Docker 引擎，程序员不仅能在 Windows 等操作系统中创建并运行另一种操作系统，而且还可以在子操作系统中部署、管理和运行微服务项目或 Redis 等组件。操作系统、Docker 容器管理引擎和子操作系统之间的关系，如图 12.1 所示。

图 12.1　操作系统、Docker 和子操作系统之间的关系

在 Docker 里，容器、镜像和仓库是三个重要的概念，通过理解这三个概念，读者能很好地理解基于 Docker 的虚拟化管理方式。

- 仓库是个代码中心，可以设置在本地，也可以设置在远端。在仓库中，包含了很多 Docker 镜像文件。
- 镜像是静态的，可以把镜像理解成为 Java 中的类。
- 容器是动态的，镜像经过启动后就成了实体，可以把容器理解成由 Java 类实例化而成的对象。

在基于 Docker 进行虚拟化管理的过程中，一般首先是通过命令从 Docker 仓库下载所需的镜像文件，随后可以用 Docker 命令配置并启动镜像，启动后的镜像则可以称为容器。当然，程序员也可以通过命令在本地创建镜像并上传到仓库里，这样别人也就能用 Docker 引擎重用该镜像。

再讲得具体点，容器可以理解成在主机操作系统里运行的子操作系统，而在该子操作系统里，可以包含基于 Spring Cloud Alibaba 的微服务项目，也可以包含 Nacos 等组件，这些项目和组件在子操作系统里运行，就像在本地操作系统（也叫宿主操作系统）里运行一样。

如果终止容器运行，那么子操作系统也会随之终止，其中的项目和组件也会停止对外服务。此时，静态容器的表现形式是文件，可以把该文件理解成 Docker 镜像。

也就是说，通过 Docker 虚拟化管理工具，或者说是通过 Docker 命令，可以把远端仓库里现有的组件和项目下载并部署到指定服务器上并启动，这样就能以较小的代价实现组件和项目的迁移和部署动作。

12.1.2　搭建 Docker 环境

在 Windows 系统上，可以到官方网站 www.docker.com 去下载 Docker Desktop 的安装程序，随后通过提示完成安装动作。完成安装后，能在任务栏中看到如图 12.2 所示的图标。

图 12.2　Docker Desktop 安装完成后的图标

随后，可进入命令行窗口，输入 docker version 命令，此时如果该命令成功运行，并输出 Docker 的版本信息，就能进一步确认 Docker 在本地安装成功。

在本地成功安装 Docker Desktop 之后，就能通过运行相应的 Docker 命令来下载 Docker 镜像并管理 Docker 容器。在后文里，将结合微服务管理的具体场景，讲解各种 Docker 命令的语法和使用要点。

12.1.3　用 Docker 管理微服务的方式

基于 Spring Cloud Alibaba 的微服务项目，一般是由多个基于 Spring Boot 的业务模块和多个 Spring Cloud Alibaba 的组件整合而成，而相关的业务模块和组件，都可以用虚拟化管理的方式，植入一个或多个 Docker 容器，相关的框架如图 12.3 所示。

注意，把微服务模块或组件部署到 Docker 容器里的动机是"隔离部署"，比如在一个 Linux 操作系统的服务器里创建了三个 Docker 容器，在其中部署业务模块和组件，这样的部署方式，能让在同一操作系统中的不同模块和组件尽量独立，从而减少相互间的依赖。

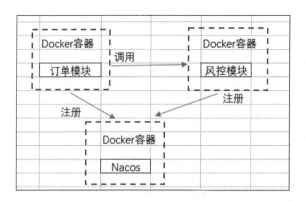

图 12.3　基于 Docker 容器的微服务框架图

但是这种基于 Docker 容器部署的做法是需要代价的，别的不说，基于 Docker 的虚拟化管理就需要消耗操作系统的资源。所以在实际生产过程中，需要在"隔离部署带来的高可维护性"和"虚拟化管理成本"之间做取舍，并在必要的场合下选用基于 Docker 的虚拟化管理机制。

12.2　容器化管理 Spring Boot 项目

基于 Spring Cloud Alibaba 微服务项目，是由若干个基于 Spring Boot 框架的业务模块构成，这些业务模块也可完成一个个的 Spring Boot 项目，通过 Docker 可以很方便地完成这些 Spring Boot 项目。本节将会介绍用 Docker 容器化管理 Spring Boot 项目的实践方法。

12.2.1　准备 Spring Boot 项目

首先创建一个名为 SpringBootForDocker 的 Maven 项目，在该项目的 pom.xml 文件里，编写如下的关键代码。

```
01  <parent>
02      <groupId>org.springframework.boot</groupId>
03      <artifactId>spring-boot-starter-parent</artifactId>
04      <version>2.2.8.RELEASE</version>
05      <relativePath/>
06  </parent>
07  <groupId>org.example</groupId>
08  <artifactId>SpringBootForDocker</artifactId>
09  <version>1.0-SNAPSHOT</version>
10  <packaging>jar</packaging>
11  <dependencies>
12      <dependency>
13          <groupId>org.springframework.boot</groupId>
14          <artifactId>spring-boot-starter-web</artifactId>
15      </dependency>
16  </dependencies>
17  <build>
```

```
18        <plugins>
19           <plugin>
20              <groupId>org.springframework.boot</groupId>
21  <artifactId>spring-boot-maven-plugin</artifactId>
22           </plugin>
23        </plugins>
24  </build>
```

在该 pom.xml 文件第 1 行到第 6 行以及第 11 行到第 16 行的代码里，指定了本项目所要的依赖包，这里仅用到了最基本的 Spring Boot 依赖包。

本 pom.xml 文件是通过第 7 行到第 10 行的代码，指定了本项目的基本信息，这里请注意，需要引入第 10 行的代码，指定本项目的打包方式。

为了把本项目成功地打包并部署到 Dokcer 容器中，还需要在 pom.xml 里引入第 17 行到第 23 行的 Maven 插件相关的代码。

本项目的 Spring Boot 启动文件和其他项目的很相似，所以就仅仅给出代码，不再额外说明了。

```
01  package prj;
02  import org.springframework.boot.SpringApplication;
03  import org.springframework.boot.autoconfigure.SpringBootApplication;
04  @SpringBootApplication
05  public class SpringBootApp {
06      public static void main(String[] args) {
07          SpringApplication.run(SpringBootApp.class, args);
08      }
09  }
```

在本项目的 Controller.java 控制器类中，通过第 6 行到第 9 行代码定义了对外提供服务的 sayHello 方法，该方法对应的 URL 请求是/sayHello，在该方法里，通过第 8 行的代码返回一段字符串。

```
01  package prj;
02  import org.springframework.web.bind.annotation.RequestMapping;
03  import org.springframework.web.bind.annotation.RestController;
04  @RestController
05  public class Controller {
06      @RequestMapping("/sayHello")
07      public String sayHello(){
08          return "Say Hello By Docker.";
09      }
10  }
```

给出本项目的目的是演示 Spring Boot 项目整合 Docker 的做法，本项目本身的业务逻辑其实很简单。完成编写上述项目后，通过运行 Spring Boot 启动类启动该项目，并在浏览器里输入 http://localhost:8080/sayHello，能看到如下的输出结果，由此可确认本项目能正常工作。

```
Say Hello By Docker.
```

12.2.2 打成 jar 包

由于 IDEA 集成开发环境默认地整合了 Maven 工具，所以如果用 IDEA 工具打开上文创建的的 SpringBootForDocker 项目，能看到如图 12.4 所示的 Maven 管理项目的界面，单击其中的 package 菜单项，就可以把本项目打成 jar 包。

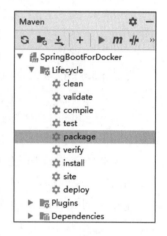

打包完成后，能在本项目的 target 目录里看到 SpringBootForDocker-1.0-SNAPSHOT.jar 文件，其中 SpringBootForDocker 是项目名，而 1.0-SNAPSHOT 是版本号。

通过 cmd 命令打开命令行窗口，进入到 SpringBootForDocker 项目的 target 目录，随后可以通过如下的命令，通过该 jar 包启动该 Spring Boot 项目。

```
java -jar SpringBootForDocker-1.0-SNAPSHOT.jar
```

图 12.4　Maven 工具管理
项目的界面

运行上述命令后，在命令行窗口里可看到如图 12.5 所示的 Spring Boot 项目启动效果。

图 12.5　在命令行里看到的 Spring Boot 启动效果

通过命令行启动该项目后，如果在浏览器里输入 http://localhost:8080/sayHello，同样能看到如下的输出结果。

```
Say Hello By Docker.
```

在实际项目中，会用类似上文给出的步骤，用 Maven 等工具把项目打成 jar 包，并部署到 Linux 等服务器上，随后再用 java -jar 的命令启动对应的项目。这样该项目就能在指定端口监听请求，接收到请求后，就能提供对应的服务。

12.2.3　用 jar 包制作镜像

在用 Maven 工具把 Spring Boot 项目打成 jar 包以后，可以通过如下的步骤创建基于该 jar 的 Docker 镜像。

首先在 SpringBootForDocker 项目的根目录里，创建用以生成 Docker 镜像的 Dockerfile 文件，并在该文件里写入如下的代码。

```
01    from java:8
02    COPY target/SpringBootForDocker-1.0-SNAPSHOT.jar app.jar
03    ENTRYPOINT ["java","-jar","/app.jar"]
```

镜像是静态化的容器，而容器默认是基于 Linux 操作系统。通过上述第 1 行的代码中看到，通过该 Dockerfile 文件创建的镜像，会在 Linux 系统中导入 java 8 版本（即 JDK1.8 版本）；通过第 2 行的代码能看到，在创建镜像时会把用 SpringBootForDocker 项目打成的 jar 包放入该镜像，同时把该 jar 包改名成 app.jar。

通过 Dockerfile 文件的第 3 行代码，指定了该镜像启动成容器后的运行命令，这里是通过 java -jar /app.jar 的命令，启动 Spring Boot 项目。

完成编写上述 Dockerfile 文件后，可以在命令行窗口里，进入到 SpringBootForDocker 项目的根目录，随后再运行如下的命令创建名为 spring-boot-img 的 Docker 镜像。

```
docker build -t spring-boot-img:0.1.0 .
```

这里的 docker build -t 命令，是根据在当前路径的 Dockerfile 文件创建镜像，创建的镜像名是 spring-boot-img，镜像的版本是 0.1.0，请注意该命令最后的 "."，表示指示镜像创建方式的 Dockerfile 文件处在当前目录。

通过上述命令完成创建 Docker 镜像后，可以通过 docker images 命令观察当前所有的镜像，此时能看到如图 12.6 所示的截图，由此能确认 spring-boot-img 镜像成功生成。

图 12.6　确认镜像成功生成的效果图

12.2.4　以容器化的方式运行 Spring Boot

成功创建上述 spring-boot-img 镜像后，可以通过如下的命令启动并运行该镜像。

```
docker run -p 8080:8080 -t -name springbootdemo spring-boot-img:0.1.0
```

通过运行上述命令，可以用静态的镜像生成动态的 Docker 容器。该 Docker 容器启动后，同宿主 Windows 操作系统之间的关系如图 12.7 所示。

在该容器里是以 jar 文件的方式部署了 SpringBootForDocker 项目，而该容器的 8080 映射到 Windows 宿主机的 8080 端口，这样外部程序就能通过 Windows 操作系统的 8080 端口，访问部署在 Docker 容器中的 SpringBootForDocker 项目。

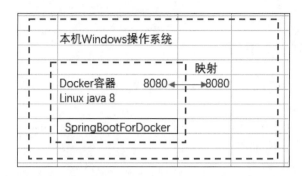

图 12.7　Docker 容器和宿主操作系统之间的关系图

通过上述命令用 spring-boot-img 镜像创建包含 SpringBootForDocker 项目的容器后，如果在浏览器里输入 http://localhost:8080/sayHello，依然能看到"Say Hello By Docker."的输出文字。也就是说，通过上述步骤成功地用 jar 文件制作了 Docker 镜像，并成功地用该镜像创建了 Docker 容器。

在指示镜像创建方式的 Dockerfile 文件里，是用 ENTRYPOINT ["java","-jar","/app.jar"]命令指定了启动命令，所以通过该镜像创建并启动容器后，会在该基于 Linux 的容器里自动运行 java -jar /app.jar 命令，以启动 SpringBootForDocker 项目。

这样的话，就相当于 Dcoker 容器中成功地部署并运行了该项目，从而实现了对 Spring Boot 项目的容器化管理。

12.3　容器化管理组件

本书之前在讲 Nacos 等组件时，为了演示方便，是直接在 Windows 操作系统里安装这些组件。在实际项目中，为了确保这些组件运行时的独立性和高可维护性，也可以用 Docker 容器化的方式管理这些组件。

在本节中，将详细讲解用 Docker 管理 Nacos、MySQL、Redis 和 MyCat 等组件的实践要点，从中读者能进一步掌握 Docker 容器化的相关技巧。

12.3.1　容器化管理 Nacos 组件

在 Windows 操作系统里，可以通过如下的步骤下载 Nacos 镜像，并用 Docker 管理并运行该 Nacos 镜像。

步骤 01 在命令行窗口，用 docker search nacos 命令搜索可用的 Nacos 镜像，从结果中能找到可用的镜像 nacos/nacos-server。

随后再用如下命令下载该 Nacos 镜像，其中 docker pull 是用来下载镜像的命令，而 nacos/nacos-server 是待下载的 Nacos 镜像。下载完成后，Nacos 镜像只是一个静态的文件。

```
docker pull nacos/nacos-server
```

步骤 **02** 用如下的命令在本机启动基于 Docker 的 Nacos 容器。

```
docker run --env MODE=standalone --name nacos -d -p 8848:8848 nacos/nacos-server
```

在该命令中，指定了所创建的 Nacos 容器是基于 nacos/nacos-server 镜像的，通过-p 参数，指定了容器（即 Windows 操作系统内部的 Linux 虚拟机）的 8848 端口会映射到宿主机的 8848 端口；通过--name 参数，指定了容器的名字是 nacos。

运行上述命令后，Nacos 容器在启动的同时，还会启动包含在该容器中的 Nacos 组件。在启动容器中的 Nacos 组件时，会加载由--env 指定的 Nacos 参数。

完成运行上述命令后，可以通过 docker ps 命令，观察当前处于活动状态的容器。此时如果看到如图 12.8 所示的界面，那么就能确认 Nacos 容器成功启动。

```
C:\Users\think>docker ps
CONTAINER ID   IMAGE               COMMAND              CREATED         STATUS        PORTS                    NA
MES
fabcc66834c0   nacos/nacos-server  "bin/docker-startup.…"  23 minutes ago  Up 4 seconds  0.0.0.0:8848->8848/tcp   n
acos
```

图 12.8　确认 Nacos 容器成功启动的效果图

由于该 Docker 容器的 8848 端口（即 Nacos 对外提供服务的端口）和宿主机 Windows 操作系统的 8848 端口相互映射，所以此时如果在浏览器里输入 http://localhost:8848/nacos/index.html，就能成功地看到 Nacos 的 UI 管理界面。

Nacos 容器成功启动后，同宿主机 Windows 操作系统的关系如图 12.9 所示，此时名为 nacos 的容器就相当于在宿主 Windows 操作系统里运行的子操作系统，在其中 Nacos 组件通过映射的 8848 端口对外提供服务。

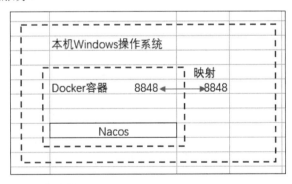

图 12.9　Docker 容器和 Windows 宿主机之间的关系

在该名为 nacos 的 Docker 容器处于工作状态时，可以通过 docker stop nacos 命令停止该容器的运行。而在 nacos 容器处于停止工作状态时，还可以通过 docker start nacos 命令启动该容器。

12.3.2　容器化管理 Sentinel

可以通过如下的步骤，在 Windows 操作系统里创建包含 Sentinel 组件的 Docker 容器。

步骤 **01** 通过如下的命令，下载 Sentinel 镜像。

```
docker pull bladex/sentinel-dashboard
```

步骤02 通过如下的命令用 Sentinel 镜像生成包含 Sentinel 的容器，同时在启动该容器的过程中，启动包含在该容器里的 Sentinel 组件。

```
docker run --name mysentinel -d  -p 8858:8858  bladex/sentinel-dashboard
```

在上述命令中，是通过--name 参数指定容器的名字叫 mysentinel，通过-p 参数指定容器的 8858 端口映射到宿主 Windows 操作系统的 8858 端口。由于 Sentienl 的默认工作端口是 8858，所以启动该容器后，可以在浏览器里输入 http://localhost:8858/，以访问 Sentinel 组件的控制台。

12.3.3 通过 Docker 容器部署 MySQL

在实际项目中，MySQL 数据库服务器一般是安装在 Linux 操作系统上，以供诸多基于 Linux 或 Windows 操作系统的客户端连接并访问。

这里将用 Docker 容器来模拟 Linux 操作系统，并在其中安装 MySQL 数据库服务器，同时在该 MySQL 数据库服务器里创建数据库和数据表，具体步骤如下。

步骤01 通过如下的命令，下载最新版本的 MySQL 镜像。

```
docker pull mysql:latest
```

下载完成后，可以用 docker images 命令来确认是否成功下载。

步骤02 通过如下的命令，用刚下载的 MySQL 镜像生成包含 MySQL 数据库的容器。

```
docker run -itd -p 13306:3306 --name mysql -e MYSQL_ROOT_PASSWORD=123456
mysql:latest
```

在上述命令中，通过-p 参数指定容器的 3306 端口映射到宿主 Windows 操作系统的 13306 端口，这样外部程序就能通过 Windows 操作系统的 13306 端口，连接并访问该 Docker 容器中的 MySQL 数据库服务器。

需要说明的是，由于 Windows 宿主机的 3306 端口已经被 MySQL 数据库服务器占用，所以包含 MySQL 的 Docker 镜像，需要把 3306 端口映射到宿主机的 13306 端口。

此外，在上述命令中，通过--name 参数指定了容器名为 mysql，通过-e 参数指定了容器的环境变量，即用于连接 MySQL 数据库的 root 用户，对应的连接密码是 123456。

步骤03 通过如下的命令进入到包含 MySQL 数据库的 Docker 容器。

```
docker exec -it mysql /bin/bash
```

进入 Docker 容器后，可以通过 mysql -u root -p 命令，用 root 用户名登录进 MySQL 数据库服务器，登录时需要输入密码 123456。登录后如果看到如图 12.10 所示的 mysql>提示符时，则说明登录成功。

步骤04 在进入到 mysql>提示符后，可通过运行 create database employeeDB;命令创建一个名为 employeeDB 的数据库，随后可以通过 use employeeDB;命令进入到该数据库。进入到该数据库以后，通过如下命令在其中创建一张名为 employee 的员工表。

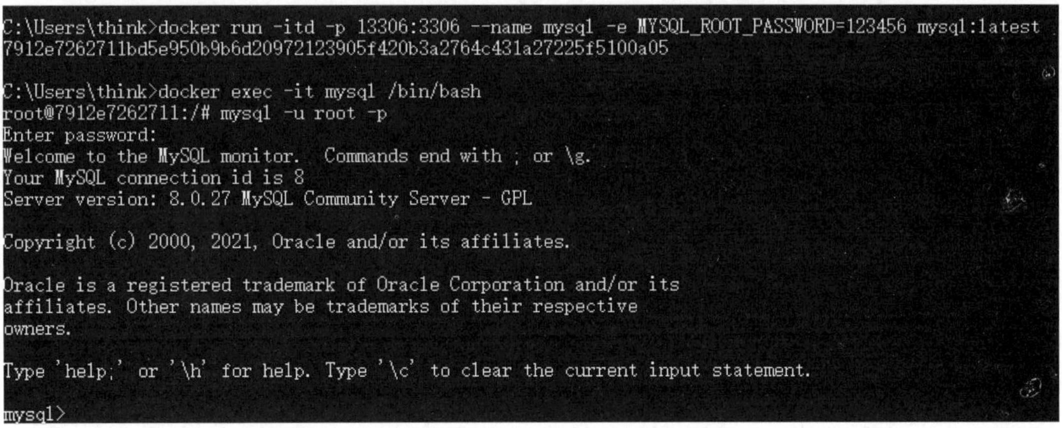

图 12.10　登录 MySQL 数据库服务器的命令行

```
01      create table employee(
02          id int not null primary key,
03          name varchar(20),
04          age int,
05          salary int
06      );
```

创建完成后，可通过 select * from employee;命令来确认 employee 表被成功创建。

12.3.4　通过 Docker 容器部署 Redis

在诸多微服务项目中，为了提升数据库访问性能，一般还会引入 Redis 缓存组件，同理，也可以通过 Docker 容器来部署 Redis。

首先通过如下命令下载 Redis 镜像：

```
docker pull redis
```

随后可以通过如下命令用新下载的 Redis 镜像生成包含 Redis 缓存服务器的 Docker 容器，该容器的名字为 redis，该容器的 6379 端口（即 Redis 的工作端口）映射到宿主 Windows 操作系统的 6379 端口。

```
docker run -itd --name redis -p 6379:6379 redis:latest
```

运行上述命令后，名为 redis 的容器在启动时会自动启动包含在其中的 Redis 服务器，此时，可以通过如下命令进入到 redis 容器。

```
docker exec -it redis /bin/bash
```

进入到 redis 容器后，可以通过 redis-cli 命令以 Redis 客户端的方式连接到 Redis 服务器，在此基础上，可以运行 get 和 set 等的 Redis 命令，相关命令如下。

```
01  C:\Users\think>docker exec -it redis /bin/bash
02  root@51d34a80e940:/data# redis-cli
03  127.0.0.1:6379> set name Peter
04  OK
```

```
05  127.0.0.1:6379> get name
06  "Peter"
07  127.0.0.1:6379>
```

12.4 动手练习

练习 1 按 12.1.1 节给出的步骤在本机搭建 Docker 环境。

练习 2 按 12.2 节给出的步骤重现以容器化的方式运行 Spring Boot 的步骤。具体实现步骤如下。

（1）按 12.2.1 节给出的步骤创建名为 SpringBootForDocker 的 Spring Boot 项目。

（2）按 12.2.2 节给出的步骤用 Maven 工具把该项目打成 jar 包。

（3）按 12.2.3 节给出的步骤编写 Dockerfile 文件，并通过运行该文件制作包含 SpringBootForDocker 项目 jar 包的 Docker 镜像。

（4）按 12.2.4 节给出的步骤以容器化的方式运行 SpringBootForDocker 项目，并通过在浏览器里输入 http://localhost:8080/sayHello 验证容器化运行项目的效果。

练习 3 按 12.3 节所示，在电脑上创建多个 Docker 容器，并分别执行如下操作：

（1）按 12.3.1 节给出的步骤创建并运行一个包含 Nacos 组件的容器。

（2）按 12.3.2 节给出的步骤创建并运行一个包含 Sentinel 组件的容器。

（3）按 12.3.3 节给出的步骤创建并运行一个包含 MySQL 数据库的容器，并在容器的 MySQL 数据库服务器里，创建一个名为 employeeDB 的数据库，在该数据库里创建一个名为 employee 的数据表。

（4）按 12.3.4 节给出的步骤创建并运行一个包含 Redis 缓存组件的容器，并进入到该容器，再用 redis-cli 命令连接到该 Redis 缓存服务器，并在其中实践若干 set 和 get 等的 Redis 命令。

第13章

Docker 部署 Spring Cloud Alibaba 微服务项目

前面章节已经给出了用 Docker 容器部署单体版 Spring Boot 项目和诸多组件的实现步骤，在此基础上，本章将介绍用 Docker 容器管理微服务项目。

首先，以员工管理系统为例，介绍在微服务项目中引入负载均衡、服务治理、限流、熔断防护和缓存等应对高并发请求的做法；其次，介绍在 Docker 容器中搭建和部署 Spring Boot 单机版项目和相关组件的做法。

通过本章的学习，读者能全面掌握用 Docker 容器开发部署和运行微服务项目的实践要点。

13.1　员工管理微服务系统架构分析

在本节中，首先介绍微服务项目的特点，然后给出基于 Docker 容器的员工管理微服务系统的架构，并在此基础上介绍待实现的需求点和数据表的结构。

13.1.1　微服务项目的表现形式与优势

微服务是一种项目的部署和维护方式，微服务项目的表现形式是，项目里的诸多业务模块能独立开发、部署和运行，具体来讲，微服务项目有如下的特点和优势。

（1）每个业务模块应当只提供一种业务服务，比如员工管理模块只提供员工管理服务，这样的设计理念使每个微服务模块变得很容易维护。

（2）模块间的调用接口很清晰，比如模块间可以通过 Restful 或 Dubbo 接口相互调用，这样微服务模块内部的功能修改不会过多地影响到其他的业务模块。

（3）由于模块间采用 HTTP 或 Dubbo 等协议进行通信，所以模块间的通信比较轻便，这种通信轻便性对高并发系统来说至关重要。

在实际项目中，一般会把微服务项目的诸多业务模块部署在服务器或基于 Docker 等虚拟化技术的容器里。

13.1.2　基于 Docker 容器的微服务架构

基于 Docker 容器的员工管理微服务系统的架构如图 13.1 所示。

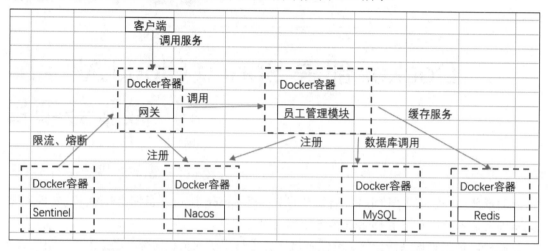

图 13.1　基于 Docker 容器的员工管理微服务系统的架构图

从图 13.1 中能看到，员工管理模块和基于 Gateway 组件的网关模块均部署在 Docker 容器里，而客户端可以通过网关调用员工管理模块里的诸多方法。

为了降低模块间的耦合性，员工管理模块中的诸多服务方法均注册到 Nacos 组件，而网关模块则通过 Nacos 组件和员工管理模块进行交互。

在实际项目中，数据库服务器和缓存服务器一般是和业务模块分开部署并维护的，所以在本案例中，没有把 MySQL 数据库服务器、Redis 缓存服务器和员工管理模块部署在同一个 Docker 容器中，而是分开部署，以此来模拟业务模块、数据库组件和缓存组件部署在不同服务器上的做法。

在实际项目的网关组件里，一般会引入限流和熔断等安全防护措施，在本项目中，基于 Gateway 的网关组件会和 Sentinel 组件交互，调用 Sentienl 组件实现各种安全防护措施。

通过图 13.1 可以看到，在本项目中，不仅业务模块和网关模块实现了独立部署的效果，而且 MySQL 数据库组件、Redis 缓存组件、Nacos 服务治理组件和 Sentinel 安全防护组件等基础服务设施组件也实现了基于 Docker 的独立部署，而且诸多模块间是通过各种接口相互调用的。也就是说，本项目很好地展现了微服务项目的开发和部署规范。

13.1.3　业务功能点与数据表结构

由于我们的重点是 Docker 容器化项目管理技术，所以员工管理项目的业务功能点相对简单。这里只提供了新增员工和查询员工两大功能，相关服务方法如表 13.1 所示。

表 13.1　员工管理项目的服务方法

方　法　名	对应的 URL	说　　明
saveEmployee	/saveEmployee	新增员工信息
findByID	/findByID/{id}	根据 ID 查询员工信息

员工表的名字叫 employee，该表的结构如表 13.2 所示。

表 13.2　employee 员工表的结构

字　段　名	类　　型	说　　明
id	int	主键
name	varchar	员工姓名
age	int	员工年龄
salary	int	员工工资

13.2　开发员工管理微服务项目

从项目角度来看，本员工管理微服务项目包含了员工管理和网关这两大项目。其中员工管理模块采用了单体 Spring Boot 架构，以 URL 格式的请求对外提供服务；而网关模块对员工管理模块做了层封装，外部客户端的请求会经由网关转发到员工管理模块，员工管理模块返回的结果也会经由网关模块返回到外部客户端。

13.2.1　开发员工管理模块

这里需要创建一个名为 EmpPrj 的项目来实现员工管理功能，该项目是基于单机版的 Spring Boot 框架——根据第 9 章的 RedisMySQLDemo 项目改编而成。

从架构角度分析，该项目由控制器层（Controller）、业务层（Service）和数据访问层（Repo）构成，而且该项目用 Redis 缓存整合 MySQL 数据库的做法来管理员工数据，从图 13.2 中可以看到该项目读取员工数据的基本流程。

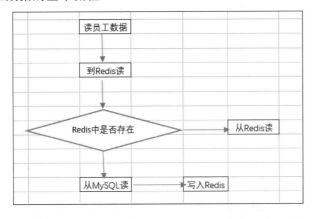

图 13.2　基于 Redis 和 MySQL 读取员工数据的流程图

开发该项目的关键步骤如下，其中该项目和第 9 章 RedisMySQLDemo 项目完全相同的代码这里就不再重复分析了。

步骤 01 在 pom.xml 里，通过如下关键代码引入 Spring Boot、JPA、Redis、MySQL 和 Nacos 等的依赖包。

```
01  <dependencies>
02    <dependency>
03        <groupId>org.springframework.boot</groupId>
04        <artifactId>spring-boot-starter-web</artifactId>
05    </dependency>
06    <dependency>
07         <groupId>mysql</groupId>
08        <artifactId>mysql-connector-java</artifactId>
09        <version>8.0.20</version>
10    </dependency>
11    <dependency>
12        <groupId>org.springframework.boot</groupId>
13  <artifactId>spring-boot-starter-data-jpa</artifactId>
14        </dependency>
15    <dependency>
16        <groupId>org.springframework.boot</groupId>
17    <artifactId>spring-boot-starter-data-redis</artifactId>
18    </dependency>
19    <dependency>
20        <groupId>com.google.code.gson</groupId>
21        <artifactId>gson</artifactId>
22        <version>2.8.0</version>
23    </dependency>
24    <dependency>
25        <groupId>com.alibaba.cloud</groupId>
26  <artifactId>spring-cloud-starter-alibaba-nacos-discovery</artifactId>
27    </dependency>
28  </dependencies>
```

为了能顺利地打包并部署该项目，还需要在 pom.xml 文件里通过第 1 行代码指定打包方式，通过第 3 行到第 10 行代码指定用 Maven 插件打包。

```
01  <packaging>jar</packaging>
02  …
03  <build>
04    <plugins>
05      <plugin>
06          <groupId>org.springframework.boot</groupId>
07  <artifactId>spring-boot-maven-plugin</artifactId>
08      </plugin>
09    </plugins>
10  </build>
```

步骤 02 编写 Spring Boot 启动类，由于该项目需要把方法注册到 Nacos 组件上，所以要在该启动类的第 5 行引入 @EnableDiscoveryClient 注解。

```
01  package prj;
02  import org.springframework.boot.SpringApplication;
03  import org.springframework.boot.autoconfigure.SpringBootApplication;
04  import org.springframework.cloud.client.discovery.EnableDiscoveryClient;
05  @EnableDiscoveryClient
06  @SpringBootApplication
07  public class SpringBootApp {
08      public static void main(String[] args) {
09          SpringApplication.run(SpringBootApp.class, args);
10      }
11  }
```

步骤 **03**　在控制器 Controller.java 类里编写对外提供服务的方法。该类代码和第 9 章 RedisMySQLDemo 项目里的 Controller.java 代码非常相似，都是通过在 saveEmployee 和 findByID 这两个方法里调用业务类 EmployeeService 的方法，实现了插入和查询员工信息的功能。

```
01  package prj.controller;
02  import org.springframework.beans.factory.annotation.Autowired;
03  import org.springframework.web.bind.annotation.PathVariable;
04  import org.springframework.web.bind.annotation.RequestMapping;
05  import org.springframework.web.bind.annotation.RestController;
06  import prj.model.Employee;
07  import prj.service.EmployeeService;
08  @RestController
09  public class Controller {
10      @Autowired
11      EmployeeService employeeService;
12      @RequestMapping("/saveEmployee")
13      public void saveEmployee(){
14          Employee employee = new Employee();
15          employee.setId(1);
16          employee.setName("Peter");
17          employee.setAge(23);
18          employee.setSalary(20000);
19          employeeService.saveEmployee(employee);
20      }
21      @RequestMapping("/findByID/{id}")
22      public Employee findByID(@PathVariable int id){
23          return employeeService.findByID(id);
24      }
25  }
```

步骤 **04**　编写业务实现类 EmployeeService.java，具体代码如下。

```
01  package prj.service;
02  import org.springframework.beans.factory.annotation.Autowired;
03  import org.springframework.stereotype.Service;
04  import prj.model.Employee;
05  import prj.repo.EmployeeMySQLRepo;
06  import prj.repo.EmployeeRedisDao;
07  @Service
08  public class EmployeeService {
09      @Autowired
```

```
10      private EmployeeRedisDao employeeRedisDao;
11      @Autowired
12      private EmployeeMySQLRepo employeeMySQLRepo;
13      public void saveEmployee(Employee employee){
14          employeeMySQLRepo.save(employee);
15      }
16      public Employee findByID(int id){
17          Employee employee = employeeRedisDao.findByID(id);
18          if(employee != null) {
19              System.out.println("Get Employee From Redis");
20          }else {
21              System.out.println("Get Employee From MySQL");
22              employee = employeeMySQLRepo.findById(id).get();
23              //如果在数据库存在，则加入缓存
24              if(employee !=null) {
25                  employeeRedisDao.saveEmployee(id, employee);
26              }
27          }
28          return employee;
29      }
30  }
```

在该类第 13 行到第 15 行的 saveEmployee 方法里，通过调用 employeeMySQLRepo 对象的 save 方法，实现了向 MySQL 数据库里插入员工信息功能；而在该类第 16 行到第 29 行的 findByID 方法里，先是通过第 17 行代码从 Redis 缓存中查询员工信息，如果没找到，再通过第 22 行的代码从 MySQL 数据库里查询员工信息。

步骤 05 编写用于和 employee 数据表映射的业务模型类 Employee.java，在该业务模型类里，通过第 6 行和第 7 行的@Entity 和@Table 注解指定和 employee 数据表映射；通过第 9 行的@Id 注解说明本类中的 id 属性是注解；通过第 11 行、第 13 行和第 15 行的@Column 注解，说明该类的属性和 employee 数据表之间的映射关系。

```
01  package prj.model;
02  import javax.persistence.Column;
03  import javax.persistence.Entity;
04  import javax.persistence.Id;
05  import javax.persistence.Table;
06  @Entity
07  @Table(name="employee") //和 Employee 数据表关联
08  public class Employee {
09      @Id //通过@Id 定义主键
10      private int id;
11      @Column(name = "name")
12      private String name;
13      @Column(name = "age")
14      private int age;
15      @Column(name = "salary")
16      private int salary;
17      //省略各属性的 getter 和 setter 方法
18  }
```

步骤 **06** 编写用于和 Redis 及 MySQL 交互的 Repo 类，其中和 Redis 交互的 EmployeeRedisDao 类代码如下。

```
01  package prj.repo;
02  import com.google.gson.Gson;
03  import org.springframework.beans.factory.annotation.Autowired;
04  import org.springframework.data.redis.core.RedisTemplate;
05  import org.springframework.stereotype.Repository;
06  import prj.model.Employee;
07  @Repository
08  public class EmployeeRedisDao {
09      @Autowired
10      private RedisTemplate<String, String> redisTemplate;
11      //向 Redis 缓存 Employee 数据
12      public void saveEmployee(int id, Employee employee){
13          Gson gson = new Gson();
14          redisTemplate.opsForValue().set(Integer.valueOf(id).toString(),
    gson.toJson(employee));
15      }
16      //根据 id 查找 Employee 数据
17      public Employee findByID(int id){
18          Gson gson = new Gson();
19          Employee employee = null;
20          String employeeJson = redisTemplate.opsForValue().
    get(Integer.valueOf(id).toString());
21          if(employeeJson != null && !employeeJson.equals("")){
22              employee = gson.fromJson(employeeJson, Employee.class);
23          }
24          return employee;
25      }
26  }
```

在该类的第 12 行的 saveEmployee 和第 16 行的 findByID 方法里，均是通过第 10 行创建的 redisTemplate 对象，向 Redis 缓存数据和从 Redis 里读取数据。

用于和 MySQL 数据库交互的 EmployeeMySQLRepo 类代码如下。

```
01  package prj.repo;
02  import org.springframework.data.jpa.repository.JpaRepository;
03  import org.springframework.stereotype.Repository;
04  import prj.model.Employee;
05  @Repository
06  public interface EmployeeMySQLRepo extends JpaRepository<Employee, Integer>
    { }
```

该类通过第 6 行的 extends 语句继承了 JpaRepository 类，以此引入和 MySQL 交互的方法。

步骤 **07** 在 resources 目录下编写 application.yml 配置文件，具体代码如下。

```
01  spring:
02    application:
03      name: EmpPrj
```

```
04      cloud:
05        nacos:
06          discovery:
07            server-addr: 192.168.1.4:8848
08        datasource:
09          url: jdbc:mysql://192.168.1.4:13306/employeeDB?characterEncoding=
    UTF-8&useSSL=false&serverTimezone=UTC&allowPublicKeyRetrieval=true
10          username: root
11          password: 123456
12          driver-class-name: com.mysql.cj.jdbc.Driver
13        jpa:
14          database: MYSQL
15          show-sql: true
16          hibernate:
17            ddl-auto: validate
18          properties:
19            hibernate:
20              dialect: org.hibernate.dialect.MySQL5Dialect
21        redis:
22          host: 192.168.1.4
23          port: 6379
```

在该配置文件里配置了 Nacos 注册地址、MySQL 连接地址、JPA 连接方式和 Redis 的连接地址。请注意，这里用到的地址均是 192.168.1.4，这是本机的 IP 地址。

由于本项目所用的 Nacos、MySQL 和 Redis 组件均是部署在不同的 Docker 容器里，这些容器会把对应的工作端口映射到主机上，所以在本配置文件里不能用 localhost 或 127.0.0.1 外加端口号的方式连接到对应的组件，而是需要采用本机 IP 地址外加端口号的方式。

13.2.2 开发网关模块

这里需要创建一个名为 Gateway 的 Maven 项目来实现网关功能。在该项目的 pom.xml 文件里，首先需要通过如下的关键代码来引入 Gateway、Nacos 和 Sentinel 等相关依赖包。

```
01  <dependencies>
02      <dependency>
03          <groupId>org.springframework.cloud</groupId>
04  <artifactId>spring-cloud-starter-gateway</artifactId>
05      </dependency>
06      <dependency>
07          <groupId>com.alibaba.cloud</groupId>
08  <artifactId>spring-cloud-starter-alibaba-sentinel</artifactId>
09      </dependency>
10      <dependency>
11          <groupId>com.alibaba.cloud</groupId>
12  <artifactId>spring-cloud-alibaba-sentinel-gateway</artifactId>
13      </dependency>
14      <dependency>
15          <groupId>com.alibaba.cloud</groupId>
16  <artifactId>spring-cloud-starter-alibaba-nacos-discovery</artifactId>
```

```
17       </dependency>
18   </dependencies>
```

该项目也需要打成 jar 包并部署到 Docker 容器里，可通过如下的代码指定打包方式，同时指定用 Maven 插件打包。

```
01   <packaging>jar</packaging>
02   …
03   <build>
04       <plugins>
05           <plugin>
06               <groupId>org.springframework.boot</groupId>
07   <artifactId>spring-boot-maven-plugin</artifactId>
08           </plugin>
09       </plugins>
10   </build>
```

由于该网关项目需要和 Nacos 组件交互，并需要从 Nacos 注册中心里拉取到员工管理模块注册的方法，所以在该项目的 Spring Boot 启动类里，也需要引入@EnableDiscoveryClient 注解，如下述代码的第 5 行。

```
01   package prj;
02   import org.springframework.boot.SpringApplication;
03   import org.springframework.boot.autoconfigure.SpringBootApplication;
04   import org.springframework.cloud.client.discovery.EnableDiscoveryClient;
05   @EnableDiscoveryClient
06   @SpringBootApplication
07   public class SpringBootApp {
08       public static void main(String[] args) {
09           SpringApplication.run(SpringBootApp.class, args);
10       }
11
12   }
```

在该网关项目的 application.yml 文件里，配置了 Nacos 的连接地址、网关转发规则和 Sentinel 交互地址，相关代码如下。

```
01   server:
02     port: 9090
03   spring:
04     applcation:
05       name: Gateway
06     cloud:
07       nacos:
08         discovery:
09           server-addr: 192.168.1.4:8848
10       gateway:
11         routes:
12           - id: findByID
13             uri: http://192.168.1.4:8080/
14             predicates:
```

```
15                - Path=/findByID/{id}
16          - id: save
17            uri: http://192.168.1.4:8080/
18            predicates:
19              - Path=/saveEmployee
20      sentinel:
21        transport:
22          port: 8085
23          dashboard: 192.168.1.4:8858
```

在该配置文件里，通过第 6 行到第 9 行代码配置了 Nacos 注册中心的连接地址；通过第 10 行到第 19 行代码配置了 Gateway 网关转发请求的方式，具体地，会把/findByID/{id}和 /saveEmployee 格式的 URL 请求转发到 http://192.168.1.4:8080/路径上；通过第 20 行到第 23 行代码配置了用于实现限流和熔断效果的 Sentinel 组件的连接地址。

同样地，由于网关项目用到的 Nacos 和 Sentinel 组件也是部署在 Docker 容器里，这些容器也会把工作端口映射到本机，所以本配置文件用到的地址依然是本机的 IP 地址 192.168.1.4，同样不能用 localhost 或 127.0.0.1。

13.3 容器化部署员工管理微服务

上一节介绍了基于 Spring Cloud Alibaba 组件的员工管理模块和网关模块的开发步骤，本节会在介绍打包业务模块详细步骤的基础上，讲解在 Docker 容器里部署运行业务模块和组件的方法，由此读者能进一步掌握基于 Docker 的 Spring Cloud Alibaba 微服务项目容器化管理的技巧。

13.3.1 打包员工管理和网关模块

由于在员工管理模块 EmpPrj 项目和网关模块 Gateway 项目的 pom.xml 文件里，均已经指定了打包方式，所以可以通过 cmd 命令进入到对应项目的路径，在各自的项目路径中分别运行 mvn package 命令完成打包动作。

运行完该打包命令后，能在各自项目的 target 路径里看到打包结果文件，其中员工管理模块的打包结果文件是 EmpPrj-1.0-SNAPSHOT.jar，而网关模块的打包结果文件是 Gateway-1.0-SNAPSHOT.jar。

13.3.2 容器化部署并运行 MySQL 和 Redis

在 12.3.3 节和 12.3.4 节里介绍了下载 MySQL 和 Redis 组件的 Docker 镜像，以及在 Docker 容器里部署并运行这两个组件的步骤。如果之前没有创建并启动 MySQL 和 Redis 的 Docker 容器，可以照前文描述用 docker run 命令创建并启动这两个 Docker 容器。如果已经创建了，那么可以通过如下两条 Docker 命令启动 MySQL 和 Redis 的 Docker 容器：

```
docker start mysql
docker start redis
```

其中，mysql 和 redis 是容器名。

运行上述两条命令后，可以通过 docker ps 命令确认启动结果。运行 docker ps 命令后，如果能见到如图 13.3 所示的界面，则说明包含 MySQL 和 Redis 组件的 Docker 容器成功启动。

图 13.3　确认 MySQL 和 Redis 容器成功启动

本微服务项目把 MySQL 和 Redis 部署并运行在 Docker 容器里，这两个容器分别把各自的工作端口映射到本机 13306 和 6379 端口。

对应地，在 EmpPrj 员工管理模块的 application.yml 配置文件，设置的 MySQL 和 Redis 组件的连接地址也是本机 13306 和 6379 端口，但这里请注意，EmpPrj 员工管理模块事实上交互的是部署在 Docker 容器里的 MySQL 和 Redis 组件。

另外，在包含 MySQL 的容器里，需要按 12.3.3 节给出的描述创建 employeeDB 数据库，并在该数据库里创建 employee 数据表。在员工管理模块里，实际用到的是这个包含在 Docker 容器里的数据表。

13.3.3　容器化部署并运行 Nacos 和 Sentinel

在 12.3.1 节和 12.3.2 节里，介绍了下载 Nacos 和 Sentinel 组件的 Docker 镜像，以及在 Docker 容器里部署并运行这两个组件的步骤。

如果之前没有创建包含 Nacos 和 Sentinel 组件的 Docker 容器，这里可以按前文给出的 docker run 命令创建，如果已经创建好，那么就可以通过如下命令启动这两个容器。

```
docker start nacos
docker start mysentinel
```

其中，nacos 和 mysentinel 是容器名。

启动后依然可以通过 docker ps 命令来确认结果。启动后，nacos 容器会映射到本机 8848 端口，而 mysentinel 容器会映射到本机 8858 端口。

对应地，在员工管理模块和网关模块的配置文件里，设置的 Nacos 和 Sentinel 组件的连接地址是本机 8848 和 8858 端口。同样请注意，这两个项目实际交互的是部署在 Docker 容器里的 Nacos 和 Sentinel 组件。

13.3.4　容器化部署员工管理模块

完成在 Docker 容器里部署并运行 MySQL、Redis、Nacos 和 Sentinel 组件后，可以继续在 Docker 容器里部署和运行员工管理模块和网关模块。

部署和运行员工管理模块的步骤是，先用 mvn package 命令打包该员工管理模块，打包后会在项目的 target 目录里，生成名为 EmpPrj-1.0-SNAPSHOT.jar 的打包文件。

随后，在 EmpPrj 员工管理模块的根目录里，创建用于生成该项目 Docker 镜像的 Dockerfile 文件，代码如下。

```
01  from java:8
02  EXPOSE 8080
03  COPY target/EmpPrj-1.0-SNAPSHOT.jar app.jar
04  ENTRYPOINT ["java","-jar","/app.jar"]
```

上述文件通过第 1 行代码指定包含员工管理模块的 Docker 镜像是基于 JDK1.8 版本；通过第 2 行代码指定该镜像对应的容器将会开放 8080 工作端口；通过第 3 行代码指定该镜像中将会包含员工管理模块的打包结果 EmpPrj-1.0-SNAPSHOT.jar 文件；通过第 4 行代码指定在启动该镜像对应的文件时，通过 java -jar 命令启动基于 Spring Boot 框架的员工管理模块。

完成编写上述 Dockergfile 文件后，可在 EmpPrj 员工管理模块的根目录里（即 Dockerfile 的同级目录），通过运行如下命令创建该员工管理模块所对应的 Docker 镜像，从该命令可看到，该模块对应的 Docker 镜像名是 spring-boot-empimg，版本号是 0.1.0。

```
docker build -t spring-boot-empimg:0.1.0.
```

完成创建员工管理模块所对应的 Docker 镜像后，可通过如下的命令根据该镜像生成并运行 Docker 容器。

```
docker run  -t --name springboot-emp -p 8080:8080 spring-boot-empimg:0.1.0
```

从该命令中能看到，所生成的包含员工管理模块的 Docker 容器名是 springboot-emp。

根据 Dockerfile 文件里的设置，该 springboot-emp 容器启动后，会自动启动基于 Spring Boot 的员工管理模块，即 EmpPrj 项目会成功运行在 springboot-emp 容器的 8080 端口，并同时通过映射，工作在本机 8080 端口。

13.3.5　容器化部署网关模块

容器化部署 Gateway 网关模块的步骤和部署员工管理模块的步骤很相似，首先也是需要在 Gateway 项目的根目录里创建名为 Dockerfile 的文件，然后通过如下代码指定生成 Docker 镜像的步骤。

```
01  from java:8
02  EXPOSE 9090
03  COPY target/Gateway-1.0-SNAPSHOT.jar app.jar
04  ENTRYPOINT ["java","-jar","/app.jar"]
```

和生成员工管理模块镜像不同的是，由于网关模块工作在 9090 端口，所以包含网关模块的镜像需要开放 9090 端口，同时在该镜像里，需要引入网关项目的打包结果，在启动该镜像所对应的容器时，需要启动基于 Spring Boot 框架的网关项目。

完成编写上述 Dockergfile 文件后，可在 Gateway 模块的根目录里（即 Dockerfile 的同级目录），通过运行如下命令创建对应的 Docker 镜像：

```
docker build -t spring-boot-gateway-img:0.1.0.
```

从该命令中可看到，网关模块对应的 Docker 镜像名是 spring-boot-gateway-img，版本号是 0.1.0。

完成创建网关模块所对应的 Docker 镜像后，可通过如下命令根据该镜像生成并运行 Docker 容器。

```
docker run  -t --name springboot-gateway -p 9090:9090 spring-boot-gateway-img:0.1.0
```

从该命令中能看到，所生成的包含网关模块的 Docker 容器名是 springboot-gateway，该容器里网关模块工作的端口 9090 会映射到本机的 9090 端口。

13.3.6　观察微服务容器化效果

完成在 Docker 容器里部署并启动 MySQL、Redis、Nacos、Sentinel、员工管理模块和网关模块后，可以在浏览器里输入 http://localhost:9090/saveEmployee 请求，通过网关模块向员工管理模块发起新增员工的请求，该请求事实上是由部署在 springboot-emp 容器里的员工管理模块实现的。

随后，可以在浏览器里输入 http://localhost:9090/findByID/1 请求，通过网关模块向员工管理模块发起查询 id 为 1 员工的请求，该请求会返回如下的结果。

```
{"id":1,"name":"Peter","age":23,"salary":20000}
```

输入上述请求后，通过 docker logs springboot-emp 命令观察员工管理模块执行上述请求的日志，在日志中能看到"Get Employee From Redis"等的字样，这说明员工管理模块在执行请求过程中，会调用部署在 Docker 容器里的 Redis 和 MySQL 服务。

上文已经提到，在员工管理模块和网关模块里，会使用部署在 Docker 容器里的 Nacos 组件作为服务注册中心，由于部署 Nacos 的 Docker 容器已经映射到本机 8848 端口，所以可以在浏览器里输入 http://localhost:8848/进入 Nacos 的可视化管理界面，以观察 Nacos 组件里的服务注册情况。

在 Nacos 的可视化管理界面的服务列表窗口里，可以看到如图 13.4 所示的界面，由此可以确认，EmpPrj 员工管理模块里的方法被成功地注册到 Nacos 组件里。

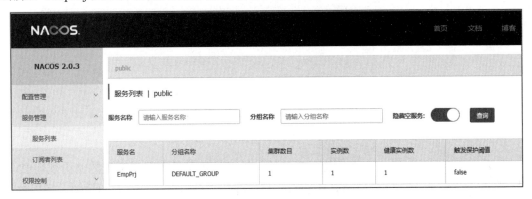

图 13.4　Nacos 可视化界面里的服务列表

13.3.7 引入限流和熔断措施

前文已经提到，Gateway 网关模块会和映射到本机 8858 端口的 Sentinel 组件整合，从而在网关层面引入限流和熔断等安全防护措施。在确保包含 Sentinel 组件的 Docker 容器成功启动的前提下，可以在浏览器里输入 localhost:8858，以进入 Sentinel 组件的可视化管理界面。

由于 Sentinel 采用懒加载的管理方式，所以在浏览器里输入 http://localhost:9090/saveEmployee 或 http://localhost:9090/findByID/1 请求后，能在 Sentinel 可视化管理界面里看到名为 app 的网关项目，具体如图 13.5 所示。

由于在 Docker 容器里，网关项目被改名为 app，所以这里展示的项目名是 app，而不是 Gateway。在其中，可以通过单击"API 管理"菜单创建 API，比如通过图 13.6 所示的方式，创建包含"findByID"的 API。

图 13.5　包含网关项目的 Sentinel 可视化管理界面

API 分组管理		172.17.0.7:8085 ▼	关键字
API 名称	匹配模式	匹配串	操作
findByID	前缀	findByID	编辑 删除

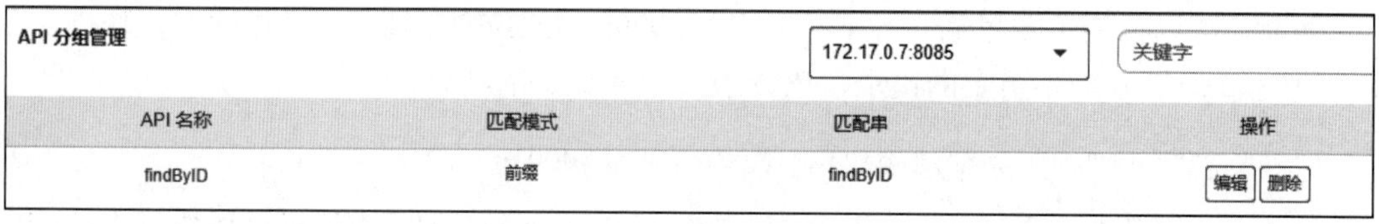

图 13.6　创建 API

在此基础上，可以单击"流控规则"菜单，设置该 API 的限流规则。如图 13.7 所示，对包含"findByID"的 API 设置了 1 秒限流 100 个请求。

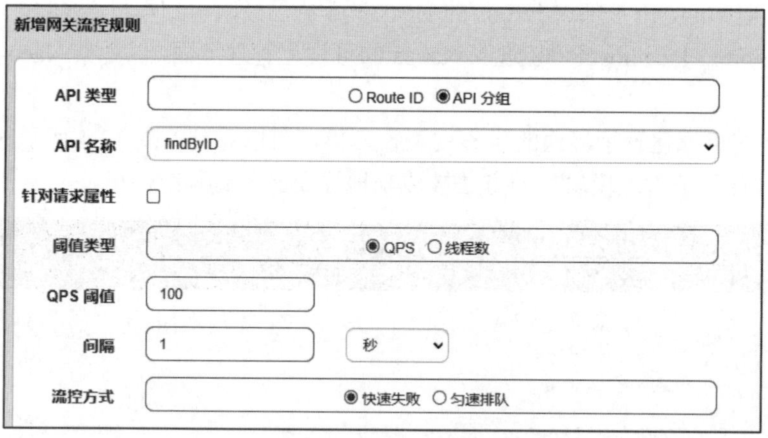

新增网关流控规则

API 类型	○ Route ID　◉ API 分组
API 名称	findByID
针对请求属性	☐
阈值类型	◉ QPS　○ 线程数
QPS 阈值	100
间隔	1　　秒 ▼
流控方式	◉ 快速失败　○ 匀速排队

图 13.7　在网关层设置限流规则

此外，还可以通过单击"降级规则"菜单，针对 Gateway 项目里配置的路由规则 ID，设置熔断规则，具体如图 13.8 所示。由于前文已经介绍了针对各熔断参数的说明，所以这里就不再重复分析了。

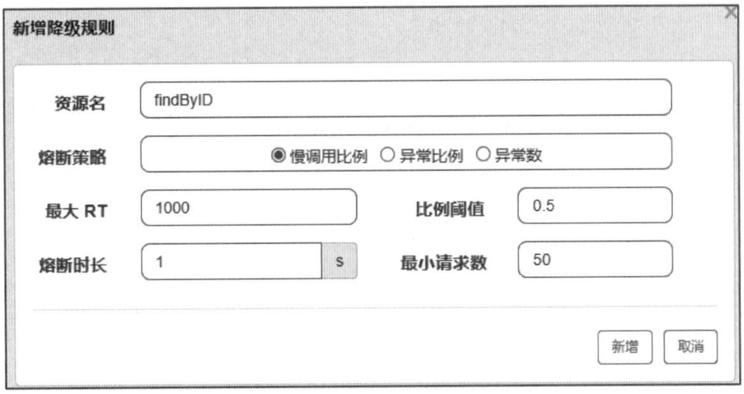

图 13.8　在网关层设置熔断规则

13.4　扩容与灰度发布

在上一节所介绍的基于 Docker 的微服务项目里，Gateway 网关组件把请求转发到唯一的一个员工管理容器（也可以叫节点）里，在实际项目中，如果单个节点无法应对高并发请求，那么可以在新的节点上部署相同的员工管理模块，以负载均衡的方式均摊请求，这个过程叫扩容。

同时，为了确保代码发布过程中的平稳性，可以引入第 5 章提到的灰度发布措施。在本节中，将介绍基于 Docker 容器化管理的扩容与灰度发布的做法。

13.4.1　演示扩容效果

员工管理微服务系统扩容后的效果如图 13.9 所示，扩容后的微服务系统将会用两个 Docker 容器来部署员工管理模块，并通过包含 Gateway 网关的 Docker 容器把请求以负载均衡的方式，均摊到两个员工管理模块容器里。

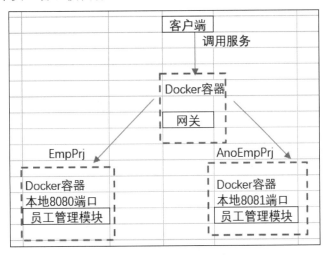

图 13.9　员工管理微服务系统扩容后的效果图

可以通过如下的步骤实现扩容的效果：

步骤 01 在 EmpPrj 项目的基础上创建一个新的名为 AnoEmpPrj 项目，在该项目的 pom.xml 文件里，通过如下代码把该项目的名字改成 AnoEmpPrj。

```
<artifactId>AnoEmpPrj</artifactId>
```

同时，在 application.yml 配置文件里，通过如下的代码让本项目工作在本机 8081 端口。

```
01  server:
02    port: 8081
```

除此之外，AnoEmpPrj 项目的其他代码和 EmpPrj 项目完全相同。

这里需要说明的是，为了方便演示，把两个包含员工管理模块的容器都部署在本地，这两个模块需要用项目名和端口号来区分。在实际应用中，为了以负载均衡的方式来应对高并发的挑战，一般是把该 EmpPrj 项目打包并部署在两个 IP 地址不同的服务器的 Docker 容器里，这样在部署时，就无须再更改项目名和端口号了。

步骤 02 编写 AnoEmpPrj 项目的 Dockerfile 文件，具体代码如下。

```
01  from java:8
02  EXPOSE 8081
03  COPY target/AnoEmpPrj-1.0-SNAPSHOT.jar app.jar
04  ENTRYPOINT ["java","-jar","/app.jar"]
```

该文件和 EmpPrj 项目的 Dockerfile 文件很相似，差别是该文件通过第 2 行代码更改了在 Docker 容器里的开放端口，在第 3 行代码里更改了待复制的源 jar 文件名。

步骤 03 更改 Gateway 网关项目的 application.yml，在该配置文件里设置负载均衡，具体代码如下。

```
01  server:
02    port: 9090
03  spring:
04    applcation:
05      name: Gateway
06    cloud:
07      nacos:
08        discovery:
09          server-addr: 192.168.1.4:8848
10      gateway:
11        routes:
12          - id: findByID1
13            uri: http://192.168.1.4:8080/
14            predicates:
15              - Path=/findByID/{id}
16              - Weight=findByIDGroup, 5
17          - id: findByID2
18            uri: http://192.168.1.4:8081/
19            predicates:
20              - Path=/findByID/{id}
```

```
21                 - Weight=findByIDGroup, 5
22          - id: save1
23            uri: http://192.168.1.4:8080/
24            predicates:
25              - Path=/saveEmployee
26              - Weight=saveEmployeeGroup, 5
27          - id: save2
28            uri: http://192.168.1.4:8081/
29            predicates:
30              - Path=/saveEmployee
31              - Weight=saveEmployeeGroup, 5
32      sentinel:
33        transport:
34          port: 8085
35          dashboard: 192.168.1.4:8858
```

该配置文件通过第 10 行到第 31 行代码实现负载均衡的，具体地，第 12 行和第 17 行定义的两个转发规则里，会把相同的/findByID/{id}请求转发到工作在 http://192.168.1.4:8080/和 http://192.168.1.4:8081/这两个 Docker 容器上，同时通过这两个转发规则定义的 Weight 参数，定义了转发比例均为 50%，即两个 Docker 容器会均摊/findByID/{id}请求。

同样地，根据第 22 行和第 27 行两个转发规则，/saveEmployee 请求也会以负载均衡的方式被转发到 http://192.168.1.4:8080/和 http://192.168.1.4:8081/这两个 Docker 容器上。

完成上述代码修改后，可以通过如下步骤重新部署包含两个员工管理模块的微服务项目。

步骤 01 通过 Maven 的方式打包 AnoEmpPrj 项目，打包完成后，可在该项目的根目录里运行如下命令，创建包含该项目 jar 文件的 Docker 镜像。

```
docker build -t spring-boot-anoempimg:0.1.0.
```

通过该命令的-t 参数，能看到该镜像的名字是 spring-boot-anoempimg，版本号是 0.1.0。

步骤 02 通过如下命令停止并删除现有的 Gateway 网关容器，并删除现有的 Gateway 网关镜像，随后再生成包含新转发规则的 Gateway 镜像。

```
01  docker stop springboot-gateway
02  docker rm springboot-gateway
03  docker rmi spring-boot-gateway-img:0.1.0
04  docker build -t spring-boot-gateway-img:0.1.0.
```

步骤 03 按 13.3.6 节给出的方法，依次启动包含 Redis、MySQL、Nacos 和 Sentinel 组件的 Docker 容器，并启动包含 EmpPrj、AnoEmpPrj 和 Gateway 项目的 Docker 容器，其中启动包含 AnoEmpPrj 项目容器的命令如下，该容器需要映射到本机 8081 端口。

```
docker run  -t --name springboot-anoemp -p 8081:8081 spring-boot-anoempimg:0.1.0
```

需要说明的是，EmpPrj、AnoEmpPrj 和 Gaeway 等项目配置文件所用到的 IP 地址 192.168.1.4 是笔者电脑的 IP 地址，读者在运行本项目时，可以先通过 IPConfig 命令得到本机的 IP 地址，随后再把 192.168.1.4 这个值改成当前主机的 IP 地址。

启动上述容器后，在输入 http://localhost:9090/findByID/1 或 http://localhost:9090/saveEmployee

请求，均能看到和 13.3.6 节相同的结果，但此时的请求会以负载均衡的方式转发到两个 Docker 容器的员工管理模块上。

上文给出的是把员工管理模块部署到两个节点的做法。在实际项目中，为了进一步应对高并发请求，可按上述步骤把该业务模块部署到更多的节点上，部署后同样需要修改网关项目配置文件里的转发规则和路由权重值，以此实现负载均衡。

13.4.2　演示灰度发布流程

在本书的第 5 章里，已经讲过了灰度发布的概念和流程，这里将给出 Docker 容器灰度发布操作的要点。

先介绍一下灰度发布的背景。本章介绍的微服务架构是通过一个网关容器把请求转发到一个包含 EmpPrj 项目的员工管理容器上（见图 13.1）。

在 AnoEmpPrj 项目里实现了新版本的提供员工服务的代码，其接口和提供服务的 URL 同老版本 EmpPrj 项目里的完全一致。这里说明一下，在实际项目中，一般会用 Git 或 SVN 等方式管理代码，本章为了方便演示，所以假设新代码包含在 AnoEmpPrj 项目里。

灰度发布要做的事情是，在维持 EmpPrj 代码运行的前提下，上线包含新代码的 AnoEmpPrj 项目。上线后把少部分流量切到 AnoEmpPrj 项目里，以验证新代码的功能。最后在确保新代码正常工作的前提下，下线老的 EmpPrj 项目，同时把流量全部切换到新的 AnoEmpPrj 项目里。

在介绍完灰度发布要做的工作后，可以通过如下的流程来操作。

步骤 01 按 13.4.1 节给出的描述把 AnoEmpPrj 项目打成 jar 包，并把该 jar 包部署到名为 springboot-anoemp 的 Docker 容器里，根据相关定义该容器工作在本地 8081 端口。

步骤 02 修改 Gateway 项目的 application.yml 文件，其中和灰度发布相关的代码如下。

```
01    gateway:
02      routes:
03      - id: findByID1
04        uri: http://192.168.1.4:8080/
05        predicates:
06         - Path=/findByID/{id}
07         - Weight=findByIDGroup, 9
08      - id: findByID2
09        uri: http://192.168.1.4:8081/
10        predicates:
11         - Path=/findByID/{id}
12         - Weight=findByIDGroup, 1
13      - id: save1
14        uri: http://192.168.1.4:8080/
15        predicates:
16         - Path=/saveEmployee
17         - Weight=saveEmployeeGroup, 9
18      - id: save2
19        uri: http://192.168.1.4:8081/
20        predicates:
21         - Path=/saveEmployee
22         - Weight=saveEmployeeGroup, 1
```

在上述代码的第 7 行、第 12 行、第 17 行和第 22 行里，分别指定了流量转发到新老代码的权重值，从中能看到，90%的流量还是会被转发到老版本的员工管理模块上，但新版本会承接 10%的流程。

此时可以通过观察新版本的日志，确认新代码在产线上是否工作正常。如果新版本的代码出现故障，可以把 Gateway 网关项目里定义转发规则的配置文件改成如下样式，从而把流量全部切回到工作正常的老版本上。

```
01    gateway:
02      routes:
03      - id: findByID
04        uri: http://192.168.1.4:8080/
05        predicates:
06          - Path=/findByID/{id}
07      - id: save
08        uri: http://192.168.1.4:8080/
09        predicates:
10          - Path=/saveEmployee
```

需要说明的是，代码发布的时间窗口一般会选择在流量较少的凌晨或周末等时间段。如果在发布时间段里发现新上线的代码有问题，程序员应当立即分析原因并评估修复问题。如果程序员发现新代码的问题无法在发布时间段内解决，或者在发布时间段内无法找到原因，那么程序员要做的是把线上的代码回退到老版本上，而不是延长发布时间。

当然，由于包含新功能的业务代码往往已经经历过充分地测试或联调，所以在大多数发布过程中，新代码能顺利上线，即使出现问题，也能在发布时间段内顺利解决。在灰度发布过程中，一旦通过少量的流量确认新代码能正常工作，那么也需要通过修改 Gateway 项目的配置文件，把全部流量切换到新的提供员工服务的容器上，对应的代码如下。

```
01    gateway:
02      routes:
03      - id: findByID
04        uri: http://192.168.1.4:8081/
05        predicates:
06          - Path=/findByID/{id}
07      - id: save
08        uri: http://192.168.1.4:8081/
09        predicates:
10          - Path=/saveEmployee
```

从上述代码中可以看到，如果在发布新代码的过程中引入灰度发布，能有效地降低因新老代码切换而导致的风险，从而达到平稳发布的效果。

13.5　动手练习

练习 1　确认在本机成功安装并部署运行了 Redis、MySQL、Nacos 和 Sentinel 组件，并在 MySQL 数据库里成功创建了 EmployeeDB 数据库和 employee 数据表，如果没有，请按 12.3 节给出的步骤创建对应的 Docker 容器，并在包含 MySQL 的 Docker 容器里创建 EmployeeDB 数据库和 employee 数据表。

练习 2 根据 13.3 节给出的描述，通过如下步骤实践容器化部署员工管理微服务项目的流程。

（1）按 13.2 节给出的步骤准备员工管理模块和网关模块的项目，在这个过程中，需要把这两个项目配置文件里用到的 IP 地址替换成本机的 IP 地址。

（2）按 13.3.1 节给出的步骤打包员工管理模块和网关模块。

（3）按 13.3.2 节和 13.3.3 节给出的步骤启动包含 MySQL、Redis、Nacos 和 Sentinel 组件的 Docker 容器。

（4）按 13.3.4 节和 13.3.5 节给出的步骤通过对应的 Dockerfile 文件生成包含员工管理模块和网关模块的两个 Docker 镜像文件，并通过这两个镜像文件创建并启动对应的 Docker 容器。

（5）按 13.3.7 节给出的步骤，通过 Sentinel 组件在该员工管理微服务系统中引入限流和熔断的安全防护措施。

（6）按 13.3.6 节给出的步骤，在启动相关 Docker 容器的基础上观察容器化管理该员工管理微服务项目的效果。

练习 3 根据 13.4.1 节给出的描述，通过如下步骤实践基于 Docker 容器的扩容流程。

（1）编写 AnoEmpPrj 项目，并确保该项目能正确工作在本机 8081 端口。

（2）使用 Maven 命令把 AnoEmpPrj 项目打成 jar 包。

（3）为 AnoEmpPrj 项目编写对应的 Dockerfile 文件，并根据该文件生成该项目的镜像，随后用该镜像生成包含 AnoEmpPrj 项目 jar 包的 Docker 容器。

（4）修改 Gateway 网关项目里定义转发规则的代码，通过设置权重值，确保 EmpPrj 和 AnoEmpPrj 项目能分别承担 50% 的流量。

（5）启动包含 MySQL、Redis、Nacos 和 Sentinel 组件的 Docker 容器，启动包含 EmpPrj、AnoEmpPrj 和 Gateway 项目 jar 包的容器，在此基础上观察扩容后的效果。

第14章

Kubernetes 整合 Spring Boot

在实际应用中，程序员一般会用 Docker 等容器来管理微服务项目里的业务模块和组件，在此基础上再用 Kubernetes 来管理 Docker 容器。Kubernetes 是一个能在云平台上管理容器的应用组件。

本章首先介绍 Kubernetes 和 Docker 组件的关系以及 Kubernetes 的重要组件，随后会在前文给出的用 Docker 容器管理 Spring Boot 的基础上，介绍使用 Kubernetes 管理 Docker 容器的实战要点，由此读者能通过案例了解 Kubernetes 的基本用法，为之后学习 Kubernetes 整合微服务容器的技术打下扎实的基础。

14.1　Kubernetes 概述

Kubernetes 也叫 k8s，它是 Google 开源的管理容器的组件，引入该组件后，程序员可以高效地实现基于 Docker 容器的自动化部署、自动化扩容、服务发现和治理以及负载均衡等架构管理工作。

14.1.1　Kubernetes 的作用

在用 Docker 等容器搭建业务模块和组件的集群时，容器本身是需要管理的。比如集群内部需要合理组织各容器，以便以负载均衡的方式对外提供服务，或者集群内的容器需要被高效地部署或关闭，以及需要为集群中的容器合理提供一个网关入口。而 Kubernetes 可以理解成是编排或管理容器的工具。

讲得再具体些，Kubernetes 应用组件在容器管理层面，提供了编排容器节点、服务发现与治理、资源均衡调度、节点自适应伸缩和高效部署或下线节点等一系列的功能。

从项目开发和运维的角度来看，程序员可以用 Kubernetes 提供的各种命令，读取并分析各种类型的 yml 配置文件，编排、部署、下线和管理包含业务模块和组件的 Docker 容器。

14.1.2 准备 Kubernetes 环境

这里需要先根据本书第 12 章里给出的方法，在 Windows 操作系统里安装 Docker Desktop 应用程序，随后再到 https://github.com/AliyunContainerService/k8s-for-docker-desktop 网站，下载针对 Kubernetes 的安装脚本程序，下载到本地后，通过 powershell 命令运行其中的 load_images.psl 脚本，运行后能在本机下载到若干和 Kubernetes 有关的 Docker 镜像文件。

下载完镜像以后，在 Docker Desktop 的配置窗口里选中 "Enable Kubernetes" 复选框，如图 14.1 所示，这样就能在 Docker Desktop 应用程序中启动 Kubernetes 组件。

这里需要注意，第一次启动 Kubernetes 组件时，Docker Desktop 可能会用比较长的时间下载 Kubernetes 相关资源。此时，如果遇到因无法下载到相关资源而无法启动的情况，那么可以通过配置 Docker Desktop 应用程序的 registry-mirrors 参数项，以指定其他可用的下载 Kubernetes 资源的网址。

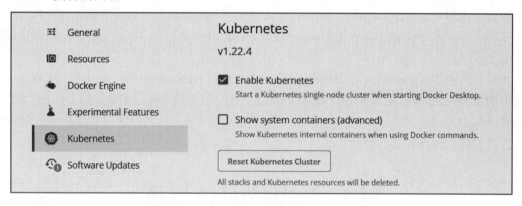

图 14.1　在 Docker Desktop 选中 Kubernetes

完成配置 Kubernetes 环境后，可到命令行窗口通过 kubectl version 命令来观察 Kubernetes 的版本，本书用到的版本是 1.22.4，该版本和其他低版本的 Kubernetes 相比，对应的配置文件以及命令等会有略微的差别。

14.1.3 Kubernetes 与 Docker 容器的关系

Kubernetes 是通过 Node（节点）组件来管理 Docker 容器的，具体地讲，一个 Kubernetes 节点，能包含一个或多个 Pod，Pod 是 Kubernetes 组件里的最小管理单位，而一个 Pod 可以容纳一个或多个 Docker 容器。Node、Pod 和 Docker 容器的关系如图 14.2 所示。

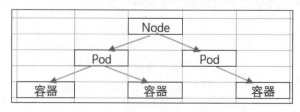

图 14.2　Node、Pod 和容器之间的关系图

在实际应用中，程序员会把 Docker 容器部署在 Pod 里，为了方便管理，一个 Pod 一般只部署一个容器。在 Kubernetes 应用场景中，一个 Node 可以部署在物理主机上，也可以部署在虚拟机上，而 Kubernetes 应用组件可以通过其内部的运行管理控制器（kube-controller-manager）来管理 Node、Pod 以及 Pod 中的容器。

14.1.4　Kubernetes 的 Service

Kubernetes 的 Service（服务）是指一组具有相同功能的 Pod 对外提供服务的方式，比如若干个相同的包含订单服务容器的 Pod 能组成一个 Service。

外部程序调用订单服务时向该 Service 发出请求，Kubernetes 再以负载均衡等的方式把请求分摊到若干个 Pod 上，并对外提供服务。也就是说，Service 事实上能起到网关的作用，外部程序不是直接向具体的 Pod 及其包含的容器发请求。

在同一个 Service 里会包含多个具有相同功能的 Pod，而 Kubernetes 经常会根据实际情况上线新 Pod 或下线老 Pod。引入 Service 管理 Pod 服务的好处是，能向外部程序屏蔽服务本身的细节，比如服务具体是在哪个 Pod 上调用的，这样的话，就不会因 Pod 变更而影响外部程序对服务的调用。

14.1.5　Kubernetes 的 Labels

Labels 也叫标签，Kubernetes 能以键值对的形式对相关 Pod、Service 或 Deployment 对象打上标签，而在使用时，就可以通过标签找到对应的对象。

在本章后面给出的范例中，可以看到在创建对象时为该对象打上标签，以及在使用时通过标签查找相关对象的做法。

14.1.6　Deployment 的概念

在 Kubernetes 场景里，可以通过定义 Deployment 相关的配置文件来指定 Service 或 Pod 的部署方式。

比如在订单管理项目里，可以通过定义 Deployment 配置文件来指定启动多少个 Pod 提供订单管理的服务（即 Kubernetes 的 Service）。在通过 Kubernetes 命令执行完 Deployment 配置文件后，Kubernetes 会根据定义创建对外提供订单服务的 Service，并在该 Service 里创建指定数量的 Pod。

也就是说，通过编写 Deployment 配置文件，程序员能告诉 Kubernetes 组件部署后的状态，而无须关心如何完成部署等细节，比如创建 Service 和 Pod 等工作。完成部署后，Kubernetes 还会通过各种管理器维持部署后的状态，比如某个 Pod 因故障下线，Kubernetes 会自动创建一个新 Pod 来替代。

在实际项目里，除了创建部署外，程序员还能通过编写 Deployment 文件实现更新 Pod（如更新 Pod 里的容器）、更新部署状态（比如添加 Pod）和删除指定部署（删除由部署文件创建的 Service 或 Pod）等动作。

14.2　用 Kubernetes 编排 Spring Boot 容器

在上一节介绍 Kubernetes 相关概念的基础上，本节将通过 Kubernetes 编排 Spring Boot 容器的实例并向读者展示 Kubernetes 的相关用法，从中能直观地掌握上文提到的 Pod、Service、Deployment 和 Labels 等相关概念及其用法。

14.2.1　基于 Spring Boot 的 Docker 容器

本章用到的 Docker 容器是基于 12.2.1 节给出的 SpringBootForDocker 项目，该项目工作在 8080 端口，在该项目的控制器类里，封装了能向 "/sayHello" 格式 URL 提供服务的 sayHello 方法。

通过 12.2.3 节给出的描述，可以看到把该项目构建成 Docker 镜像的方法。从前文中可以看到，基于该项目的镜像名是 spring-boot-img，版本号是 0.1.0。

如果单纯地用 Docker 管理 Spring Boot 项目，一般的做法是，用 Docker 命令创建并启动基于镜像的容器，这样 Spring Boot 就能在容器中运行并对外提供服务。但如果是用 Kubernetes 管理容器，相应的做法是在编写配置文件的基础上运行命令编排或管理容器。

14.2.2　编写 Service 和 Deployment 配置文件

这里先通过一个案例来体验一下通过 Kubernetes 编排并管理容器的做法。

编写名为 k8s-docker-deployment.yaml 配置文件，具体代码如下。（该文件放在本章代码的 SimpleSpringBoot 目录里。）

```
01  apiVersion: apps/v1
02  kind: Deployment
03  metadata:
04    name: spring-boot-demo-deployment
05    labels:
06      app: spring-boot-demo-deployment
07  spec:
08    replicas: 2
09    selector:
10      matchLabels:
11        app: spring-boot-demo
12    template:
13      metadata:
14        labels:
15          app: spring-boot-demo
16      spec:
17        containers:
18        - name: spring-boot-demo
19          image: spring-boot-img:0.1.0
```

```
20              imagePullPolicy: Never
21              ports:
22                - containerPort: 8080
23   ----
24   apiVersion: v1
25   kind: Service
26   metadata:
27     name: spring-boot-demo-service
28     namespace: default
29     labels:
30       app: spring-boot-demo-service
31   spec:
32     type: NodePort
33     ports:
34     - port: 8080
35       nodePort: 30090
36     selector:
37       app: spring-boot-demo
```

这个配置文件以第 23 行的分隔符为界分为上下两部分，其中第 1 行到第 22 行的代码用来定义 Deployment（部署），而第 24 行到第 37 行的代码用来定义 Service（服务）。

在 Deployment 部分的第 3 行到第 6 行代码里，指定了该 Deployment 的名字和 Labels 标签；通过第 8 行的代码指定了通过该配置文件，会把镜像部署到 2 个 Pod 里；通过第 18 行代码指定 Pod 里部署容器的名字；通过第 19 行代码指定会把由 spring-boot-img:0.1.0 标识的镜像，即在 12.2.3 节创建的 Spring Boot 镜像部署到 Pod 里。

这里请注意，通过 Deployment 部分第 22 行代码指定了容器的工作端口为 8080，这需要和之前 Spring Boot 项目的设置保持一致。前文已经提到，Kubernetes 是按 Node 到 Pod 再到容器的层次关系来提供服务，这里设置的容器端口为 8080，也可以理解成，容器所包含的 Pod 以及 Pod 所包含的 Node 都会开放 8080 端口，这样通过 Node 的 8080 端口，Kubernetes 就能调用到容器里的服务。

在 Service 部分的第 30 行里，指定了该提供服务 Service 的标签，在第 34 行到第 35 行的代码里，指定了该 Service 会从 Node 的 8080 端口调用到其中容器提供的服务，同时也指定了该 Service 会用 30090 端口对外提供服务。

14.2.3　通过命令编排 Spring Boot 容器

完成编写上述配置文件后，可在命令行里进入到该配置文件所在的目录，再通过如下的命令按配置文件里的定义，对应地创建 Pod、Service 和 Deployment。

```
kubectl create -f k8s-docker-deployment.yaml
```

运行该命令后，Kubernetes 应用程序会做如下两个动作：

- 根据配置文件里Deployment的相关定义，创建两个Pod，并在其中部署由"spring-boot-img:0.1.0"标识指定的镜像，同时指定Pod从该镜像对应容器的 8080 端口调用服务。

- 根据配置文件里 Service 的相关定义创建 Service，同时指定 Service 对外提供服务的方式，即 Pod 所在的 Node 会用 30090 端口对外提供服务。

运行上述命令后，如果在浏览器里输入 http://localhost:30090/sayHello，能看到如下的输出结果：

```
Say Hello By Docker.
```

该结果是 Docker 容器中的 SpringBootForDocker 项目输出的，由此能确认 Kubernetes 成功地创建了 Deployment 和 Service，并通过 Service 里的配置成功对外提供服务。

14.2.4 观察 Pod、Service 和 Deployment

成功运行上述 kubectl create 命令后，能通过 kubectl get pods 命令观察所创建的 Pod，运行该命令后，可看到如图 14.3 所示的效果。

```
D:\work\写书\Spring Boot alibaba\code\chapter14\SimpleSpringBoot>kubectl get pods
NAME                                         READY   STATUS    RESTARTS       AGE
spring-boot-demo-deployment-895db7785-4b515  1/1     Running   8 (19m ago)    3d23h
spring-boot-demo-deployment-895db7785-66qnd  1/1     Running   8 (19m ago)    3d23h
```

图 14.3　Pod 效果示意图

从中能看到 Pod 的名字和运行状态，而且根据 Deployment 部分的定义，所创建的 Pod 数量是两个。上文也已经提到，Pod 是 Kubernetes 的最小管理单位，在 Pod 中可以部署镜像，并通过启动该镜像生成容器，由容器对外提供服务。

可以通过 kubectl get service 命令，观察所创建的 Service，运行该命令后，能看到如图 14.4 所示的效果。

```
D:\work\写书\Spring Boot alibaba\code\chapter14\SimpleSpringBoot>kubectl get service
NAME                      TYPE        CLUSTER-IP     EXTERNAL-IP   PORT(S)          AGE
kubernetes                ClusterIP   10.96.0.1      <none>        443/TCP          6d23h
spring-boot-demo-service  NodePort    10.97.139.18   <none>        8080:30090/TCP   3d23h
```

图 14.4　Service 效果示意图

从中能看到两个 Service，其中第二个 spring-boot-demo-service 是通过上文的命令创建的。此外还能看到，spring-boot-demo-service 用 30090 的端口对外提供服务。

可以通过 kubectl get deployment 命令观察所创建的 Deployment，运行该命令后，能看到如图 14.5 所示的效果。

```
D:\work\写书\Spring Boot alibaba\code\chapter14\SimpleSpringBoot>kubectl get deployment
NAME                         READY   UP-TO-DATE   AVAILABLE   AGE
spring-boot-demo-deployment  2/2     2            2           4d
```

图 14.5　Service 效果示意图

从中能看到，该 Deployment 处于可用状态，且其中包含的 Pod 数量是两个。

14.2.5　查看 Pod 运行日志

在上文所创建的提供服务的 Service 里，Spring Boot 项目是以容器的形式部署在 Pod 里的，可以通过如下的命令来观察两个 Pod 里容器的运行日志。

```
kubectl logs spring-boot-demo-deployment-895db7785-4b5l5
kubectl logs spring-boot-demo-deployment-895db7785-66qnd
```

其中 spring-boot-demo-deployment-895db7785-4b5l5 等是 Pod 的名字，这些名字可以用 kubectl get pods 命令来查看。需要注意的是，Pod 重启后，虽然还会提供相同的服务，但名字会变化。

运行上述 kubectl logs 命令后，能看到如图 14.6 所示的效果，其中可看到 Spring Boot 在容器中的运行日志。

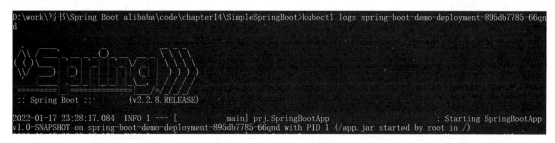

图 14.6　Pod 日志效果图

14.3　Kubernetes 常用实战技巧

本节在上一节用 Kubernetes 创建 Pod、Service 和 Deployment 等组件的基础上，通过介绍 Kubernetes 的一些常用命令来给出一些常用的 Kubernetes 实战技巧。

14.3.1　删除 Pod、Service 和 Deployment

可以通过 kubectl delete pod spring-boot-demo-deployment-895db7785-66qnd 命令删除指定的 Pod，该命令的格式是 kubectl delete pod Pod 名。在实际项目中，一旦发现 Pod 运行状态不对，就可以通过该命令删除指定的 Pod。

不过需要注意的是，在删除该 Pod 后，Kubernetes 应用程序会再次启动一个新的 Pod，但新 Pod 的名字和被删除 Pod 的名字有差别。

可以通过 kubectl delete service service 名的命令删除指定 Service，比如可以通过如下的命令删除上文创建的 Service。

```
kubectl delete service spring-boot-demo-service
```

删除该 Service 后，可以通过 kubectl get service 命令来确认删除效果。需要注意的是，在删除该 Service 后，该 Service 所对应的 Pod 不会被删除，可以用 kubectl get Pod 命令来验证这一现象。

此时虽然 Pod 依然启动，但对外提供服务的 Service 已被删除，所以如果在浏览器里再次输入 http://localhost:30090/sayHello 请求，就不会再调动 Pod 里 Spring Boot 提供的服务。

可以通过 kubectl delete deployment deployment 名的命令删除指定 Deployment，比如可以通过如下命令删除上文创建的 Deployment。删除后可以用 kubectl get deployment 命令来验证结果。

```
kubectl delete deployment spring-boot-demo-deployment
```

此外，还可以通过 kubectl delete -f k8s-docker-deployment.yaml 命令，一次性地删除由指定配置文件所创建的 Pod、Service 和 Deployment。

14.3.2　伸缩节点

在上文创建的名为 spring-boot-demo-deployment 的 Deployment 里，包含了两个 Pod，在此基础上，可以通过 kubectl scale 命令来重设该 Deployment 的 Pod 数量，以此来达到伸缩节点的效果，比如可以通过如下命令，用 relicas 参数把 Pod 数量设置成三个。

```
kubectl scale --replicas=3 deployment/spring-boot-demo-deployment
```

运行该命令后，可再通过 kubectl get pods 命令确认 Pod 数量，就能看到如图 14.7 所示的包含三个 Pod 运行的效果。

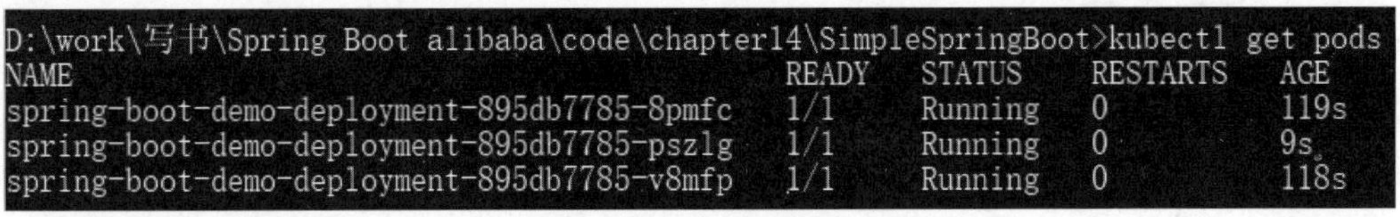

```
D:\work\写书\Spring Boot alibaba\code\chapter14\SimpleSpringBoot>kubectl get pods
NAME                                         READY   STATUS    RESTARTS   AGE
spring-boot-demo-deployment-895db7785-8pmfc   1/1     Running   0          119s
spring-boot-demo-deployment-895db7785-pszlg   1/1     Running   0          9s
spring-boot-demo-deployment-895db7785-v8mfp   1/1     Running   0          118s
```

图 14.7　伸缩节点后的效果

14.3.3　自动伸缩节点

Kubernetes 的一个重要特性是，能根据系统当前请求的并发程度或系统当前的资源利用率，自动拓展或减少 Pod 节点的数量，这样可最大程度确保资源的利用率。可以通过 kubectl autoscale 命令来实现这种自动伸缩节点的效果。

比如可以通过如下的命令设置名为 spring-boot-demo-deployment 的 Deployment 里的动态设置节点的数量范围。

```
kubectl autoscale deployment/spring-boot-demo-deployment --min=3 --max=6
```

由于在该命令中，没有设置伸展或缩小 Pod 节点的衡量指标，所以 Kubernetes 会用默认的策略来管理该 Deployment 里 Pod 的数量。当然也可以通过如下的命令，用 CPU 的指标来作为伸展或缩小 Pod 节点的衡量依据。

```
kubectl autoscale deployment/spring-boot-demo-deployment --min=3 --max=6
--cpu-percent=60
```

运行上述命令后，Kubernetes 系统一旦发现某个 Pod 的 CPU 负载超过 60%，而且 Pod 数量没到上限，那么就会再开启一个新的 Pod 来应对请求。当然如果节点数量超过下限，而 Pod 的 CPU 负载不高，Kubernetes 系统也会通过释放 Pod 来降低系统的负载。

通过 kubectl autoscale 命令设置 Pod 的自动伸缩效果后，可以通过 kubectl get hpa 命令来观察设置效果，运行该命令后，能通过如图 14.8 所示的效果来确认设置效果。

图 14.8　观察 autoscale 伸缩节点的效果图

如果要取消伸缩节点的效果，可以用 kubectl delete hpa 命令，通过如下的命令，能删除刚才设置的自动伸缩节点的效果。

```
kubectl delete hpa spring-boot-demo-deployment
```

删除后，可以通过 kubectl get hpa 命令来确认删除效果。

14.3.4　创建 Deployment 并开放端口

在上文里，我们通过读取配置文件来创建了 Deployment、Service 和 Pod，在一些比较简单的应用中，可以通过 kubectl create deployment 命令来简易地创建 Deployment，并在此基础上通过 kubectl expose 命令暴露端口，以此来对外提供服务。

首先，可以通过如下命令创建一个名为 springbootk8s 的 Deployment，在创建过程中，会根据 replicas 参数指定生成三个 Pod，在这三个 Pod 里均会部署由 "spring-boot-img:0.1.0" 标识的镜像，同时这三个 Pod 均会开放由 port 参数指定的 8080 端口，因为包含在该镜像里的 Spring Boot 项目是工作在 8080 端口上的。

```
kubectl create deployment springbootk8s --image=spring-boot-img:0.1.0 --port=8080
--replicas=3
```

运行上述命令后，可以通过 kubectl get deployment 命令来确认所生成的名为 springbootk8s 的 Deployment，也可以通过 kubectl get pod 命令来观察所生成的三个 Pod。但是，此时如果运行 kubectl get service 命令是看不到 springbootk8s 这个 Deployment 所对应的 Service 的。

根据上文的说明，Kubernetes 系统会根据 Deployment 相关的配置文件（或参数）创建对应的 Pod，并在 Pod 里部署指定的镜像，同时根据 Pod 里的镜像生成能对外提供服务的容器，但外部程序需要通过由 Service 配置文件（或参数）指定的方式访问 Pod 容器里的服务。

为了让 springbootk8s 所包含的 Pod 能对外提供服务，还需要用如下的 kubectl expose 命令来暴露端口。具体命令如下：

```
kubectl expose deployment springbootk8s --port=8080 --target-port=8080 --type=
NodePort
```

该命令会为名为 springbootk8s 的 Deployment 创建一个 Service，该 Service 指向 Pod 里的 8080 端口，并以 NodePort 的方式对外提供服务，实际上起到了开放 Deployment 端口的作用。

运行该命令后再运行 kubectl get service 命令，能看到如图 14.9 所示的效果。

```
D:\work\写书\Spring Boot alibaba\code\chapter14\SimpleSpringBoot>kubectl get service
NAME           TYPE        CLUSTER-IP      EXTERNAL-IP     PORT(S)          AGE
kubernetes     ClusterIP   10.96.0.1       <none>          443/TCP          8d
springbootk8s  NodePort    10.106.179.114  <none>          8080:30214/TCP   2m56s
```

图 14.9　暴露端口后的 Service 效果图

从图 14.8 中能看到，通过该 Service 会为所对应的 Deployment 暴露 30214 端口，用户通过访问该端口，能访问到工作在 Pod 8080 端口的服务。此时，如果在浏览器里输入 http://localhost:30214/sayHello 请求，能看到 Spring Boot 返回的字符串"Say Hello By Docker."。

14.3.5　进入 Pod，执行命令

通过上文给出的步骤，读者已经掌握了在 Pod 中部署能提供服务的 Docker 容器的做法，而这些 Docker 容器其实是工作在 Linux 等操作系统里的。

在项目开发的实际场景里，往往需要进入容器内部，通过执行各种命令来排查容器中所部署项目的问题，对此可以通过 kubectl exec 命令来进入容器。具体命令如下：

```
kubectl exec -it springbootk8s-76786bbf59-b2s59 -- bin/bash
```

其中，springbootk8s-76786bbf59-b2s59 是待进入的 Pod 名，需要注意的是，每次重启 Pod 后，Pod 的名字是会变化的，所以在进入容器前，可以通过 kubectl get pods 命令观察 Pod 的名字。

在该命令里，可以在"--"之后输入进入 Pod 所在的容器时将要执行的命令，这里是 bin/bash，表示加载 Linux 命令，执行该命令后，能看到如下第 2 行所示的标识符，由此能确认进入到 Pod 内 Docker 容器的 Linux 操作系统中。

```
C:\Users\think>kubectl exec -it springbootk8s-76786bbf59-b2s59 -- bin/bash
root@springbootk8s-76786bbf59-b2s59:/#
```

在此基础上，可以执行 ls 等命令，具体如图 14.10 所示。

```
C:\Users\think>kubectl exec -it springbootk8s-76786bbf59-b2s59 -- bin/bash
root@springbootk8s-76786bbf59-b2s59:/# ls
app.jar  bin  boot  dev  etc  home  lib  lib64  media  mnt  opt  proc  root  run  sbin  srv  sys  tmp  usr  var
root@springbootk8s-76786bbf59-b2s59:/#
```

图 14.10　进入 Pod 执行命令后的效果

14.4　用 Ingress 暴露服务

通过上文给出的 Kubernetes 相关命令，读者可以把业务模块以容器的形式部署在多个 Pod 节点上，以此组成集群来对外提供服务。在 Kubernetes 应用场景中，一般还会在 Service 层之上再封装一层 Ingress，用两者整合的方式开发 Pod 集群提供的服务。

14.4.1　Ingress 简介

和 Deployment、Service 和 Pod 一样，Ingress 也是 Kubernetes 应用程序的一种组件，或者也可以称之为资源。

在实际应用中，在 Pod 里完成部署业务模块或业务集群后，可以通过 Ingress 来对外暴露服务。通过 Ingress 对外暴露服务的形式如图 14.11 所示。

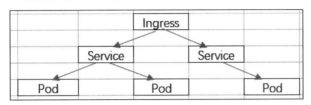

图 14.11　Ingress 暴露服务的效果图

在 Service 之上再封装一层 Ingress 的原因是，可以在 Ingress 层定义域名和负载均衡等的信息，从而能更好地对内屏蔽 Pod 集群细节，对外提供服务。

14.4.2　Ingress 整合 Service 的做法

可以在 14.2 节给出的 k8s-docker-deployment.yaml 配置文件基础上，再编写一个名为 ingress.yaml 的配置文件，在其中为名为 spring-boot-demo-service 的 Service 定义 Ingress，该配置文件的代码如下。

```
01   apiVersion: networking.k8s.io/v1
02   kind: Ingress
03   metadata:
04     name: spring-boot-demo-ingress
05   spec:
06    rules:
07    - host: springboot-k8s
08      http:
09       paths:
10       - path: /
11         pathType: Prefix
12         backend:
13           service:
14             name: spring-boot-demo-service
15             port:
16               number: 8080
```

在该配置文件的第 2 行里，通过 Kind 参数指定了所定义的类型为 Ingress；通过第 4 行的代码，指定了该 Ingress 的名字为 spring-boot-demo-ingress。

随后，通过第 6 行到第 16 行代码定义了该 Ingress 封装 Service 的规则，具体地，是通过第 7 行的代码定义了该 Ingress 所对应的域名，通过第 13 行到第 16 行的代码定义了该 Ingress 所对应的 Service 名和该 Service 所工作的端口。

完成编写上述配置文件后，可以在命令行窗口里进入到该配置文件所在的路径，并通过如下命令，根据该配置文件里的定义创建该 Ingress。

```
kubectl apply -f ingress.yaml
```

运行完上述命令后，可以通过 kubectl get ingress 命令确认成功创建该 Ingress。通过上述命令，会把名为 spring-boot-demo-service 的 Service 所对应的服务映射到 springboot-k8s 这个域名上。

在此基础上，可以在 hosts 文件里为该域名配置本机所对应的 IP，完成配置后，再到浏览器里输入 http://springboot-k8s/sayHello，也能调用到该 Service 所对应的服务。

14.5　动手练习

练习 1　按 14.1.2 节的描述在 Docker Desktop 环境的基础上搭建 Kubernates 开发环境，如果在搭建环境的过程中遇到问题，可以参阅本章给出的步骤或查阅网上相关的资料。

练习 2　根据 14.2 节给出的描述编写配置文件创建 Deployment、Service 和 Pod，并实现在 Pod 里部署 Docker 容器的步骤。参考操作步骤如下：

（1）按 14.2.1 节给出的描述准备并熟悉待部署的 Docker 容器以及其中包含的镜像。

（2）按 14.2.2 节给出的步骤编写 Deployment 和 Service 相关的配置文件，在此基础上进一步理解配置文件里相关参数的含义。

（3）按 14.2.3 节给出的步骤通过运行命令创建由配置文件所指定的 Deployment、Service 和 Pod，并通过 Kubectl get 观察创建的效果。

（4）按 14.2.4 节给出的步骤用浏览器调用由 Kubernetes 所编排的 Docker 容器里的服务，并在此基础上进一步理解 Kubernetes 编排 Docker 容器的做法。

（5）按 14.2.5 节给出的步骤通过 Kubectl logs 命令，观察所创建的 Pod 里的日志信息，在此基础上进一步理解 Pod 和 Docker 容器之间的关系。

练习 3　根据 14.3 节给出的描述，按如下步骤实践 Kubernetes 相关命令。

（1）按 14.3.1 节给出的命令，删除按上述步骤所创建 Pod、Service 和 Deployment。

（2）按 14.3.2 节和 14.3.3 节给出的命令，尝试在同一个 Deployment 里用命令伸缩和自动伸缩节点的做法。

（3）按 14.3.4 节给出的命令，用简易的方式创建 Deployment 并开放相应的服务端口。

（4）按 14.3.5 节给出的命令进入 Pod 并执行 ls 等命令。

第 15 章

用 Kubernetes 编排 Spring Cloud Alibaba 微服务

上一章以 Spring Boot 项目为例，介绍了用 Kubernetes 编排 Docker 容器的做法，本章将会在此基础上，介绍用 Kubernetes 编排基于 Spring Cloud Alibaba 微服务项目的做法。

具体地，首先介绍用 Kubernetes 编排 Nacos、Sentinel、MySQL 和 Redis 等组件，然后在此基础上，介绍用 Kubernetes 编排员工管理微服务项目，由此读者能全面地掌握用 Kubernetes 和 Docker 部署和维护微服务项目的一般做法。

15.1 用 Kubernetes 编排组件

在实践中，微服务项目不仅会整合 MySQL 和 Redis 以实现数据存储和缓存等应用，而且还会整合 Nacos 与 Sentinel 等 Spring Cloud Alibaba 组件，以实现服务治理和安全管理等。

在本节中，将介绍用 Kubernetes 编排 MySQL、Redis、Nacos 和 Sentinel 等微服务项目相关组件的做法。

15.1.1 编排 MySQL

通过上一章的学习可以知道，基于 Docker 镜像的组件或项目可以用 Kubernetes 工具编排，编排的方式是编写并运行包含 Deployment、Service 和 Pod 等定义的 yaml 文件。

为了编排 MySQL，首先需要用 docker images mysql 命令，确保在本地下载了 MySQL 最新版的 Docker 镜像，如果没有下载，需要先通过 docker pull mysql:latest 命令下载。

这里为了更好地管理 MySQL 相关的 Deployment、Service 和 Pod，需要把它们放置进名为 mysql-ns 的命名空间，创建该命名空间的命令如下：

```
kubectl create namespace mysql-ns
```

确保在本地存在 mysql:latest 的镜像后，可以编写如下编排 MySQL 的 mysql-deployment.yaml 文件。

```
01   apiVersion: apps/v1
02   kind: Deployment
03   metadata:
04     name: mysql-deployment
05     namespace: mysql-ns
06   spec:
07     replicas: 1
08     selector:
09       matchLabels:
10         app: mysql
11     template:
12       metadata:
13         labels:
14           app: mysql
15       spec:
16         containers:
17         - name: mysql
18           image: mysql:5.6
19           imagePullPolicy: IfNotPresent
20           ports:
21           - containerPort: 3306
22           env:
23           - name: MYSQL_ROOT_PASSWORD
24             value: "123456"
25   ---
26   apiVersion: v1
27   kind: Service
28   metadata:
29     name: mysql-service
30     namespace: mysql-ns
31     labels:
32       name: mysql-service
33   spec:
34     type: NodePort
35     ports:
36     - port: 3306
37       protocol: TCP
38       targetPort: 3306
39       name: http
40       nodePort: 32306
41     selector:
42       app: mysql
```

在该配置文件的第 1 行到第 24 行的代码里，定义了部署相关的 Deployment 参数。其中通过第 4 行和第 5 行的代码，指定了该 Deployment 的名字和所在的命令空间；通过第 7 行的代码，指定了该 Deployment 只包含了 1 个 MySQL 的 Pod 节点，即用 Kubernetes 编排的该 MySQL 集群，只包含了一个 MySQL 数据库节点。

通过第 18 行代码指定了编排该 MySQL 集群所用的 Docker 镜像是 mysql:latest；通过第

21 行代码指定了该 Deployment 里每个 Pod 节点开发的端口是 3306，该端口是 MySQL 在 Docker 容器里的工作端口；通过第 22 行到第 24 行代码指定了所创建的包含在 Pod 里的 MySQL 容器，对应于 root 用户的登录密码是 123456。

在该配置文件的第 26 行到第 42 行的代码里，定义了对外提供服务的 Service 相关参数。具体地，是通过第 29 行到第 30 行的代码，定义了 Service 的名字和所在的命名空间；通过第 34 行的代码，指定了该 MySQL 集群将以 NodePort 的方式对外提供服务；通过第 35 行到第 40 行的代码，指定了该 MySQL 集群将会用 32306 端口对外提供服务，而该端口将会和集群内 Docker 容器的 3306 端口交互。

完成编写上述 yaml 配置文件后，可以用 cmd 命令进入到该 mysql-deployment.yaml 配置文件所在的路径，并运行如下命令创建对应的 Deployment、Service 和 Pod。

```
kubectl create -f mysql-deployment.yaml
```

运行上述命令后，通过如下命令观察编排 MySQL 容器的效果，其中 -n 后跟的是命名空间参数。

```
kubectl get all -n mysql-ns
```

运行后，能看到如图 15.1 所示的效果，从中可以确认通过上文所创建的 Deployment、Service 和 Pod 对象。

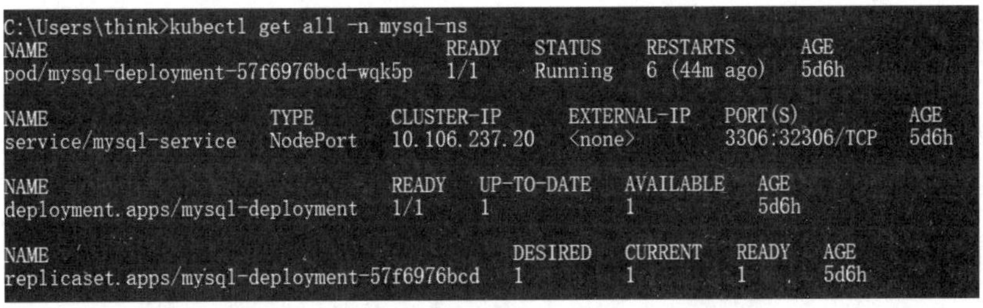

图 15.1　MySQL 相关的 Deployment、Service 和 Pod

用上述配置文件所编排的 MySQL 集群用 32306 端口对外提供服务，可以通过 MySQL WorkBench 等 MySQL 客户端工具创建指向该集群的连接。

笔者所用的客户端工具是 MySQL WorkBench，可以通过如图 15.2 所示的界面，创建指向上述 MySQL 集群的连接，从中能看到，对应的连接 IP 地址是 127.0.0.1，因为由 Kubernetes 编排的 MySQL 集群工作在本地，而端口号是 32306，这和上述 yaml 文件里的定义一致。

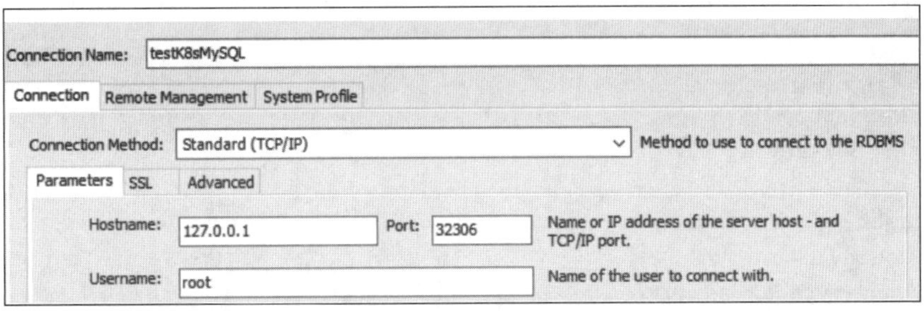

图 15.2　MySQL WorkBench 创建的连接

可以通过图 15.2 的连接访问由 Kubernetes 编排的 MySQL 集群，该集群中只包含了一个 Pod 节点，即 MySQL 服务器，连接时可输入用户名 root，密码 123456，连接后可以在该 MySQL 服务器里创建名为 employeeDB 的数据库。

在该数据库里，可以创建如表 15.1 所示的名为 employee 的员工数据表。

表 15.1　employee 员工表结构一览表

字　段　名	类　　型	说　　明
id	int	主键
name	varchar	员工姓名
age	int	员工年龄
salary	int	员工工资

15.1.2　编排 Redis

可用如下的名为 redis-deployment.yaml 的配置文件来编排基于 Kubernetes 的 Redis 集群，在编排前，需要用 docker images redis 命令来确保本地存有 redis:latest 的 Docker 镜像，如果没有，则可以通过 docker pull redis:latest 命令来拉取该镜像。redis-deployment.yaml 文件代码如下：

```
01  apiVersion: apps/v1
02  kind: Deployment
03  metadata:
04    name: redis-deployment
05  spec:
06    replicas: 1
07    selector:
08     matchLabels:
09       app: redis
10    template:
11     metadata:
12       labels:
13         app: redis
14     spec:
15       containers:
16       - name: redis
17         image: redis:latest
18         imagePullPolicy: IfNotPresent
19         ports:
20         - containerPort: 6379
21  ---
22  apiVersion: v1
23  kind: Service
24  metadata:
25    name: redis-service
26    labels:
27      name: redis-service
28  spec:
29    type: NodePort
```

```
30    ports:
31    - port: 6379
32      protocol: TCP
33      targetPort: 6379
34      nodePort: 32079
35    selector:
36      app: redis
```

该 yaml 文件和用于编排 MySQL 的 yaml 文件很相似，也是包含了 Deployment 和 Service 两部分的定义。

在第 1 行到第 20 行 Deployment 部分的定义中，通过 4 行代码定义了 Deployment 的名字；通过第 6 行的代码指定了该 Redis 集群里 Pod（即包含 Redis 的 Docker）数量的个数是 1；通过第 20 行的代码，指定了包含 Redis 的 Pod 的工作端口是 6379。

在第 22 行到第 36 行的 Service 部分的定义中，通过第 25 行的代码定义了 Service 的名字；通过第 30 行到第 34 行代码定义了本 Redis 集群将会用 32079 端口对外提供服务，而该端口会映射到集群内的工作端口 6379。

完成编写上述 yaml 文件后，可以通过如下命令创建由 Kubernetes 编排的 Redis 集群。

```
kubectl create -f mysql-deployment.yaml
```

完成创建后，可以通过 kubectl get deployment、kubectl get service 和 kubectl get pod 命令来确认创建的效果。为了进一步确认基于 Kubernetes 的单节点 Redis 集群的部署效果，还可以在命令行里运行如下 redis-cli 代码，连接到该 Redis 集群。

```
redis-cli -h 192.168.1.4 -p 32079
```

其中可以通过 -h 参数指定待连接的 Redis 服务器 IP 地址，这里的 192.168.1.4 是本机的 IP 地址；而 -p 参数则用来指定 Redis 服务器的工作端口，这里是如上文配置文件所设的 32079 端口。连接以后，可以通过 set 和 get 命令确认连接效果，具体如图 15.3 所示。

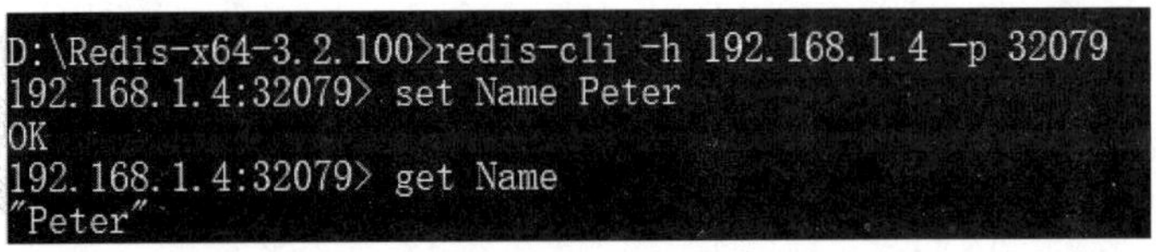

图 15.3　确认 Redis 集群正常工作的效果图

15.1.3　StatefulSet 和 Deployment 的差别

在前文给出的案例中，是用 Deployment 部分的配置代码来定义 Kubernetes 部署容器的方式，通过 Deployment 定义的容器中包含的 Pod 节点个数以及 Pod 节点所开放的工作端口。

StatefulSet 可以理解成 Deployment 的变体，它也可以用来定义 Kubernetes 部署容器的方式。但是，通过 StatefulSet 代码所创建的 Pod，具有固定的名字，即对应的 Pod 节点在重启后，也会具有相同的 Pod 名字，与之相比，通过 Deployment 代码所创建的 Pod 名是随机的，重启后 Pod 名字也会改变。

而且，如果用 StatefulSet 创建多个 Pod 节点，它们的启动顺序是相同的，即使多次重启，启动的顺序都是 0 号节点先启动，再 1 号节点，以此类推。而用 Deployment 所创建的多个 Pod 节点，它们的启动顺序是随机的。

由于用 StatefulSet 定义的 Pod 节点具有上述特性，所以在一些实际项目中，可以用这种形式来编排 Nacos 和 Sentinel 等分布式组件。

15.1.4 用 StatefulSet 编排 Nacos

可用如下名为 nacos-deployment.yaml 的文件来编排包含 1 个节点的 Nacos 集群，在运行该文件前，需要确保本机具有名为 nacos/nacos-server 的包含 Naco 组件的 Docker 镜像，如果没有，需要先用 docker pull nacos/nacos-server 命令下载该 Nacos 镜像。编排 Nacos 的文件如下：

```
01  apiVersion: apps/v1
02  kind: StatefulSet
03  metadata:
04    name: nacos
05  spec:
06    serviceName: nacos
07    replicas: 1
08    template:
09      metadata:
10        labels:
11          app: nacos
12        annotations:
13          pod.alpha.kubernetes.io/initialized: "true"
14      spec:
15        containers:
16          - name: nacos
17            imagePullPolicy: IfNotPresent
18            image: nacos/nacos-server:latest
19            ports:
20              - containerPort: 8848
21            env:
22              - name: MYSQL_DATABASE_NUM
23                value: "0"
24              - name: MODE
25                value: "standalone"
26    selector:
27      matchLabels:
28        app: nacos
29  ---
30  apiVersion: v1
31  kind: Service
32  metadata:
33    name: nacos-service
34    labels:
35      name: nacos-service
36  spec:
37    type: NodePort
```

```
38        ports:
39        - port: 8848
40          protocol: TCP
41          targetPort: 8848
42          nodePort: 32018
43        selector:
44          app: nacos
```

在该配置文件的第 1 行到第 28 行代码里，用 StatefulSet 的形式定义了 Nacos 集群的部署方式。具体地，是在第 4 行的代码里定义该 StatefulSet 的名字；在第 7 行的代码里定义该集群中的 Nacos 节点数量是 1；在第 18 行的代码里定义部署时所用到的 Nacos 镜像；在第 20 行的代码里定义该 Nacos 镜像所对应容器的工作端口是 8848。

这里请注意，在启动容器里的 Nacos 实例时，需要用单例的方式启动，所以在 StatefulSet 部分，还需要加入第 24 行到第 25 行的代码，以设置启动模式为 standalone。为了不让 Nacos 在启动用 MySQL 数据库做数据持久化，还需要用第 22 行和第 23 行代码，指定数据库的个数为 0。

在该配置文件的第 30 行到第 44 行的 Service 代码里，定义了用 kubernetes 编排的该 Nacos 集群对外服务的方式。具体地，是通过第 35 行的代码定义了以 NodePort 的方式对外提供服务；通过第 38 行到第 42 行的代码定义了本 Nacos 集群将会用 32018 端口对外提供服务，而该端口会映射到集群内的工作端口 8848。

完成编写上述 yaml 文件后，可以通过如下命令创建由 Kubernetes 编排的 Nacos 集群。

```
kubectl create -f nacos-deployment.yaml
```

运行上述命令后，可以在浏览器里输入 http://ip 地址:32018/nacos/index.html，其中 32018 是该 Nacos 集群工作端口，此时能看到 Nacos 控制台的界面，由此能确认由 kubernetes 编排的 Nacos 集群成功启动。比如本机通过 ipconfig 命令，观察到的 IP 地址是 192.168.1.4，在浏览器里输入 192.168.1.4:32018/nacos/index.html，就能看到 Nacos 控制台的界面效果。

此外，还可以通过 kubectl get all 命令来确认由上述配置文件所创建的 Nacos 相关的 StatefulSet、Service 和 Pod 信息。

请注意，本部分为了突出 Kubernetes 编排 Nacos 组件的重点，所以是用最简单的方式，即以 standalone 单例模式且不用 MySQL 进行数据持久化的形式编排 Nacos 集群。

此外，还可以用 cluster 集群模式外带用 MySQL 进行持久化的方式编排 Nacos，相关步骤读者可以自行查询资料，这里就不再给出了。

15.1.5　用 StatefulSet 编排 Sentinel

可用如下名为 sentinel-deployment.yaml 的文件来编排包含 1 个节点的 Sentinel 集群，在运行该文件前，需要确保本机具有名为 bladex/sentinel-dashboard 的 Sentinel 镜像，如果没有，需要先用 docker pull bladex/sentinel-dashboard 命令下载。编排 Sentinel 的文件如下。

```
01  apiVersion: apps/v1
02  kind: StatefulSet
```

```
03  metadata:
04    name: sentinel
05  spec:
06    serviceName: sentinel
07    replicas: 1
08    template:
09      metadata:
10        labels:
11          app: sentinel
12        annotations:
13          pod.alpha.kubernetes.io/initialized: "true"
14      spec:
15        containers:
16        - name: sentinel
17          imagePullPolicy: IfNotPresent
18          image: bladex/sentinel-dashboard:latest
19          ports:
20            - containerPort: 8858
21    selector:
22      matchLabels:
23        app: sentinel
24  ---
25  apiVersion: v1
26  kind: Service
27  metadata:
28    name: sentinel
29    labels:
30      app: sentinel
31  spec:
32    ports:
33    - protocol: TCP
34      name: http
35      port: 8858
36      targetPort: 8858
37      nodePort: 30017
38    type: NodePort
39    selector:
40      app: sentinel
```

在该配置文件的第 1 行到第 23 行代码里，用 StatefulSet 的形式定义了 Sentinel 集群的部署方式。具体地，是在第 4 行的代码里定义了该 StatefulSet 的名字；在第 7 行的代码里定义了该集群中的 Nacos 节点数量是 1；在第 18 行的代码里定义了部署时所用到的 Sentinel 镜像；在第 20 行的代码里定义该 Nacos 镜像所对应容器的工作端口是 8858。

在该配置文件的第 25 行到第 40 行的 Service 代码里，定义了用 Kubernetes 编排的该 Sentinel 集群对外服务的方式。具体地，是通过第 38 行的代码定义了是以 NodePort 的方式对外提供服务；通过第 32 行到第 37 行的代码定义了本 Sentinel 集群将会用 30017 端口对外提供服务，而该端口会映射到集群内的工作端口 8858。

完成编写上述 yaml 文件后，可以通过如下命令创建由 Kubernetes 编排的 Sentinel 集群。

```
kubectl create -f nacos-deployment.yaml
```

运行上述命令后，可以在浏览器里输入 http://localhost:30017/#/dashboard，其中 30017 是该 Sentinel 集群工作端口，此时能看到 Sentinel 控制台的界面，由此能确认由 Kubernetes 编排的 Sentinel 集群成功启动。

15.2　用 Kubernetes 编排员工管理模块

在上节用 Kubernetes 编排 MySQL、Redis、Nacos 和 Sentinel 等组件的基础上，本节将给出编排员工管理模块的详细步骤。

15.2.1　微服务框架说明

这部分实现的基于 Spring Cloud Alibaba 组件的员工管理模块由第 13 章的 EmpPrj 模块改写而成。第 13 章给出的 EmpPrj 模块是基于 Docker 容器的，即 EmpPrj 本身，以及该模块中所用到的 MySQL、Redis、Nacos 和 Sentinel 等组件均是部署在 Docker 容器里的。而本节将要实现的微服务模块会在此基础上，把模块本身的 jar 包，以及所用到的 MySQL、Redis、Nacos 和 Sentinel 等组件，用 Kubernetes 来编排，具体的框架如图 15.4 所示。

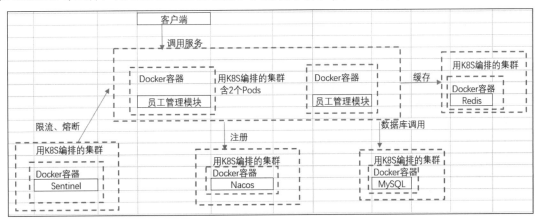

图 15.4　基于 Kubernetes 的员工管理微服务体系框架图

从中可以看到如下的实现要点：

（1）模块本身和诸多组件，是以 Docker 容器的形式部署，而诸多 Docker 容器被 Kubernetes 编排后，以集群的形式对外提供服务。

（2）MySQL、Redis、Nacos 和 Sentinel 集群中的 Pod 节点数量均是 1 个，而包含 EmpPrj 模块的集群中包含 2 个 Pod 节点，以此来提供负载均衡。

（3）在该微服务体系中，由于是通过基于 Kubernetes 的两个包含员工管理模块的 Pod 来实现负载均衡，所以就不需要再搭建网关模块了。对应地，基于 Sentinel 组件的限流和熔断等动作，是加之于员工管理模块的方法上的。

（4）在 EmpPrj 模块里，会把方法注册到 Nacos 里，使用 Sentinel 来实现限流和熔断等效果，用 Redis 来缓存数据，用 MySQL 来存储员工数据。这些实现要点和在第 13 章搭建的基于 Docker 的微服务系统非常相似。

15.2.2 员工管理项目的实现要点

本项目根据第 13 章的 EmpPrj 项目改写而成，具体需要改写的要点如下。

修改要点 1，在控制器的方法前加入@SentinelResource 注解，相关代码如下。

```
01      @SentinelResource(value = "saveEmployee")
02      @RequestMapping("/saveEmployee")
03      public void saveEmployee(){
04          Employee employee = new Employee();
05          employee.setId(1);
06          employee.setName("Peter");
07          employee.setAge(23);
08          employee.setSalary(20000);
09          employeeService.saveEmployee(employee);
10      }
11      @SentinelResource(value = "findByID")
12      @RequestMapping("/findByID/{id}")
13      public Employee findByID(@PathVariable int id){
14          return employeeService.findByID(id);
15      }
```

其中，在每个方法前，通过第 1 行和第 11 行代码引入@SentinelResource 注解，并为每个方法定义一个基于 Sentinel 的标识符。这样就可以在 Sentinel 的控制台里，为对应的方法引入限流和熔断等效果了。

修改要点 2，在 EmpPrj 项目的 application.yml 配置文件里，改写指向 MySQL、Redis、Nacos 和 Sentinel 组件的连接地址，相关代码如下。

```
01  spring:
02    application:
03      name: EmpPrj
04    cloud:
05      nacos:
06        discovery:
07          server-addr: 192.168.1.4:32018
08      sentinel:
09        transport:
10          port: 8085
11          dashboard: 192.168.1.4:30017
12    datasource:
13      url: jdbc:mysql://192.168.1.4:32306/employeeDB?characterEncoding=
    UTF-8&useSSL=false&serverTimezone=UTC&allowPublicKeyRetrieval=true
14      username: root
15      password: 123456
```

```
16        driver-class-name: com.mysql.cj.jdbc.Driver
17      jpa:
18        database: MYSQL
19        show-sql: true
20        hibernate:
21          ddl-auto: validate
22        properties:
23          hibernate:
24            dialect: org.hibernate.dialect.MySQL5Dialect
25      redis:
26        host: 192.168.1.4
27        port: 32079
```

从第 7 行的代码里能看到，本项目所连接的 Nacos 是工作在本机 32018 端口；从第 11 行的代码里能看到，本项目所连接的 Sentinel 工作在本机 30017 端口；从第 13 行的代码里能看到，本项目所连接的 MySQL 数据库服务器，工作在本机 32306 端口；从第 26 行和第 27 行的代码里能看到，本项目所连接的 Redis 缓存服务器，工作在本机的 32079 端口。

也就是说，本项目连接的组件所用的端口，需要和这些组件经由 Kubernetes 所编排的集群的对外服务端口保持一致。

本项目其他部分的代码，和第 13 章给出的 EmpPrj 项目里的完全一致。在用 Kubernetes 编排该 EmpPrj 员工管理模块前，为了确保该项目能正确地连接到 MySQL、Redis、Nacos 和 Sentinel 等组件，可先在确保这些基于 Kubernetes 的组件运行正常的前提下，在 IDEA 集成开发环境中，通过运行 Spring Boot 启动类启动该 EmpPrj 项目。

启动后，可以在浏览器里输入 http://localhost:8080/saveEmployee，通过该请求向数据库里插入一条员工数据。如果之前经由 Kubernetes 编排的 MySQL 集群工作正常，可以在该 MySQL 数据库服务器里的 employee 表里看到插入的这条员工数据。

如果通过 http://localhost:32018/nacos/index.html 进入到 Nacos 管理界面，还能看到如图 15.5 所示的服务列表，由此能确认该 EmpPrj 项目里的方法，成功注册到由 Kubernetes 编排的 Nacos 集群中。

图 15.5　在 Nacos 里观察到的服务列表效果图

在插入员工数据后，可在浏览器里输入 http://localhost:8080/findByID/1 查询员工信息的请求，此时能正确地看到员工数据。如果多查询几次 id 为 1 的员工数据，能在 IDEA 的控制台里看到 "Get Employee From Redis" 的字样。

此时可用 "redis-cli -h 192.168.1.4 -p 32079" 命令进入到经由 Kubernetes 编排的 Redis 缓存服务器，再运行 get 1 命令，能看到如下的结果，由此能进一步确认 Redis 缓存组件工作正常。

```
01   D:\Redis-x64-3.2.100>redis-cli -h 192.168.1.4 -p 32079
02   192.168.1.4:32079> get 1
03   "{\"id\":1,\"name\":\"Peter\",\"age\":23,\"salary\":20000}"
04   192.168.1.4:32079>
```

15.2.3 编排员工管理微服务模块

在 IDEA 集成开发环境里确认 EmpPrj 员工管理模块能正常连接经由 Kubernetes 编排的诸多组件，且能正常工作后，可以通过如下的步骤，编排员工管理微服务模块。

步骤 01 通过 mvn package 命令打包本项目，打包后会在本项目的 target 目录里，生成名为 EmpPrj-1.0-SNAPSHOT.jar 的打包文件。

步骤 02 在 EmpPrj 员工管理模块的根目录里，创建如下用于生成 Docker 镜像的 Dockerfile 文件，代码如下。

```
01   from java:8
02   EXPOSE 8080
03   COPY target/EmpPrj-1.0-SNAPSHOT.jar app.jar
04   ENTRYPOINT ["java","-jar","/app.jar"]
```

上述文件通过第 1 行代码指定了该 Docker 镜像是基于 JDK 1.8 版本；通过第 2 行代码指定了该镜像对应的容器将会开放 8080 端口；通过第 3 行代码指定了该镜像中将会被放置包含员工管理模块的打包结果文件；通过第 4 行代码指定了在启动该镜像对应的文件时，会通过 java -jar 命令启动基于 Spring Boot 框架的员工管理模块。

步骤 03 完成编写上述 Dockerfile 文件后，可在 EmpPrj 员工管理模块的根目录里（即 Dockerfile 的同级目录）运行如下的命令，以创建该员工管理模块所对应的 Docker 镜像，从该命令里看到，该模块对应的 Docker 镜像名是 spring-boot-empimg，版本号是 0.2.0。

```
docker build -t spring-boot-empimg:0.2.0.
```

创建完成后，可通过 docker images 命令来确认创建的结果。

步骤 04 在 EmpPrj 项目的根目录下，编写用于编排该项目的 empprj-deployment.yaml 文件，具体代码如下。

```
01   apiVersion: apps/v1
02   kind: StatefulSet
03   metadata:
04     name: empprj
05   spec:
06     serviceName: empprj
07     replicas: 2
08     template:
09       metadata:
10         labels:
11           app: empprj
12         annotations:
13           pod.alpha.kubernetes.io/initialized: "true"
```

```
14       spec:
15         containers:
16           - name: empprj
17             imagePullPolicy: IfNotPresent
18             image: spring-boot-empimg:0.2.0
19             ports:
20               - containerPort: 8080
21       selector:
22         matchLabels:
23           app: empprj
24   ---
25   apiVersion: v1
26   kind: Service
27   metadata:
28     name: empprj-service
29     labels:
30       name: empprj-service
31   spec:
32     type: NodePort
33     ports:
34     - port: 8080
35       protocol: TCP
36       targetPort: 8080
37       name: http
38       nodePort: 30070
39     selector:
40       app: empprj
```

在该编排文件的第 1 行到第 23 行的代码里，用 StatefulSet 的形式定义了该员工管理微服务集群的部署方式，具体地，是通过第 7 行的代码指定了在该集群里将会启动 2 个节点，以负载均衡的方式对外提供服务；通过第 18 行的代码指定了编排所用的镜像；通过第 20 行的代码，指定了编排后所生成的容器，将用 8080 端口对外提供服务。

在该文件的第 25 行到第 40 行的代码里，用 Service 的形式定义了该集群对外提供服务的方法。具体地，是通过第 32 行的代码指定了对外提供服务的方式是 NodePort；通过第 33 行到第 38 行代码定义了本集群将用 30070 端口对外提供服务，而且该集群会把从 30070 端口接收到的请求转发到集群内部 Pod 的 8080 端口。

15.2.4　观察 Kubernetes 编排微服务项目的效果

完成编写上述 empprj-deployment.yaml 配置文件后，可使用 cmd 命令进入到命令行窗口，再用 cd 命令进入到该配置文件所在的路径，并在该路径中运行如下命令编排员工管理微服务模块的工作集群。

```
kubectl create -f empprj-deployment.yaml
```

完成运行上述命令后，可用 kubectl get StatefulSet 命令来确认成功创建员工管理模块的集群对应的 StatefulSet，可用 kubectl get Service 命令来确认成功创建员工管理模块集群对外提供服务的 Service，运行该命令后，可看到如图 15.6 所示的结果，由此确认该集群成功地用 NodePort 的方式，并用 30070 端口对外提供服务。

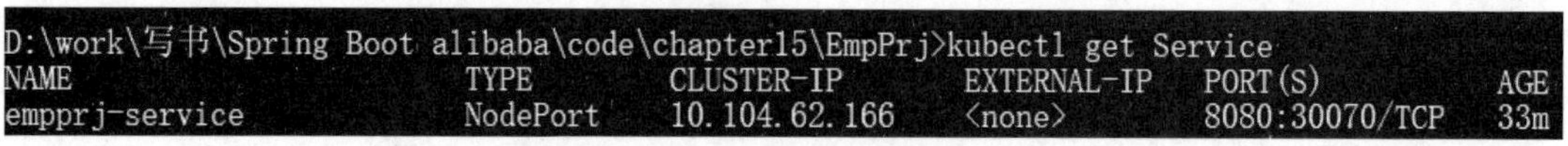

```
D:\work\写书\Spring Boot alibaba\code\chapter15\EmpPrj>kubectl get Service
NAME              TYPE        CLUSTER-IP      EXTERNAL-IP   PORT(S)          AGE
empprj-service    NodePort    10.104.62.166   <none>        8080:30070/TCP   33m
```

图 15.6　员工管理模块对应的 Service

随后也可用 kubectl get pods 命令来确认该集群对应的两个 Pod 被成功地创建。

通过上述命令确认该集群对应的 StatefulSet、Service 和 Pods 成功创建后，可在浏览器里输入 http://192.168.1.4/saveEmployee 请求来插入员工数据，通过 http://192.168.1.4/findByID/1 请求来查询员工数据。这里 192.168.1.4 是笔者电脑的 IP 地址，读者在自己电脑上尝试时，可把这部分对应地改成自己电脑的 IP 地址。

15.2.5　引入限流和熔断等效果

通过浏览器发出 http://192.168.1.4/findByID/1 等针对员工模块的请求后，可在浏览器里输入 http://192.168.1.4:30017/请求，以进入 Sentinel 的控制台界面。这里的 30017 端口是 sentinel 容器经 Kubernetes 编排后的工作端口，进入后，能看到如图 15.7 所示的 EmpPrj 相关的管理界面。

在图 15.7 中，单击左边的"流量规则"菜单，设置针对控制器方法的限流效果，具体的限流设置如图 15.8 所示。

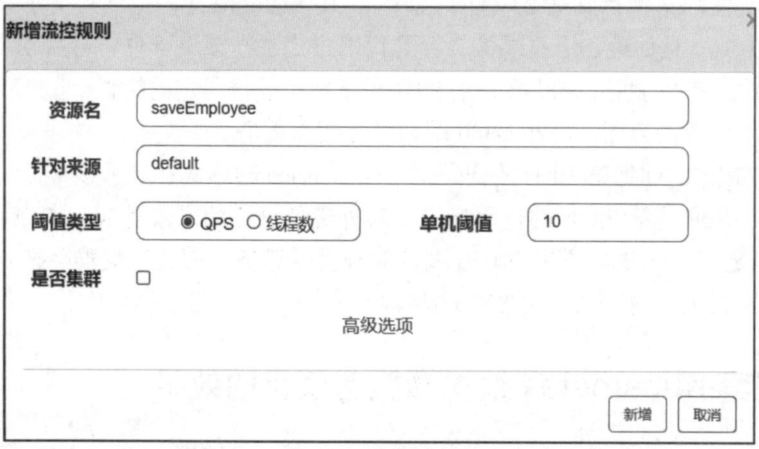

图 15.7　在 Sentinel 里看到的 EmpPrj 项目

图 15.8　针对 saveEmployee 方法设置的限流

图 15.8 给出的限流参数可针对 saveEmployee 方法设置每秒限流 10 次。需要注意的是，这里设置的资源名"saveEmmployee"需要和待限流方法之上的@SentinelResource 注解里的 value 值保持一致。

而通过单击图 15.7 中的"降级规则"菜单，就能为相关方法设置熔断效果，具体的设置如图 15.9 所示。

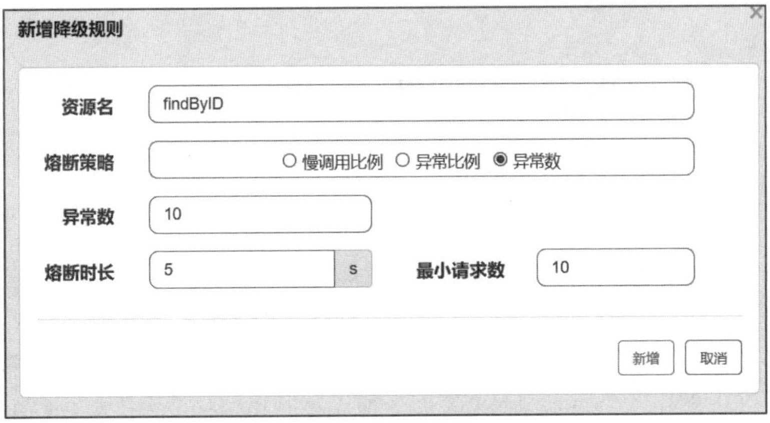

图 15.9 针对 findByID 方法设置熔断

通过图 15.9 的设置，一旦访问 findByID 方法的最小请求数超过 10 个，且异常数超过 10，就会被熔断 5 秒。同样，在设置该熔断规则时，所输入的资源名需要和 findByID 方法前的 @SentinelResource 注解里的 value 值保持一致。

15.2.6 编排微服务项目的实践要点

第 13 章介绍了用 Docker 容器管理微服务项目的实践要点，而在本章里，给出了用 Kubernetes 编排微服务项目的操作步骤。读者在使用 Docker 或 Kubernetes 管理微服务时，请注意如下的实践要点。

（1）Docker 虚拟化管理工具一般用来隔离同一服务器上的不同逻辑的项目，比如某 Linux 服务上可以部署两个不同的 Docker 容器，其中分别部署不同公司的业务系统。反之，如果同一服务器上的系统或组件不存在逻辑上的差异，那么就无须用 Docker 来隔断。

（2）Kubernetes 是针对 Doker 容器的编排工具，在更多的场景里，是用来部署业务模块并通过同一业务集群中的多个 Pod 节点来实现负载均衡。

（3）Kubernetes 集群里的 Pod 节点，会在运行异常等情况下自动重启，重启时会清空原 Pod 里的数据。比如如果在部署在某 Pod 节点的 MySQL 数据库服务器里插入了若干数据，该 Pod 重启后，虽然还能提供 MySQL 数据库服务，但原先插入的数据会丢失。基于这种情况，往往会用 Kubernetes 工具编排业务集群，而非 MySQL 等组件集群。

（4）在一些测试场景里，为了方便操作，确实会用 Kubernetes 编排 MySQL 或 Nacos 等组件集群。在这种场景里，往往不需要考虑数据的持久性，即插入到 MySQL 或 Nacos 组件中的数据往往是测试数据，运行好测试案例后，终止 MySQL 等相关 Pod 节点后，可以删除包含在这些 Pod 里的测试数据。

（5）再次强调，出于演示方便的考虑，本书给出在 Docker 和 Kubernetes 相关操作步骤，都是基于 Windows 操作系统的。但在实际应用中，一般会在 Linux 等操作系统上使用 Docker 和 Kubernetes。不过在 Linux 上使用这两者的方式，和本书给出的基于 Windows 操作系统的使用方式非常相似。

15.3 动 手 练 习

练习 1 按 15.1.1 节给出的描述,用 Kubernates 工具编排 MySQL 组件,参考步骤如下。

(1)通过 docker images 命令确认所需的 MySQL 镜像。

(2)创建名为 mysql-ns 的命名空间。

(3)编写创建 Deployment 和 Service 相关配置文件,并通过 kubectl create 命令创建 Deployment 和 Service,创建后可用 kubectl get 命令来确认创建的结果。

(4)创建后,通过 MySQL WorkBench 等客户端连接到由 Kubernetes 编排的 MySQL 容器,并按表 15.1 所示,创建 employeeDB 数据库和 employee 数据表。

练习 2 按 15.1.2 节给出的描述,用 Kubernates 工具编排 Redis 组件,参考步骤如下。

(1)在确认所需镜像存在的前提下,编写并运行 yaml 配置文件。

(2)运行对应的 yaml 配置文件创建好 Redis 集群后,通过 kubectl 命令观察创建效果。

(3)用 redis-cli 命令连接创建好的 Redis 集群,并通过运行 set 和 get 命令进一步验证 Redis 集群的创建效果。

练习 3 按 15.1.4 节给出的描述,用 Kubernates 工具编排 Nacos 组件,参考步骤如下。

(1)在确认所需镜像存在的前提下,编写并运行 yaml 配置文件。

(2)运行对应的 yaml 配置文件创建好 Nacos 集群后,通过 kubectl 命令观察创建效果。

(3)通过浏览器访问 Nacos 控制台,进一步验证 Nacos 集群的创建效果。

练习 4 按 15.1.5 节给出的描述,用 Kubernates 工具编排 Sentinel 组件,参考步骤如下。

(1)在确认所需镜像存在的前提下,编写并运行 yaml 配置文件。

(2)运行对应的 yaml 配置文件创建好 Sentinel 集群后,通过 kubectl 命令观察创建效果。

(3)通过浏览器访问 Sentinel 控制台,进一步验证 Sentinel 集群的创建效果。

练习 5 根据 15.2 节给出的描述,用 Kubernetes 工具编排员工管理微服务项目,具体操作步骤如下。

(1)确认 MySQL、Redis、Nacos 和 Sentinel 组件成功地由 Kubernetes 工具编排成集群,如果有问题,请参考 15.1 节给出的描述,创建相关的集群。

(2)按 15.2.1 节所述,理解本员工管理微服务集群的架构,在此基础上进一步理解 Docker 和 Kubernetes 的关系。

(3)按 15.2.2 节所述,改写 EmpPrj 项目,尤其请注意在 application.yml 文件里的相关配置。

(4)按 15.2.3 节给出的步骤,编写并运行 yaml 文件编排员工管理微服务系统,完成后用浏览器访问等动作确认编排效果。

(5)按 15.2.6 节给出的步骤,为该员工管理微服务系统里的相关方法引入限流和熔断效果。

第16章

基于 Jenkins 的微服务 CI/CD 实战

CI/CD 是持续集成（Continuous Integration）和持续交付（Continuous Delivery）的缩写，是软件开发和部署中的一种实践方式。

本章首先讲解 CI/CD 的相关概念，随后讲述 Git 和 Jenkins 等工具的安装步骤和使用要点，在此基础上，本章将围绕用 Docker 容器部署微服务项目的需求，给出基于 Git 和 Jenkins 的持续集成和持续交付的实现步骤。

16.1　Git 工具与持续集成概述

持续集成的常规做法是，把团队成员所开发的代码集成到 Git 等代码仓库中，这样不仅能有效地避免因多人开发同段代码而导致的代码冲突，还能高效地管理各个版本的代码。

16.1.1　持续集成概述

持续集成的含义是，在项目开发的过程中，使用某种工具或机制用统一的方式把不同程序员开发的代码集成到 Git 或 SVN 代码仓库里，并在这个过程中通过运行测试案例和代码评审等方式，确保集成后代码的正确性。

持续集成和持续交付虽然是两个不同的概念和过程，但这两者却是一个有机的整体，在项目中通常把持续集成和持续交付的过程整合地称之为 CI/CD。

持续集成的成果物通常是在 Git 等代码仓库里提交的最新代码，在此基础上，可以通过持续交付的流程，编译最新代码，并把编译结果（比如 jar 包）部署到指定的服务器上。

也就是说，持续集成是一种管理项目源码的方式，本书将讲述基于 Git 的持续集成实践要点。为了能以基于 Git 的持续集成方式管理源码，首先需要准备如下的开发环境。

（1）搭建远端 Git 代码仓库。一般项目组会在公司服务器里搭建 Git 代码仓库，这样项目组成员就能把开发好的代码提交到远端仓库里，为了讲解方便，笔者是在 https://coding.net 网站上搭建 Git 代码仓库。

（2）开发人员需要在自己的电脑上安装 Git 组件，并在 IDEA 等开发环境中集成 Git，这样开发人员就能用 Git 和远端代码仓库交互，比如创建分支、获取最新代码或提交代码等。

在准备好本地和远端 Git 环境后，可以通过 Git 组件实施如下的持续集成动作。

（1）在 Git 代码仓库上初始化项目代码，这个工作一般由项目或代码仓库的管理者来做。

（2）开发人员可以从 Git 代码仓库里获取（Pull）项目代码。

（3）在开发业务功能时，开发人员可以在 Git 里创建若干开发分支，开发完成后，会把该开发分支里的代码会被提交（Commit）并推送（Push）到远端 Git 代码仓库。

（4）在项目开发过程中，一般会用 master 分支里的代码来作为版本发布的代码，诸多开发分支里的代码，会在经评审后，合并（Merge）到 master 分支里。

在本章的后继部分里，将讲述上述持续集成动作的实施步骤。

16.1.2　搭建 Git 代码仓库

在实际项目中，一般会在公司的服务器上搭建 Git 代码仓库，为了演示方便，本书在 https://coding.net 搭建 Git 代码仓库。不过，在不同平台上搭建代码仓库的做法基本相同。

创建代码仓库的具体做法是，在 https://coding.net 网站上注册并登录，随后在项目菜单里创建名为项目，本章所创建的项目名叫 springcloud。同时，在该项目里创建代码仓库，本章所创建的代码仓库名为 springcloudalibaba。创建好的代码仓库如图 16.1 所示。

图 16.1　创建好的 Git 代码仓库

在初创的 Git 代码仓库里，是没有任何代码的。在开发过程中，项目或代码仓库的管理者会用 IDEA 等工具，把代码推送到代码仓库里，以完成代码仓库的初始化工作。

16.1.3　安装 Git 组件

可到 Git 的官方网站 https://git-scm.com/downloads 上下载 Git 的安装程序，本书由于是在 Windows 上搭建 Git 的环境，所以下载基于 Windows 的 Git 安装包。

下载完成后，可按提示在本地安装 Git 组件。需要注意的是，安装完成后，要把 git.exe 所在的路径放到 PATH 环境变量里。

比如在笔者电脑上，安装后的 git.exe 所在的路径是 C:\Program Files\Git\cmd，对应地，就需要把该路径放到 PATH 环境变量中，具体如图 16.2 所示。

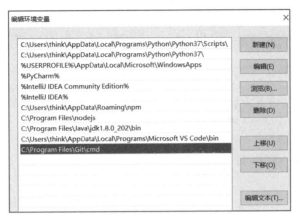

图 16.2　把 Git 所在路径放到 PATH 环境变量

这样一来，就可以在任何路径，通过运行 Git 命令来对项目进行版本管理和持续集成管理。

16.1.4　在 IDEA 里整合 Git

在 Windows 操作系统上安装 Git 组件并把该组件所在的路径配置到 PATH 环境变量以后，确实能用 Git 命令来管理项目。除此之外，还可以在 IDEA 开发环境中集成 Git 组件，这样可以用图形界面化的方式来管理代码，具体操作步骤如下。

步骤 01　单击 IDEA 的 File→setting 菜单，打开 IDEA 的配置管理界面，并在左上方的搜索框里输入 "git"，从而进入到 Git 配置界面，具体如图 16.3 所示。

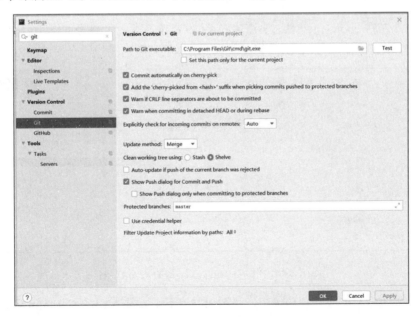

图 16.3　在 IDEA 里整合 Git 组件

步骤 **02** 在该图中，可以在上方的 Path to Git executable 的文本框里，输入 git.exe 所在路径，并单击下方的 OK 按钮保存，这样就可以在 IDEA 里整合 Git 组件。

16.2　用 Git 实践持续集成

在本节中，将介绍基于 Git 持续集成的实践要点，包括向远端仓库初始化项目代码、从远端仓库拉取代码、在本地创建开发分支、提交和推送代码和向主分支合并代码。

16.2.1　待管理的项目代码综述

这里以第 12 章所创建的 SpringBootForDocker 项目为例，来介绍基于 Git 的持续集成。该项目对外提供服务的细节如下。

第一，在控制器类里，以 "/sayHello" 格式的 URL 对外提供服务。用户如果调用了该 URL 请求，能得到 "Say Hello By Docker." 这个字符串。

第二，由于 jenkins 组件会占用 8080 端口，所以本项目会在 application.properties 配置文件里，通过 server.port=8085 的设置工作在 8085 端口。

在该项目里，依然通过 Spring Boot 启动类来提供启动服务，在 pom.xml 里指定项目信息和指定所用的依赖包，在 Dockerfile 里指定生成 Docker 镜像的方式，相关代码可以从本书所提供的代码包里得到。

16.2.2　在 Git 仓库中初始化项目

根据 16.1.2 节在 coding.net 网站上搭建好远端 Git 仓库后，可单击如图 16.4 所示右上方的 "克隆" 按钮，随后能得到一个能用于在本地 IDEA 里克隆远端代码仓库的 URL 串。

图 16.4　在代码仓库里得到克隆仓库 URL 串

随后在本地 IDEA 集成开发环境里，如图 16.5 所示，单击 VCS→Get from Version Control 菜单命令，以打开本地克隆远端代码仓库的对话框。

图 16.5　打开用于克隆远端代码仓库的对话框的菜单命令

在如图 16.6 所示的对话框中，在 URL 文本框中输入如图 16.4 所示得到的用于克隆远端代码仓库的 URL 串，并在 Directory 下拉列表框选择用于防止远端代码的路径。输入完成后，单击下方的 Clone 按钮，即可把远端 Git 仓库里的代码克隆（即拉取）到本地指定的目录里。

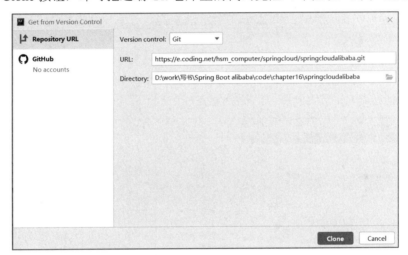

图 16.6　在本地克隆远端 Git 仓库的代码

克隆完成后，即可在当前 IDEA 集成开发环境里看到 Java 项目，在初始状态下，该项目是个空白项目，此时可以把 SpringBootForDocker 项目里的代码复制到该项目里，如图 16.7 所示。

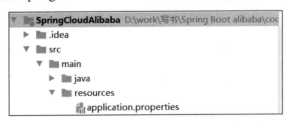

图 16.7　添加 SpringBootForDocker 代码

完成添加项目后，如图 16.8 所示，右击项目名，并在随后弹出的菜单项里选中 Git→Commit Directory 菜单命令，提交本地代码。

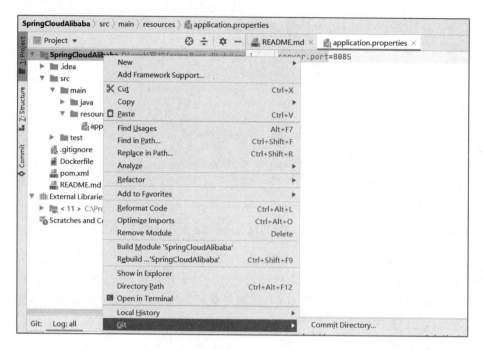

图 16.8　通过 Git 工具提交代码

完成提交后，可按如图 16.9 所示，通过单击 Git→Repository→Push 菜单命令，把本地提交的代码推送到远端 Git 代码仓库，这样就能完成在 Git 远端代码仓库里初始化代码的工作。

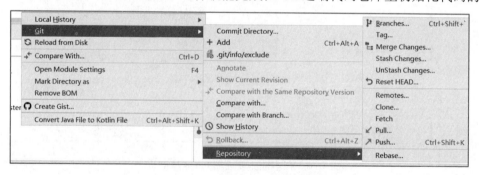

图 16.9　通过 Git 工具推送代码

16.2.3　在本地获取远端项目代码

当项目管理者在远端 Git 仓库初始化代码后，项目组里的其他程序员可以通过如下步骤把远端代码拉到本地。

步骤01 登录到远端代码仓库，如图 16.4 所示，得到用于克隆该项目的 URL 地址。

步骤02 在 IDEA 里打开 Git 窗口，如图 16.6 所示，输入用于克隆项目的 URL 地址，并指定放置远端代码的目录。然后即可通过单击图 16.6 下方的 Clone 按钮，把远端代码拉取到本地。

持续集成的好处是，能在多人开发同一个项目的前提下高效地管理代码。通过上述步骤把远端代码拉取到本地后，如果项目组的其他成员在远端 Git 代码仓库里提交了代码，那么就可以在本机 IDEA 工具里，右击项目，并在随后弹出的菜单项里选择 Git→Repository→Pull 菜单命令，就可以把远端仓库里的最新代码拉到本地，具体如图 16.10 所示。

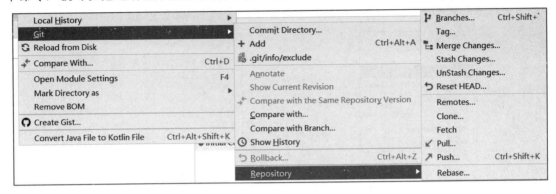

图 16.10　通过 Git 工具获取最新代码

16.2.4　创建开发分支

在持续集成的实践过程中，分支（Branch）可以理解成同一项目里的不同版本的代码。一般会在 master 分支里存放项目组认可的代码，而在基于 Jenkins 的持续交付过程中，一般也会使用 master 分支里的代码。

在实际开发过程中，项目组里的不同成员，往往会开发不同的代码，或修改不同的问题，此时不同的成员就会在 master 分支的基础上创建诸多开发分支，并在不同的分支上开发对应的功能。

在开发分支上完成开发后，相关人员会把该开发分支提交到并推送到远端 Git 代码仓库。在此基础上，开发分支上的代码会经评审后，被合并到 master 分支。

在 master 分支的基础上创建开发分支的做法是，如图 16.11 所示，单击 IDEA 开发工具里的 VCS→Git→Branches 菜单命令。

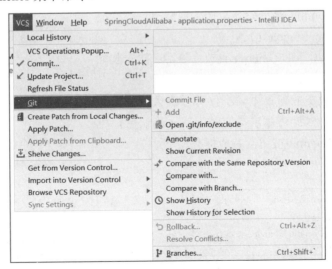

图 16.11　选择 Branches 菜单命令

随后在弹出的窗口里，单击 New Branch 菜单命令，具体如图 16.12 所示。

随后可以在弹出的对话框里输入新分支的名字，比如 devBranch01，再单击下方的 Create 按钮，此时就能在当前 master 分支的基础上创建开发分支，具体如图 16.13 所示。

图 16.12　单击 New Branch 菜单命令

图 16.13　创建新分支

这里请注意，所创建的新分支的名字，一般需要和开发需求功能号或对应 Bug 的编号相对应，比如 devBranch01 里的 01，就表示该分支用于开发 01 号业务功能。

一般在创建该分支后，从 IDEA 右下方的状态栏里，就能看到变更后的分支，具体效果如图 16.14 所示。需要说明的是，在创建并切换分支前，IDEA 里包含的是 master 分支的代码。

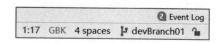

图 16.14　切换分支

16.2.5　提交和推送代码

上文已经提到，项目组成员在开发功能和修改问题时，会创建分支，并在分支上做开发。而且在上文中，也给出了在 SpringBootForDocker 项目里，基于 master 分支创建 devBranch01 分支的做法。

项目组成员在 devBranch01 等开发分支里修改代码后，比如在控制器类里添加了某段注释后，如图 16.15 所示，单击 VCS 菜单下的 Commit 菜单命令，把本地修改后的代码提交到本分支（即 devBranch01）里。

单击如图 16.15 所示的 Commit 菜单命令后，能看到如图 16.16 所示的确认提交的窗口。

在该确认提交分支的窗口里，不仅可以确认待提交的文件列表，还可以加入针对本次提交的说明。确认后，单击图 16.16 下方的 Commit 按钮，完成提交。

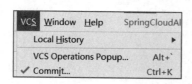

图 16.15　提交分支

图 16.16　确认提交的分支窗口

提交后，如图 16.17 所示，通过单击 VCS→Git→Push 菜单命令，把提交后的 devBranch01 分支代码推送到远端 Git 代码仓库。

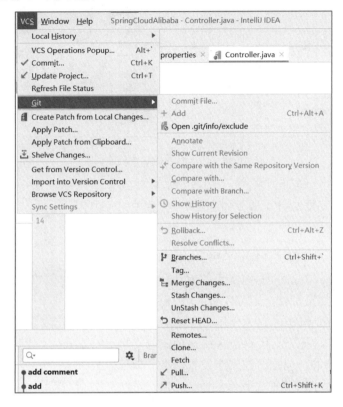

图 16.17　推送代码的菜单命令

16.2.6　把开发代码合并到主分支

上文讲述了针对开发分支进行提交和推送操作的步骤。这两者的差别是，程序员可以通过提交操作，把本地代码提交到本地的开发分支里，但提交后的代码依然在本地。

而通过提交后的推送操作，可以把开发分支上的代码推送到远端 Git 代码仓库里，此时在远端的代码仓库里，就存在 master 分支和名为 devBranch01 的开发分支代码。

上文已经讲过，项目组一般会在 master 分支里存放经项目管理者认可的代码，所以在把开发分支提交到远端 Git 代码仓库后，还需要通过如下步骤把开发分支的代码合并到 master 分支里。

步骤 01 单击代码仓库里"合并请求"的菜单，打开合并请求的页面后，单击右上方的"创建合并请求"按钮，如图 16.18 所示。

图 16.18　发起合并请求的页面

步骤 02 在随后弹出的页面里，输入的源分支和目标分支，这里需要把 devBranch01 分支里改动的代码合并到 master 分支里，同时可创建合并请求的标题，在此基础上可创建"合并请求"，具体如图 16.19 所示。

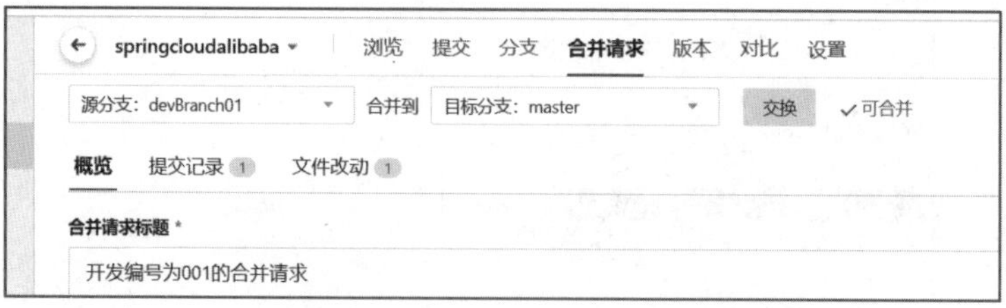

图 16.19 输入合并请求信息的页面

步骤 03 创建上述"合并请求"后，可看到如图 16.20 所示的该请求的详细页面，从中能看到和该合并请求相关的文件改动。

此时，项目管理者可通过评审该合并请求中的改动，判断能否把包含在 devBranch01 分支里的改动代码合并到 master 分支上，如果可以，则可以通过单击图 16.20 中下方的"合并分支"按钮，完成合并操作。

从上文中能看到，把分支代码合并到 master 分支里的操作其实是不复杂的。但是，在每个发布节点，项目组用把 master 分支里的代码部署到服务器上，所以每次合并的操作都需要经过严格的代码评审。

反之如果比较轻率地把诸多开发分支的代码合并到 master 分支，就很容易引发线上问题，所以这里读者不

图 16.20 合并请求详细页面

仅应当掌握提交、推动和合并开发分支等的操作步骤，更需要理解包含在这些操作背后的持续集成的精髓思想，从而能通过持续集成代码的步骤，最大程度上保证项目代码的质量。

16.3 通过 Jenkins 实践持续交付

持续交付是在持续集成的基础上，把持续集成的成果物——代码仓库里的代码高效稳定地部署到生产环境或测试环境的流程。

在本节中，首先会介绍搭建持续交付环境 Jenkins 组件的做法，随后在此基础上，介绍通过 Jenkins 组件实践持续交付的相关做法。

16.3.1 持续交付概述

在第 12 章中介绍了把 SpringBootForDocker 项目里的代码编译成 jar 包并把该 jar 包部署到 Docker 容器里的相关做法。

从中可以看到，相关打包和部署的步骤是通过手动敲命令行的方式来完成的。这种做法存在操作步骤烦琐的问题，一旦操作人员某个步骤出错，就会导致部署过程失败。而且，在软件公司的每次发布过程中，往往需要打包并部署数量众多的项目，在这种情况下，如果再通过纯手工敲命令的方式发布项目，整个过程会变得非常低效，且极其容易出错。

与手动打包部署相对应的做法是，引入 Jenkins 等工具，通过在 Jenkins 里创建交付任务，高效地实现自动化交付，这个过程可以理解成是持续交付。

持续交付又被称为"一键部署"，即版本发布人员可以在创建 Jenkins 交付任务的基础上，通过单击该交付任务的菜单命令，高效地完成交付动作。在后文里，将讲述基于 Jenkins 的持续交付实践要点，从中读者能进一步感受到在项目部署过程中引入持续交付机制的优势。

16.3.2　持续交付需求概述

这里要实现的持续交付需求如下所示。

（1）从远端代码仓库里，获取 SpringBootForDocker 项目 master 分支里的代码。

（2）通过 Maven 工具，编译并打包该项目，打包后需要生成 jar 包。

（3）根据 SpringBootForDocker 项目里的 Dockerfile 文件生成 docker 镜像，并把第 2 步生成的 jar 包放入该 docker 镜像。

（4）通过 docker run 命令，用 docker 镜像生成 docker 容器，并通过该容器对外提供服务。

上述动作需要通过 Jenkins 工具自动完成，即需要通过 Jenkins 工具自动化地完成获取代码、打包编译项目、生成镜像和生成容器等一系列的动作。

16.3.3　在本地搭建 Jenkins 环境

Jenkins 是个开源的能实现持续集成和持续交付的组件，在使用之前，读者需要到官方网站 https://www.jenkins.io/去下载 Jenkins 的安装包。

本书由于是在 Windows 操作系统上演示，所以下载基于 Windows 的 Jenkins 安装包，如果要在 Linux 等操作系统上搭建 Jenkins 环境，那么可以下载对应的安装包。

下载完成后，可根据提示完成 Jenkins 的安装。在安装过程中，笔者通过设置让 Jenkins 工作在 8088 端口。如果有其他需要，也可以让 Jenkins 工作在其他端口。

安装完成后，启动 Jenkins 组件，具体的步骤是，用 cmd 命令打开命令行窗口，并进入到 Jenkins 的安装路径，比如 C:\Program Files\Jenkins，在该路径中运行如下命令：

```
java -jar jenkins.war
```

运行后，可在浏览器里输入 http://localhost:8088/，即可打开 Jenkins 组件的管理界面。这里 8088 端口是在安装过程中设置的 Jenkins 组件工作端口。

在第一次进入 Jenkins 管理界面时，还需要根据提示，输入初始化密码。在 Windows 操作系统里，初始化密码存放在 C:\Users\（登录机器的用户名）\.jenkins\secrets\initialAdminPassword 文件里。比如笔者登录电脑所用的用户名是 thins，那么初始化密码就存放在 C:\Users\think\.jenkins\secrets 路径下的 initialAdminPassword 文件里。

在输入初始化密码之后，Jenkins 会要求创建管理员用户名和密码，创建后，就可以使用该用户名和密码进入到 Jenkins 操作界面。

登录后，在创建 Jenknins 任务前，如图 16.21 所示，单击左边的 Manage Jenkins 菜单项，再单击右侧窗口的 Global Tool Configuration 菜单项，设置 JDK、Maven 和 Git 等工具的工作路径。这样在之后创建的 Jenkins 任务里，就能通过在这里所设置的路径找到 JDK 等工具。

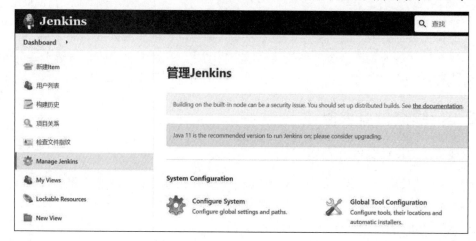

图 16.21　设置 Jenkins 所用到的工具路径

16.3.4　创建 Jenkins 任务

进入 Jenkins 控制界面后，可以在如图 16.21 所示的管理界面里，单击左侧的"新建 Item"菜单来创建一个工作任务。在创建时，可以输入该任务的名字为 deployPrj，创建后，能看到如图 16.22 所示的任务明细页面。

在该页面里，可以通过单击左侧的"配置"菜单来配置该任务的相关参数和动作。

单击"配置"菜单进入具体的任务配置页面后，首先可以如图 16.23 所示，设置该任务所关联的代码仓库。通过如图 16.23 所示的设置，该任务会从 16.2.1 节分所建的代码仓库里获取 SpringBootForDocker 项目代码。

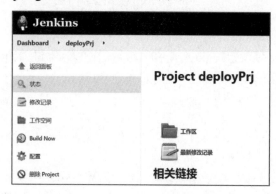

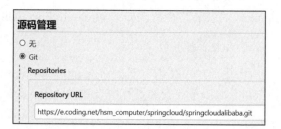

图 16.22　Jenkins 任务明细页面效果图　　　　图 16.23　在任务配置页面里设置代码仓库的效果图

随后，可在任务配置页面里的"构建环境"选项中勾选"Delete workspace before build starts"

复选框，具体如图 16.24 所示。这样做的目的是，确保该任务在每次从远端代码仓库获取项目代码前，会删除掉保存在本地的上次获取到的项目代码。

随后，可以在任务配置页面里的"构建"选项，依次输入用于打包部署的相关代码，具体如图 16.25 所示。

图 16.24　设置"构建环境"参数

图 16.25　设置"构建"参数

这里需要注意的是，在每个构建命令框里，一般只输入一条命令，所以需要创建多个构建命令窗口，在这些窗口里依次输入如下的 6 条命令，以完成把项目编译成 jar 包、停止并删除现有的 Docker 容器、根据 Dockerfile 文件创建镜像以及根据镜像创建提供服务的 Docker 容器等动作。

```
01  mvn clean package
02  docker stop springbootdemo
03  docker rm springbootdemo
04  docker rmi spring-boot-img:0.1.0
05  docker build -t spring-boot-img:0.1.0 .
06  docker run -p 8085:8085 -itd --name springbootdemo spring-boot-img:0.1.0
```

由于在本次创建 Docker 容器时，前次创建的 Docker 容器还在运行，前次创建的 Docker 镜像还存在，所以在创建前需要先通过第 2 行和第 3 行代码停止并删除上次创建的 Docker 容器，并通过第 4 行的代码删除上次创建的 Docker 镜像。

在此基础上，该 Jenkins 任务会通过第 5 行的代码，根据 SpringBootForDocker 项目里的 Dockerfile 文件，创建新的 Docker 镜像；再通过第 6 行的代码，根据 Docker 镜像创建并启动工作在 8085 端口的提供服务的 Docker 容器。

需要注意的是，在理想情况下，在运行本次 Jenkins 任务时，通过上次任务创建的名为 springbootdemo 的 Docker 容器，以及名为 spring-boot-img 的 Docker 镜像均会存在。

但在一些场景里，springbootdemo 容器和 spring-boot-img 镜像会被手动地删除，此时如果再运行 docker stop springbootdemo、docker rm springbootdemo 和 docker rmi spring-boot-img:0.1.0 这三行代码，Jenkins 系统会出错并终止该次任务。但是此时的期望是，虽然这 3 行代码运行时会出错，但整个构建任务不应该退出，第 5 行和第 6 行创建镜像和启动容器的代码应当依然运行。

为了达到这个目的，需要设置这 3 行命令的"构建不稳定时的退出码"为 1，具体如图 16.26 所示，这样哪怕这 3 行代码运行出错，该 Jenkins 任务会继续执行，而不会终止退出。

16.3.5 观察持续交付的实施结果

完成创建和配置名为 deployPrj 的 Jenkins 任务后，可进入如图 16.22 所示的该任务的明细页面，并单击左侧的 Build Now 按钮，通过启动该 Jenkins 任务，进行相关持续交付的动作。

图 16.26 设置为构建不稳定时的退出码

启动该 Jenkins 任务后，Jenkins 系统会根据上述配置，执行如下的动作。

（1）从指定的远端 Git 代码仓库，获取 SpringBootForDocker 项目的相关代码。

（2）在清空本地 workspace（工作空间）的前提下，把从远端 Git 代码仓库里的代码，放到本地代码仓库里。

（3）针对本地 workspace 里的代码，执行如下的命令，在本地启动包含 SpringBootForDocker 项目 jar 包的 Docker 容器，这样该容器就能在 8085 端口对外提供服务，相关结果可以用 http://localhost:8085/sayHello 请求来验证。

```
01   mvn clean package
02   docker stop springbootdemo
03   docker rm springbootdemo
04   docker rmi spring-boot-img:0.1.0
05   docker build -t spring-boot-img:0.1.0 .
06   docker run -p 8085:8085 -itd --name springbootdemo spring-boot-img:0.1.0
```

通过上述实践可以感受到，持续交付流程可以给项目开发带来如下两大便利。第一，能高效地整合远端代码仓库，从而能便捷地获取待编译和部署的项目代码。第二，能根据预设的配置，自动高效地实施编译打包和部署等相关流程，并能在部署动作完成后，通过脚本启动项目，从而能让该项目对外提供服务。

如果在运行 Jenkins 任务实施持续交付的过程中出现问题，如图 16.27 所示，单击左侧的"控制台输出"菜单，观察本次任务运行时的输出日志，这样就能比较高效地找到并解决问题。

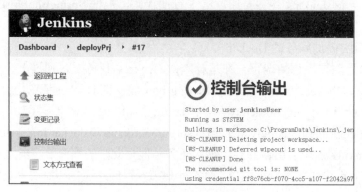

图 16.27 观察持续交付任务输出日志的效果图

16.4 动 手 练 习

练习 1 按 16.1.2 节给出的描述，在 https://coding.net 网站上搭建基于 Git 的代码仓库，参考步骤如下。

（1）在该网站上注册用户，并使用该用户登录。

（2）登录后，创建名为 springcloud 的项目。

（3）在 springcloud 项目里创建名为 springcloudalibaba 的代码仓库。

练习 2 按 16.1.3 节和 16.1.4 节给出的描述，在本机安装 Git 组件，并在 IDEA 集成开发环境里整合 Git 组件，参考步骤如下。

（1）下载 Git 组件的安装包，并在本机安装 Git 组件，安装后，把 git.exe 所在的路径配置到 PATH 环境变量中。

（2）在 IDEA 的配置管理界面里，整合 Git 组件。

练习 3 按 16.2 节给出的描述，实践基于 Git 的持续集成流程，参考步骤如下。

（1）从本书所附带的代码包里，获取本章所用的 SpringBootForDocker 项目，并用 IDEA 工具打开该项目。

（2）通过 Git 工具用该项目初始化 springcloudalibaba 代码仓库。

（3）通过 Git 工具把远端 springcloudalibaba 代码仓库里的 SpringBootForDocker 项目克隆到本地。

（4）在本地克隆后的 SpringBootForDocker 项目里，在 master 分支的基础上，创建名为 devTest 的分支，并在 IDEA 集成开发环境中，把项目切换到该 devTest 分支上。

（5）在 devTest 分支里，对控制器类的代码稍作修改，比如添加某段注释。随后提交修改后的代码，并把本地 devTest 分支里的代码推送到远端 springcloudalibaba 代码仓库。

（6）在 springcloudalibaba 代码仓库，通过创建"合并请求"，把 devTest 分支里的代码合并到 master 分支里。

练习4 按16.3.3节给出的描述，在本地搭建基于Jenkins的持续交付环境，参考步骤如下。

（1）下载并安装 Jenkins 组件，安装时，设置 Jenkins 的工作端口为 8088。

（2）通过命令启动 Jenkins 组件，启动后通过在浏览器里输入 localhost:8088 请求登录 Jenkins 管理界面，并创建用户名为 jenkinsUser，密码为 123456 的管理员。

（3）用 jenkinsUser 管理员登录到 Jenkins 管理界面。

练习 5 根据 16.3 节给出的步骤，实践基于 Jenkins 的持续交付流程，参考步骤如下。

（1）用 jenkinsUser 管理员登录到 Jenkins 管理界面。

（2）创建名为myTest的Jenkins任务，在该任务中，从springcloudalibaba代码仓库里获取待持续交付的代码。

（3）按 16.3.4 节给出的步骤设置 myTest 任务里的相关配置，具体包括，在每次从远端代码仓库里获取项目代码前，清空本地 workspace 里保存的上次获取到的项目代码，并在"构建"部分，依次加入下文给出的命令。

```
01   mvn clean package
02   docker stop springbootdemo
03   docker rm springbootdemo
04   docker rmi spring-boot-img:0.1.0
05   docker build -t spring-boot-img:0.1.0 .
06   docker run -p 8085:8085 -itd --name springbootdemo spring-boot-img:0.1.0
```

（4）完成配置 myTest 任务后，按 16.3.5 节所给出的步骤启动该任务，该任务完成后，通过在浏览器里输入 http://localhost:8085/sayHello 请求，验证本次任务的执行结果。

（5）按 16.3.5 节所给出的步骤，观察本次任务的输出日志，通过日志进一步体会该任务包含的持续交付相关流程。